高等职业教育机电类专业新形态教材

数字化精密制造工程应用

主　编　王建军　蔡锐龙

副主编　周新涛　赵明威

参　编　王　帅　刘艳申　张文亭

张景钰　张文帅　赵　亮

赵　恒　吴玉文　王嘉明

机械工业出版社

本书紧密对接制造业的高端化、智能化、绿色化发展趋势，全面讲授数字化精密制造技术的工程应用，内容包括产品构型、工艺路线制定、上机加工、在线测量等数字化技术应用。

本书以国产 CAD/CAM 软件 SurfMill 9.5 为操作平台，通过项目化案例设计，从工程应用的视角，对机床能力测试件、高端工艺品、精工 DIY 创意作品、精密模具零件、复杂多轴结构件、叶轮类产品、复杂形态复合加工类零件共七个实际典型案例的数字化加工过程进行了由浅入深、图文并茂的剖析与讲解。本书项目涉及 3 轴加工、5 轴加工、在机测量、多级叶轮加工等内容，每个项目以"项目背景介绍—工艺分析与编程仿真—加工准备与上机加工—项目小结"的顺序展开说明。

本书可作为高职院校机械设计与制造、机械制造及自动化等专业的教材，也适用于制造业相关技术培训，还可供从事机械设计、机械制造的工程技术人员参考。

本书采用双色印刷，配有实例素材源文件、视频资源、电子课件、思考题等，凡使用本书作为教材的教师可登录机械工业出版社教育服务网 www.cmpedu.com，注册后免费下载。咨询电话：010-88379375。

图书在版编目（CIP）数据

数字化精密制造工程应用/王建军，蔡锐龙主编. —北京：机械工业出版社，2024.5

高等职业教育机电类专业新形态教材

ISBN 978-7-111-75617-0

Ⅰ.①数… Ⅱ.①王… ②蔡… Ⅲ.①数字化-机械制造工艺-高等职业教育-教材 Ⅳ.①TH16-39

中国国家版本馆 CIP 数据核字（2024）第 075771 号

机械工业出版社（北京市百万庄大街 22 号 邮政编码 100037）

策划编辑：王英杰 责任编辑：王英杰

责任校对：梁 园 张亚楠 封面设计：张 静

责任印制：刘 媛

北京中科印刷有限公司印刷

2024 年 6 月第 1 版第 1 次印刷

184mm×260mm · 11.25 印张 · 276 千字

标准书号：ISBN 978-7-111-75617-0

定价：37.00 元

电话服务 网络服务

客服电话：010-88361066 机 工 官 网：www.cmpbook.com

010-88379833 机 工 官 博：weibo.com/cmp1952

010-68326294 金 书 网：www.golden-book.com

 机工教育服务网：www.cmpedu.com

前言

建设现代化产业体系要坚持把发展经济的着力点放在实体经济上，推进新型工业化，加快建设制造强国、质量强国、航天强国、交通强国、网络强国、数字中国，实施产业基础再造工程和重大技术装备攻关工程，支持专精特新企业发展，推动制造业高端化、智能化、绿色化发展。

在贯彻党的二十大精神的背景下，我国经济实力不断提高，机械行业对产品质量的要求也越来越高。产品质量取决于科技发展的水平，国家提出科技发展要面向世界科技前沿、面向经济主战场、面向国家重大需求、面向人民生命健康的宗旨，而科技发展的第一要素是人才，人才的培养在于教育。

本书顺应时代发展，以培养读者掌握数字化精密制造工程应用的高级技术为目标。本书贯彻现行的国家标准、行业标准和“1+X”高级证书标准，以企业生产中的典型实例为载体，旨在培养读者的精密制造能力。本书内容全面、实例新颖，突出实用性。

本书采用的SurfMill 9.5软件是由北京精雕集团自主开发的一款基于虚拟加工技术的通用CAD/CAM仿真软件。SurfMill 9.5软件操作界面简洁、直观，功能全面，生成的刀具路径能适用于不同数控系统的加工机床。该软件具有完善的曲面设计功能和丰富的加工策略，能将软件仿真结果映射到实际加工生产中，且将设计、工艺和制造三大环节连成一体。另外，SurfMill 9.5软件实现了仿真编程的规范化、智能化，防呆管控和物料使用透明化，使生产过程安全可控，可以实现高效率的加工解决方案。

本书的特色主要有如下几个方面：

1）面向国家重大需求，以高端装备制造、机械零部件制造、模具制造、汽车零部件制造、仪器仪表制造、精密量具制造、工艺品制造等产业中的高级工艺人员作为培养对象，以数字化精密制造技术为载体，职业技能达到了“1+X”证书中高级的技能水平。

2）深入运用数字化虚拟制造技术、多轴复合切削技术、在机测量与自适应加工技术、加工精细化管控技术和现场设备的管控技术，通过多轴联动的加工方法进行工艺规划与加工仿真，能够实现零件表面镜面级的表面效果。

3）在内容与实例的选取方面，坚持以高级职业能力提升为宗旨，以基本知识与生产实践相结合为本位，以精密制造技术发展的先进性为导向。

4）以项目化的教学理念来设计教学内容，确保每个项目间基本知识与应用技术的独立性和递进性，且注重知识与技术技能的融合性。教师可根据专业方向、教学设计方案和教学要求来灵活选用相应的项目，引导学生运用所学专业知识来分析和解决实际生产中遇到的问题。

5）本书中所涉及的应用技术和典型案例均凝结了校企双方多年的教学经验和实践经验，且详尽地介绍、剖析了典型项目的教学本质。

6）注重教学内容体系的完整性和教学设计过程的系统性。本书选取的典型项目涵盖多个高端制造领域，如航空航天、精密量具、精密模具、工艺品等领域，按照精密制造工艺和制造过程系统化的思路设计项目，符合“由基础到高深”的认知规律，并遵循数字化精密制造过程。

7）将项目的数字化加工工艺分析、设计、产品仿真加工和实际数控加工制造等阶段的知识和操作有机地融为一体，体现了“教、学、做”一体化的教学理念。本书注重对学习者在“做”阶段的能力强化训练，教材内容虚实结合，既涉及CAM和虚拟仿真等数字化手段的结合与应用，又注重机床实操与验证，符合高级技术技能人才的能力要求。

8）配套资源丰富，提供实例素材源文件、视频、思考题、电子教案等资源。

本书为2022年陕西省地方课程、地方教材及教辅资源研究课题：“双高”建设背景下职业教育活页式教材开发研究与实践研究成果，也是国家“双高”建设的系列化教材之一。本书由陕西工业职业技术学院和北京精雕集团的教授、高级工程师和行业专家组成的校企联合团队共同编写。陕西工业职业技术学院王建军、西安精雕软件科技有限公司蔡锐龙任主编，陕西工业职业技术学院周新涛、赵明威任副主编，陕西工业职业技术学院张文亭、吴玉文、刘艳申、张景钰、张文帅、王嘉明以及西安精雕软件科技有限公司王帅、赵恒、赵亮参与编写。在本书的编写过程中，西安精雕软件科技有限公司刘海飞、王晶、谭曙光、柴回归等提供了必要的帮助，在此深表感谢。

本书共7个项目，由陕西工业职业技术学院和西安精雕软件科技有限公司（北京精雕集团西安研发中心）的校企双团队编写，具体分工如下：

<table>
<tr><th>序号</th><th colspan="2">章节</th><th>编者</th><th>编者单位</th></tr>
<tr><td>1</td><td>项目1</td><td>第1.1~1.4节</td><td>王建军</td><td>陕西工业职业技术学院</td></tr>
<tr><td rowspan="2">2</td><td rowspan="2">项目2</td><td>第2.1、2.2节</td><td>赵明威</td><td>陕西工业职业技术学院</td></tr>
<tr><td>第2.3、2.4节</td><td>蔡锐龙</td><td>西安精雕软件科技有限公司</td></tr>
<tr><td rowspan="3">3</td><td rowspan="3">项目3</td><td>第3.1节</td><td>刘艳申</td><td>陕西工业职业技术学院</td></tr>
<tr><td>第3.2节</td><td>王　帅</td><td>西安精雕软件科技有限公司</td></tr>
<tr><td>第3.3、3.4节</td><td>刘艳申</td><td>陕西工业职业技术学院</td></tr>
<tr><td>4</td><td>项目4</td><td>第4.1~4.4节</td><td>周新涛</td><td>陕西工业职业技术学院</td></tr>
<tr><td rowspan="2">5</td><td rowspan="2">项目5</td><td>第5.1、5.2节</td><td>周新涛</td><td>陕西工业职业技术学院</td></tr>
<tr><td>第5.3、5.4节</td><td>张文亭</td><td>陕西工业职业技术学院</td></tr>
<tr><td rowspan="2">6</td><td rowspan="2">项目6</td><td>第6.1、6.2.1、6.2.2节</td><td>吴玉文</td><td>陕西工业职业技术学院</td></tr>
<tr><td>第6.2.3、6.3、6.4节</td><td>张景钰</td><td>陕西工业职业技术学院</td></tr>
<tr><td rowspan="3">7</td><td rowspan="3">项目7</td><td>第7.1、7.2.1~7.2.3节</td><td>王建军</td><td>陕西工业职业技术学院</td></tr>
<tr><td>第7.2.4、7.3节</td><td>张文帅</td><td>陕西工业职业技术学院</td></tr>
<tr><td>第7.4节</td><td>王建军</td><td>陕西工业职业技术学院</td></tr>
<tr><td>8</td><td>附录A</td><td></td><td>张景钰</td><td>陕西工业职业技术学院</td></tr>
<tr><td>9</td><td>附录B</td><td></td><td>王嘉明</td><td>陕西工业职业技术学院</td></tr>
<tr><td>10</td><td>附录C</td><td></td><td>赵　恒</td><td>西安精雕软件科技有限公司</td></tr>
<tr><td>11</td><td>附录D</td><td></td><td>赵　亮</td><td>西安精雕软件科技有限公司</td></tr>
</table>

本书在编写过程中汲取了国内兄弟院校同行的意见和建议，且参考了相关优秀文献和书籍，在此表示诚致的谢意。

由于编者水平有限，书中难免存在疏漏和不妥之处，恳请广大读者惠予斧正。

编　者

二维码索引

（续）

名称	图形	页码	名称	图形	页码	名称	图形	页码
6.2		127	7.1		140	7.4		159
6.3		137	7.2		141			
6.4		138	7.3		158			

目 录

项目1

机床能力测试件——无缝配模测试件的加工

知识点

（1）高精度机床能力测试件的加工特点。

（2）高精度机床能力测试件的加工流程。

（3）精密零件的工艺分析流程。

（4）用软件处理模型的步骤和方法。

（5）虚拟加工平台的搭建步骤和使用方法。

（6）精密加工编程的思路和方法。

（7）精密加工过程管控的关键技术和实施方法。

能力目标

（1）了解机械制图相关国家标准。

（2）具有读懂零件图并提取工件加工信息的能力。

（3）能够读懂3轴加工的工艺规程，同时会设计零件的3轴联动加工工艺路线，并编写工艺文件。

（4）能够定性分析环境变化、装夹精度、刀具参数对加工精度的影响，并据此优化工艺过程。

（5）能够根据产品结构和装夹特点制定3轴加工的工件找正方案。

（6）能够根据工艺要求制定刀具尺寸检测和刀尖Z向位置检测的方案。

（7）能够制定在机测量系统的尺寸方案，并编制检测报告模板。

（8）初步具有编写和插入宏程序实现行程管理、误操作防呆功能的能力。

（9）能够添加和编辑自动对刀、暖机等辅助程序。

（10）能够安全、灵活地使用在机测量系统、激光对刀仪。

（11）能够按照工艺文件要求完成精密加工管控。

（12）初步具备根据零件加工精度的要求，运用在机测量系统，检验并分析零件加工精度的能力。

（13）通过实际操作使学生深刻领悟精益求精的工匠精神。

1.1 项目背景介绍

1.1.1 机床能力测试件概述

1. 机床能力测试件介绍

为了验证复杂精密数控机床的精度、稳定性等各项性能，优质的机床生产厂家、机床再制造厂家开始设计机床能力测试件，如北京精雕集团设计的无缝配模测试件、镜面测试件、螺旋配模测试件，航空工业成都飞机工业（集团）有限责任公司发明的S形自由曲面测试件等。这些测试件能够集中反映机床性能，同时也要求加工这些测试件的人员具备较高的职业技能和良好的职业素养。

2. 机床能力测试件的特点

1）质量要求高：为证明机床各项能力，特别在精度方面的实现能力和保持能力，机床测试件的质量要求都比较高，大多测试件精度都在微米级。

2）材料多种多样：数控机床涉及的行业非常广泛，所以机床测试件所涉及的领域也十分广泛，特别在材料方面，包括钛合金、不锈钢、模具钢，以及铝合金（7系铝合金、6系铝镁合金等）和非金属材料（石英、有机玻璃、石墨、陶瓷等）。

3）挑战金属切削极限：为保证机床能够满足其所定位行业的制造需求，并在实际加工中保有一定的“富余”，机床能力测试件多在挑战金属切削极限，包括加工精度、加工尺寸、加工效率、加工材质等。

4）要求高效率：随着产品迭代速度不断加快，要求产品在性能、成本、特色方面都必须具有竞争力，所以必须保证高的生产率。机床能力测试件作为证明机床能力的代表，多要求机床在实际加工效率方面有较好的指标，进而保证最终产品的竞争力。

5）可能是单件也可能是配合件：机床在实际加工作业的过程中多为单件生产，但其所加工的产品多需要互相配合，所以机床能力测试件可能是单件也可能是配合件。

3. 机床能力测试件的发展

机床是一个国家制造业水平和技术进步的基础保障，其设计和制造水平是衡量一个国家制造能力的重要标志，同时也是一个国家国防工业的重要保证之一。进入21世纪，我国通过大量引进国外高端设备，实现了制造业水平的快速提升，相关企业生产能力大幅增强，并已达到相当高的水平。随着我国从制造大国向制造强国迈进，无论对进口设备还是国产设备的要求都在不断增强，所以对机床能力测试件的要求也越来越高，无论是结构复杂程度还是精度要求，或是效率方面。特别是随着数字化制造技术、智能制造技术的推广和普及，近些年的机床能力测试件已不断挑战金属切削极限。以北京精雕集团所采用的镜面测试件为例，经过5轴加工后，其表面粗糙度值可达5nm，刷新了人们对铣削加工所能达到的表面粗糙度的认知。机床能力测试件在朝着更复杂、更专业、更极限的方向发展，而且技术人员能够做出极高要求的机床能力测试件，也是其自身技术技能水平的一种检验和展示。

1.1.2 无缝配模测试件简介

无缝配模测试件主要用于检测机床的综合性能，包括机床的精度、加工效率、先进制造技术的集成程度、设备连续运行的稳定性等。该测试件由凹件和凸件两部分组成，凹件和凸件均由复杂的30余组曲面构成，凹、凸件配合在一起肉眼不可见间隙，目前是北京精雕集团全闭环3轴机床的出厂测试件，如图1-1-1、图1-1-2所示。

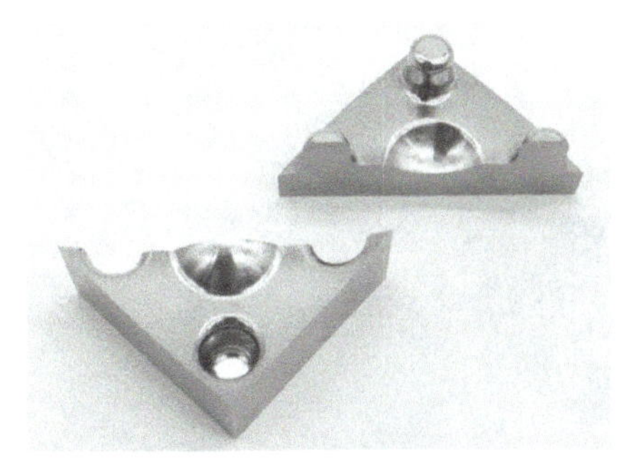

图1-1-1　凹件和凸件

图1-1-2　凹件和凸件配合后的剖面图

1.2　工艺分析与编程仿真

1.2.1　产品分析

1. 特征分析

无缝配模测试件为一套组合测试件，分为凹件和凸件，使用的材料是S136模具钢（淬火52HRC），其几何造型如图1-2-1所示，工件模型信息见表1-2-1。

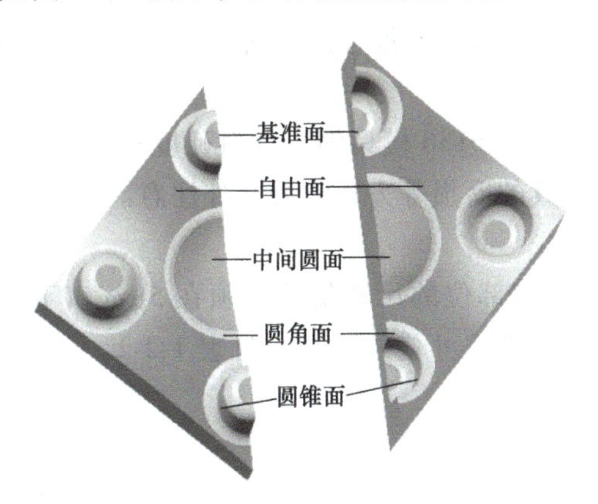

图1-2-1　工件几何造型

表1-2-1　工件模型信息

外形尺寸	48mm×48mm×25mm
曲面数量	球面1组，平面3组，圆角面7组，圆锥面3组，自由曲面1组，共计15组曲面
圆锥面拔模角度	87°
自由曲面坡度	7°～20°
圆角面最小半径	*R*2.3mm
球面最小半径	*R*10mm

2. 毛坯分析

工件毛坯硬度为52HRC，外形是等腰直角三角形，尺寸是48mm×48mm×25mm，且外形尺寸已经加工好，不需要再加工。毛坯曲面余量为0.08mm，毛坯背面有3个吊装螺纹孔，如图1-2-2所示。

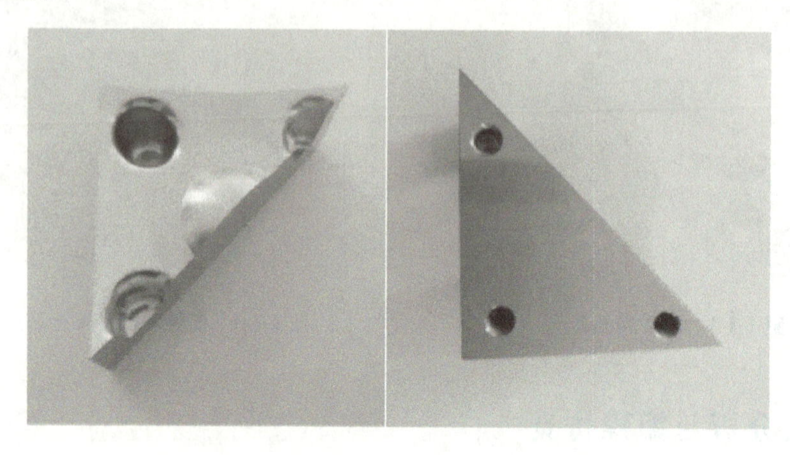

图1-2-2　毛坯正面与背面

3. 材料分析

S136模具钢具有优良的耐蚀性、可抛光性、耐磨性、可加工性，淬火时具有优良的稳定性，市场需求量较大。

S136模具钢化学成分为$w_{C}=0.25\%$，$w_{Si}=0.35\%$，$w_{Mn}=0.55\%$，$w_{Cr}=13.3\%$，$w_{Mo}=0.35\%$，$w_{V}=0.35\%$，$w_{Ni}=1.35\%$，被推荐用于所有的模具。由于其特殊的性质，更适合特殊环境的需求。

本测试件用的是经淬火后的S136模具钢，材料硬度达到了52HRC，所以后续在选择加工刀具、加工参数、控制刀具的磨损等方面时要格外注意。

4. 加工要求分析

1）尺寸要求：零件上关键部位的尺寸偏差必须在5μm以下。工件的各曲面如图1-2-3所示，各曲面的加工后余量（即尺寸偏差）要求见表1-2-2。

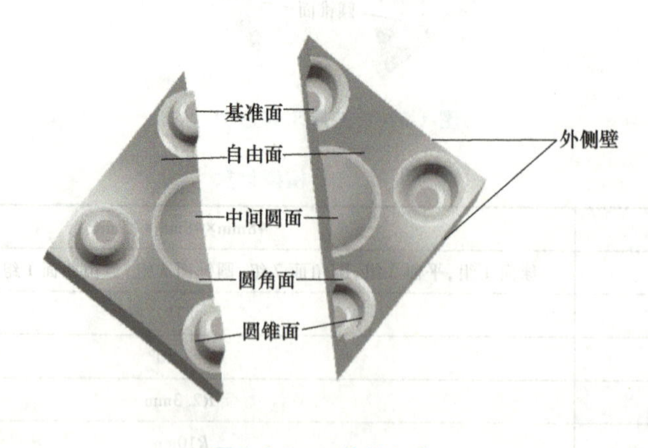

图1-2-3　工件的各曲面

表 1-2-2　工件各曲面的加工后余量要求

检测项目	基准面	自由面	中间圆面	圆角面	圆锥面	外侧壁
加工后余量要求/μm	-2~0	-1~2	-5~0	-5~0	-5~0	2~5

2）表面粗糙度值要求：*Ra*0.15μm 以内。

5. 加工难点分析

（1）产品精度要求高　零件上关键部位的尺寸偏差必须在 5μm 以下，且凸件和凹件配合后的间隙也必须小于 5μm。在圆角面处保证加工精度有一定的难度。

（2）材料硬度高，要严格控制刀具的磨损　经淬火后的 S136 模具钢，硬度达到了 52HRC，刀具磨损快，必须借助先进的技术控制刀具的磨损。

1.2.2　确定加工方案

根据工件的加工要求和毛坯情况，确定加工方式、装夹方案、加工设备，再进行用刀规划、工步规划，确定刀具型号和拟定各工步余量与切削参数。

1. 选择加工方式

鉴于无缝配模的凸件和凹件均无负角面，且毛坯已完成开粗处理，工序较为单一，无须进行多工序翻夹位加工，所以选择 3 轴加工即可。

2. 选择装夹方式

工件的外形已经加工到位，以外形为基准定位，采用吊装的形式装夹。切削用量比较小，选用零点快换系统可以快速切换装夹位置，减少机床空置时间，如图 1-2-4 所示。

工件坐标系 X、Y 方向的原点通过工件两个直角边基准面确定，Z 方向的原点通过工件圆锥面底部基准面确定。

3. 选择加工设备

在本项目中，由于工件的加工精度与表面质量要求较高，加工设备选择一台全闭环 3 轴高速加工中心 JDHGT600T，如图 1-2-5 所示。考虑毛坯尺寸是 48mm×48mm×25mm，加上工装、夹具的尺寸，其整体尺寸符合 HGT600T 机床行程。因材料硬度较高，要求主轴刚性较高，故选择 JD150S-20-HA50/C 型号电主轴，该主轴具有高转速、低振动的特点。工件的配

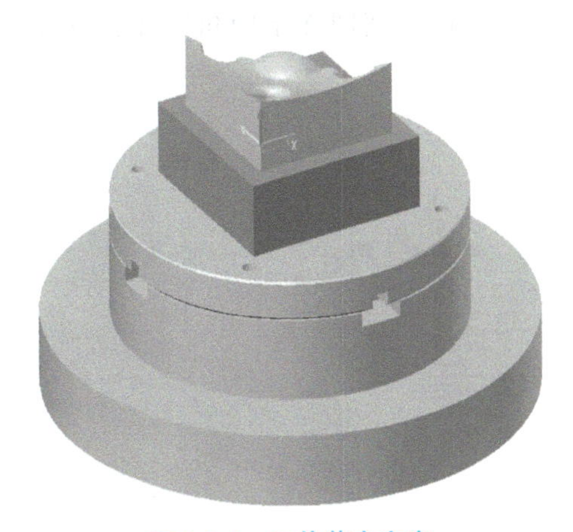

图 1-2-4　工件装夹方案

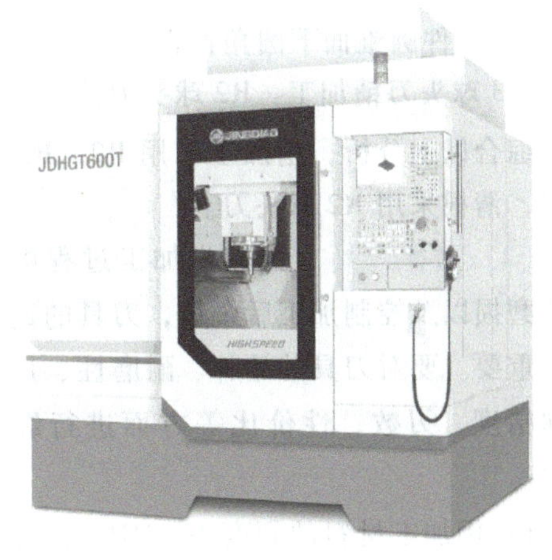

图 1-2-5　JDHGT600T 3 轴高速加工中心

合面、导轨面与理论模型的偏差为-0.02~0mm，为保证加工稳定性，并践行绿色制造理念，机床需配备在机检测仪（含激光对刀仪）、油雾分离器等附件。JDHGT600T/JDHGT600TH机床适用于精密模具、精密零件的加工，具有稳定的微米级加工能力，可实现0.1μm进给、1μm切削和纳米级的表面效果；配置高精密电主轴，具有高转速低振动的特点，具备精密铣削、镗孔、钻孔和攻螺纹、微孔钻削等复合用刀能力；可配置容量为37把的链式刀库，配置自动供料系统，实现自动化加工；配北京精雕在机检测系统，可对工件、刀具、机床状态进行在机检测与修正，降低关键要素“固有偏差”对工件精度的影响。

4. 选择关键刀具

（1）确定刀具类型　因工件曲面结构比较复杂，需要分区域加工各曲面，根据不同位置曲面的最小曲率，确定刀具类型和直径。

凹件圆锥面下圆角面曲率半径为 *R*2.5mm。在规划刀具的过程中，一方面考虑曲面曲率的大小，尽量选用大直径的刀具。另一方面在一些深腔或狭小位置，大直径刀具会影响刀具的冷却和排屑，加剧刀具的磨损和让刀情况，如图1-2-6所示，所以采用R2的球头刀精加工。

1）凹件中间圆面下圆角面曲率半径为 *R*2.3mm，此处与自由面连接，加工位置比较开阔，适合用大刀具加工，所以选择R3球头刀精加工，R2球头刀清根加工，如图1-2-7所示。

图 1-2-6　凹件圆锥面下圆角面曲率

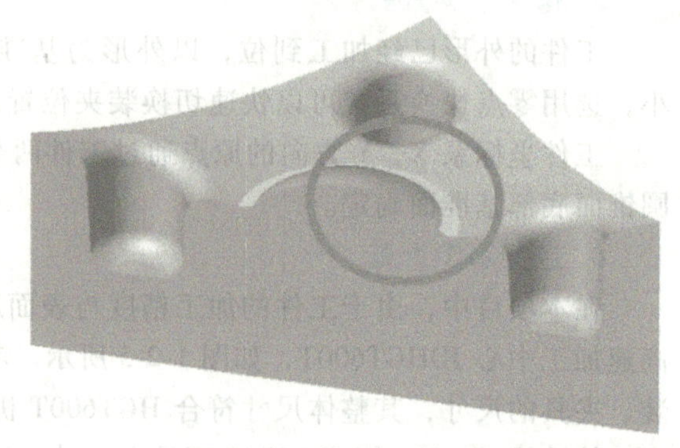

图 1-2-7　凹件中间圆面下圆角面曲率

2）凸件圆锥面下圆角面曲率半径为 *R*2.3mm，与凹件中间圆面下圆角曲面特征相同，选择R3球头刀精加工，R2球头刀清根加工，如图1-2-8所示。

综合以上分析，精加工采用R2、R3球头刀，清根采用R2球头刀。

（2）选择刀具　为减少加工过程中刀具的磨损以及控制加工后余量，刀具的选择至关重要。要对刀具的品牌、耐磨性、尺寸轮廓精度、刃数、性价比等方面进行综合考虑。

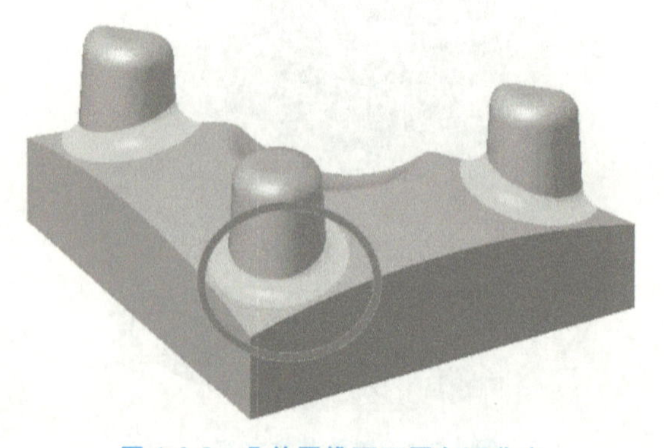

图 1-2-8　凸件圆锥面下圆角面曲率

1）因加工材料的硬度为52HRC，刀具易磨损，所以需要选择耐磨性比较好的刀具涂层。

2）在微米级精度要求的加工中，刀具尺寸轮廓精度对加工质量的影响很大。要求半精加工使用的刀具轮廓度误差小于5μm，精加工使用的刀具轮廓度误差小于4μm。

5. 规划工步

因S136模具钢硬度为52HRC，且工件加工完成后曲面加工后余量要求在微米级，所以各工步间余量的分配比较关键。工步余量的分配与机床的切削能力、刀具的参数（刀具磨制参数、涂层）、刀柄类型以及装夹方案密切相关。

结合本项目的工件加工要求和工艺方案，参考多圆角互配工件的切削参数，拟定了各工步刀具规划和切削参数推荐表，见表1-2-3。

表1-2-3 各工步刀具规划和切削参数推荐表

加工工步	加工刀具	工步余量/mm	吃刀深度/mm	路径间距/mm	主轴转速/(r/min)	进给速度/(mm/min)
半精加工1	R3球头刀	0.012	0.07	0.15	8000	1000
半精加工2	R2球头刀	0.006	0.005	0.1	10000	600
精加工	R3球头刀	0	0.01	0.05	11000	1200
	R2球头刀	0	0.006	0.07	12000	600
清根加工	R2球头刀	0	0.006	0.05	12000	600

由表1-2-3可以看出工步间的余量需要控制在0~0.012mm范围内，切削量很少，所以工步间余量管控是很重要的。而要做到精准切削，刀具的管控必不可少。以下将结合本项目介绍管控工步间余量的方法，完成微米级工件的加工。

1.2.3 确定管控方案

1. 管控刀具的磨损

（1）刀具磨损带来的问题 在加工圆锥面、自由面等时，刀具磨损会造成欠切。本项目中单个工件的精加工时间预估是78min，加工时间不长，但是加工多件时，要保证精加工后余量在6μm以内，必须控制好刀具磨损。

（2）选择耐磨的刀具 本项目工件材料硬度比较高，需选择耐磨性好的刀具。

（3）控制刀具跳动，减少刀具磨损 刀具径向跳动量大会导致切削状态不稳定，需要管控刀具跳动。半精加工刀具跳动量要控制在6μm以内，精加工刀具跳动量要控制在4μm以内。

（4）在机检测工步间余量 严格管控上把刀具的加工后余量。半精加工完成后，通过在机测量工步间的余量，保证余量在6μm以内，以减小刀具磨损。

2. 管控球头刀的尺寸及轮廓度误差

在制造过程中，刀具实际直径与名义直径存在一定误差，如果直接使用刀具名义直径编程，会导致加工工件尺寸欠切或过切。在加工圆锥面时，如果R3球头刀的实际半径为*R*2.997mm，使用名义半径R3编程，那么凹、凸件圆锥面加工后各有+3μm余量（尺寸偏差），这时配合后圆锥面不能完全贴合，产生的间隙可达0.054mm，如图1-2-9所示。

针对以上问题，可以将刀具的实际轮廓数据（用激光对刀仪测量刀具的实际轮廓数据）

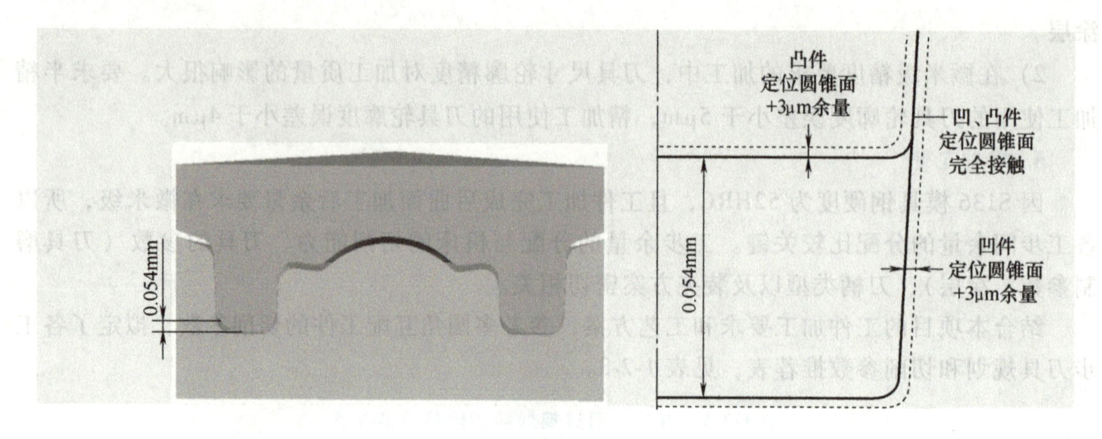

图 1-2-9　R3 球头刀轮廓度误差引起的欠切问题

通过编程软件和数控系统中的刀具 3D 圆角补偿功能进行微量补偿，以保证加工精度，如图 1-2-10 所示。

3. 管控加工过程中的让刀问题

在加工圆锥面时，选用的刀具为 R2 球头刀，长径比为 4∶1。由于圆锥面拔模角度为 87°，径向切削力过大，易产生让刀，让刀后直接影响加工精度，如图 1-2-11 所示。

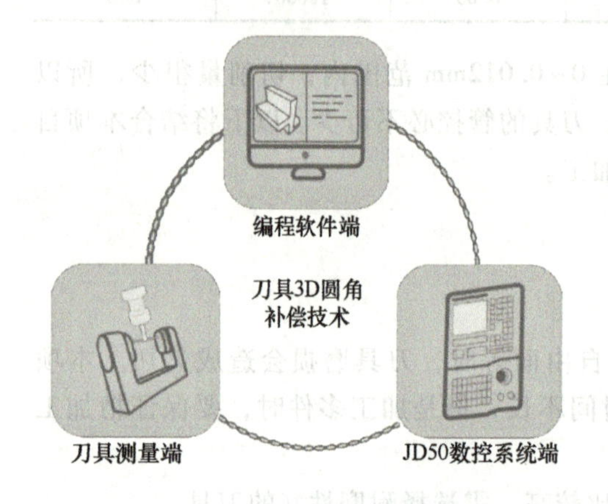

图 1-2-10　3D 圆角补偿功能

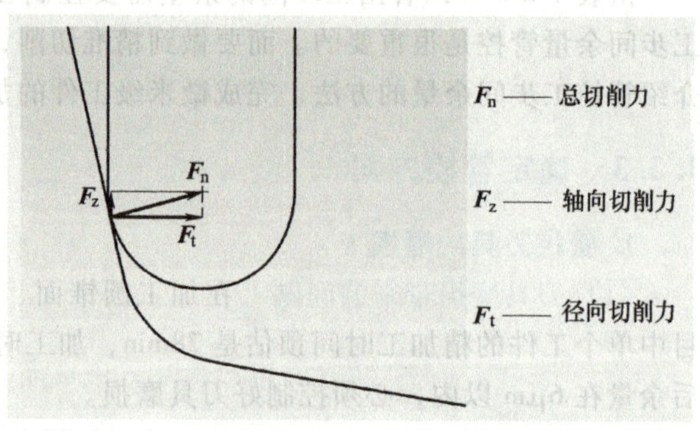

图 1-2-11　圆锥面切削力分析

针对以上问题，半精加工后，通过在机测量检测工件的加工后余量，对加工后余量超过 6μm 的部位进行局部修正，保证精加工中稳定切削。

4. 管控加工过程中的主轴热伸长

不同转速下，主轴产生的热伸长不同，主轴暖机不充分会导致过切或者欠切，因此主轴冷机或者停转后的预热时间就需要明确。JDHGT600_A13S 机床不同转速的主轴热伸长量稳定时间表见表 1-2-4。

参考表 1-2-4，以加工中主轴转速 12000r/min 为例，停转 5min，预热 11min 主轴伸长量稳定，伸长量 3μm。由此数据得知，主轴停转 5min，在下一工步加工开始前需要对主轴预热并更新刀长，才能保证工件微米级的加工精度。

表 1-2-4 JDHGT600_A13S 机床不同转速的主轴热伸长量稳定时间表

主轴转速/(r/min)	冷起动热伸长量及稳定时间		Z 向位移稳定后停转不同时间的伸长量及稳定时间一							
			3		5		10		15	
	伸长量/μm	稳定时间/min	伸长量/μm	稳定时间/min	伸长量/μm	稳定时间/min	伸长量/μm	稳定时间/min	伸长量/μm	稳定时间/min
24000	36	30	2	3	9	19	16	22	19	23
21000	34	28	2	4	9	15	14	19	18	21
18000	24	27	1.5	4	7	13	10	15	13	17
15000	18	26	1		4	12	7	14	9	16
12000	14	24	1		3	11	5	13	6.5	15
9000	11	22	1		1.7	7	3	11	4	14
6000	4	20	1		1	6	2	10	3	12
3000	3.5	17	1	—	1	—	1	4	1.3	7

主轴转速/(r/min)	冷起动热伸长量及稳定时间		Z 向位移稳定后停转不同时间的伸长量及稳定时间二							
			20		30		60		120	
	伸长量/μm	稳定时间/min	伸长量/μm	稳定时间/min	伸长量/μm	稳定时间/min	伸长量/μm	稳定时间/min	伸长量/μm	稳定时间/min
24000	36	30	25	26	31	29	35	30	36	30
21000	34	28	22	22	25	24	32	27	33	28
18000	24	27	16	18	20	21	25	25	27	26
15000	18	26	11	18	14	20	18	24	19	25
12000	14	24	8	16	10	18	13	22	14	23
9000	11	22	5	15	7	16	9.4	21	10	22
6000	4	20	3	14	5	15	6	18	7	19
3000	3.5	17	1.5	8	2	10	3	15	3.5	17

5. 采用的关键技术

在精密加工过程中，机床的使用环境温度也很重要。本项目中工件外形已加工到位，内部曲面半精加工、精加工、清根加工时间超过 2h，如果加工过程中机床状态不稳定，加工原点会发生漂移，导致清根过切、欠切，且曲面的加工精度不合格，因此稳定的环境温度是保证机床加工过程中状态稳定的重要条件，要加强机床使用过程中温度的管控。下面介绍加工过程中温度的管控及其他保证精度的措施。

(1) 机床外部环境温度管控　机床状态稳定后，外部环境温度的波动会导致机床内部温度也随之波动，坐标系原点在 X、Y 方向上也会相应地发生漂移。在 24h 内机床外部温度波动大于 3℃和小于 1.5℃时，原点随外部温度波动有所不同，见表 1-2-5、表 1-2-6。

综合以上数据：为了保证长时间加工过程中机床状态的稳定性，减小加工过程中的原点漂移，机床外部温度波动需要控制在±1℃/24h。

表 1-2-5 机床外部温度波动大于 3℃时原点漂移量

数据采集	外部环境温度/℃	内部温度/℃	原点漂移量 X/μm	原点漂移量 Y/μm
最大值	26.46	25.56	0.5	0
最小值	22.92	23.37	-3.5	-5.6
波动范围	3.54	2.19	4	5.6

表 1-2-6 机床外部温度波动小于 1.5℃时原点漂移量

数据采集	外部环境温度/℃	内部温度/℃	原点漂移量 X/μm	原点漂移量 Y/μm
最大值	25.8	27.1	0.3	-0.1
最小值	24.4	26.3	1	0.7
波动范围	1.4	0.8	0.7	0.8

(2) 机床内部温度管控　机床内部温度的主要影响因素是切削过程中产生的热量，这些切削热大部分被切削液带走。不同的冷却方式对机床内部温度的波动影响不同，因此选对冷却方式很重要。切削油冷却和微雾润滑冷却对机床内部温度及坐标系原点漂移量的影响，见表 1-2-7。

表 1-2-7 切削油冷却和微雾润滑冷却对机床内部温度及坐标系原点漂移量的影响

冷却方式	切削油冷却				微雾润滑冷却			
数据采集	外部环境温度/℃	内部温度/℃	原点漂移量 X/μm	原点漂移量 Y/μm	外部环境温度/℃	内部温度/℃	原点漂移量 X/μm	原点漂移量 Y/μm
最大值	22.63	23.23	6	6.4	23.07	23.29	-0.3	1.3
最小值	20.23	22.02	-0.4	0.1	21.02	22.97	-1.8	-0.3
波动范围	2.4	1.31	6.4	6.3	2.05	0.32	1.5	1.6

综合以上数据：在外部环境温度波动相近的条件下，使用微雾润滑冷却的方式，机床内部温度波动可控制在 0.5℃以内，原点漂移量可控制在 2μm 以内。因此，为了保证加工过程中机床状态的稳定性，减小加工过程中的原点漂移，应选择微雾润滑的冷却方式。

注意：

使用微雾润滑一定要配置油雾分离器。

(3) 主轴转速管控　机床主轴高速旋转会产生热量，不同的转速产生的热量不同，主轴的热伸长量也不同，如图 1-2-12、表 1-2-8 所示。

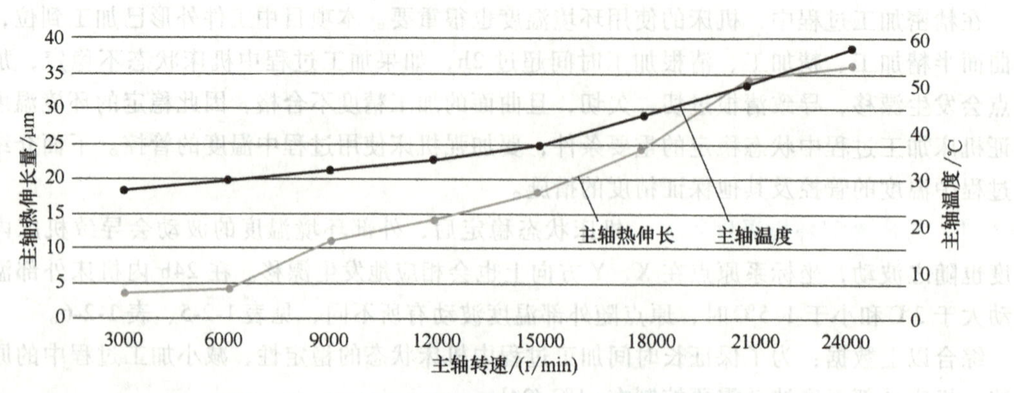

图 1-2-12 JD130S 主轴温度变化对主轴热伸长量的影响

表 1-2-8 JD130S 主轴温度变化对主轴热伸长量的影响

主轴转速/(r/min)	3000	6000	9000	12000	15000	18000	21000	24000
主轴热伸长量/μm	3.5	4	11	14	18	24	34	36
主轴温度/℃	27.1	29.4	31.7	34.1	37.1	43.3	50.1	57.9

综合以上数据：在加工过程中要管控主轴的热伸长量。

结合以上工艺规划过程，制定加工工序过程卡，用于加工方案实施中参数设置，见表 1-2-9。

表 1-2-9 加工工序过程卡

零件名称	工件 3		材料	S136(52HRC)	夹具	零点快换组件			工位	CNC	
工步序号	工步内容		刀号	刀具名称	装夹长度/mm	主轴转速/(r/min)	进给速度/(mm/min)	路径间距/mm	加工后余量 侧边余量/mm	底部余量/mm	冷却方式
1	工件位置补偿/mm		10	[测头]JD-4.00	35	—	—	—	—	—	—
			10	[测头]JD-4.00	35	—	—	—	—	—	—
			10	[测头]JD-4.00	35	—	—	—	—	—	—
2	半精加工	自由面+0.01	1	[球头]JD-6.00	16	10000	2000	0.15	0.01	0.01	微雾润滑
3		中间圆面+0.005	1	[球头]JD-6.00	16	10000	1200	0.15	0.005	0.005	
4		圆锥下圆角+0.03	1	[球头]ID-6.00	16	10000	800	0.15	0.03	0.03	
5		圆锥下圆角+0.02	1	[球头]ID-6.00	16	10000	800	0.15	0.02	0.02	
6		圆锥面+0.002 1	1	[球头]JD-6.00	16	10000	1000	0.1	0.002	0.002	
7		圆锥面+0.002 2	1	[球头]JD-6.00	16	10000	1000	0.1	0.002	0.002	
8		圆锥面+0.0023	3	[球头]JD-4.00	16	10000	1500	0.15	0.002	0.002	
9		圆锥面+0.0024	3	[球头]JD-4.00	16	10000	1500	0.15	0.002	0.002	
10		混合清根加工 0.01	3	[球头]JD-4.00	16	10000	600	0.08	0.01	0.01	
11	精加工	暖机	1	[球头]JD-6.00-1	16	11000	1200	0.1	0	0	
12		自由面 0	2	[球头]JD-6.00-1	16	11000	1200	0.05	0	0	
13		中间圆腔-0.002	2	[球头]JD-6.00-1	16	11000	800	0.05	-0.002	-0.002	
14		圆锥下圆角-0.002	4	[球头]JD-4.00-3	16	12000	600	0.06	-0.002	-0.002	
15		圆锥面-0.0051	4	[球头]JD-4.00-3	16	12000	600	0.07	-0.005	-0.002	
16		圆锥面-0.0052	4	[球头]JD-4.00-3	16	12000	600	0.07	-0.005	-0.002	
17		混合清根加工	4	[球头]JD-4.00-3	16	12000	600	0.05	0	0	
18	在机测量		10	[测头]JD-4.00	35	—	—	—	—	—	—

（4）在机检测　在机检测技术是以机床硬件为载体，辅以相应的测量工具（硬件包括机床测头、机床对刀仪等，软件包括宏程序、专用测量软件等），在加工过程中对工件实现数据的实时采集，并及时进行数据分析，经计算得到检测报告，达到辅助加工的目的，通过科学的方案帮助并指导工程人员提高产品良率。该技术是工艺改进后的一种测量方式，同时也是过程控制的重要环节。

在加工过程中，加工前，需要人工进行工件位置找正，花费大量时间；加工中，无法及时预知刀具和工件状态，可能导致工件报废；加工后，多环节流转易造成工件三伤，排队测量易造成机床停机。以上现象严重影响了加工过程的顺畅性和产品良率，造成企业绩效和盈利能力降低。在机检测技术可以实现加工生产和品质测量的一体化，对减少辅助时间、提高加工效率、提升加工精度和减少废品率有重要意义。

(5) 工步设计与虚拟加工技术　在将毛坯加工为成品的过程中，数控机床除了完成切削加工，还完成一些辅助的工作，如在机测量、刀具寿命管理、安全防呆等。目前，切削加工的数控（NC）程序由软件端自动输出，辅助 NC 程序由编程人员在设备端手工编写，这就导致了软件端每输出一个新的 NC 加工程序，都需要手工加入辅助 NC 程序段。

SurfMill 软件提供了工步设计功能，通过图形化的方式操作，将辅助指令融入 NC 加工程序中，这样设备端就无须再修改 NC 程序，可直接用于加工。此外，工步设计还提供了逻辑功能，支持测量后补加工，保证了加工的连续性，并且在输出 NC 程序时，可对整个 NC 程序进行管控，实现了软件端的防呆，保证了加工过程的安全，从而在软件端将加工风险降到最低。

1.2.4　数字化工艺设计与编程

通过对工件的工艺规划，实施加工方案。加工方案包括虚拟加工环境搭建、编写数字化精密加工程序（工件位置补偿编程、曲面特征编程、测量程序编程、管控程序与防呆程序编程）、NC 程序输出与工艺单输出。

1. 虚拟加工环境搭建

在加工过程中，机床端可能存在扎刀、撞机等安全风险，SurfMill 软件中的虚拟加工技术可以在加工前对程序进行模拟仿真，将风险控制在编程端。虚拟加工的基础是加工前物料的标准化，因此在编程前需要建立相关的数据库，依次设置机床、毛坯、刀柄、刀具，并设置和安装几何体，其操作流程如下。

(1) 导入数字模型　导入工件、夹具模型，文件格式 *.iges。在世界坐标系下（世界坐标系是 SurfMill 软件中的基本坐标系，在没有建立用户坐标系之前，界面上所有点的坐标都是以该坐标系来确定位置的），工件、夹具模型“图形聚中”，工件 X/Y 方向“中心聚中”，Z 方向“顶部聚中”。工件与夹具安装如图 1-2-13 所示。

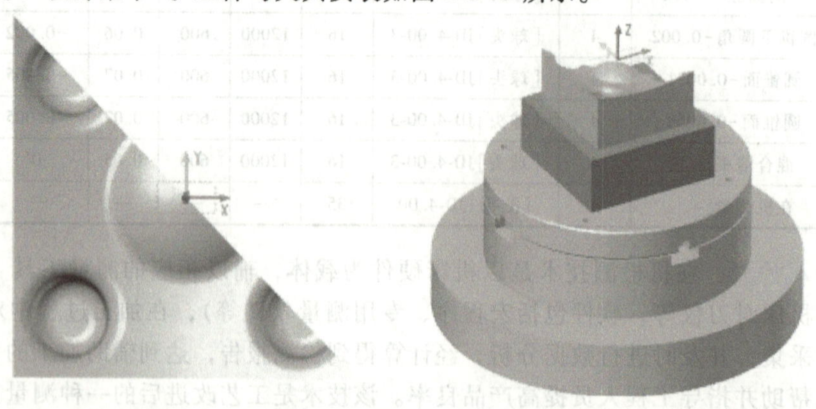

图 1-2-13　工件与夹具安装

（2）设置数字机床 根据既定工艺方案选用机床类型、ENG 设置扩展、测量设置，如图 1-2-14 和图 1-2-15 所示。在“测量设置”选项卡中勾选“机床实时显示测量点”后，可以在机床端将测量点数据以云图的形式展示给操作人员，方便分析测量数据。

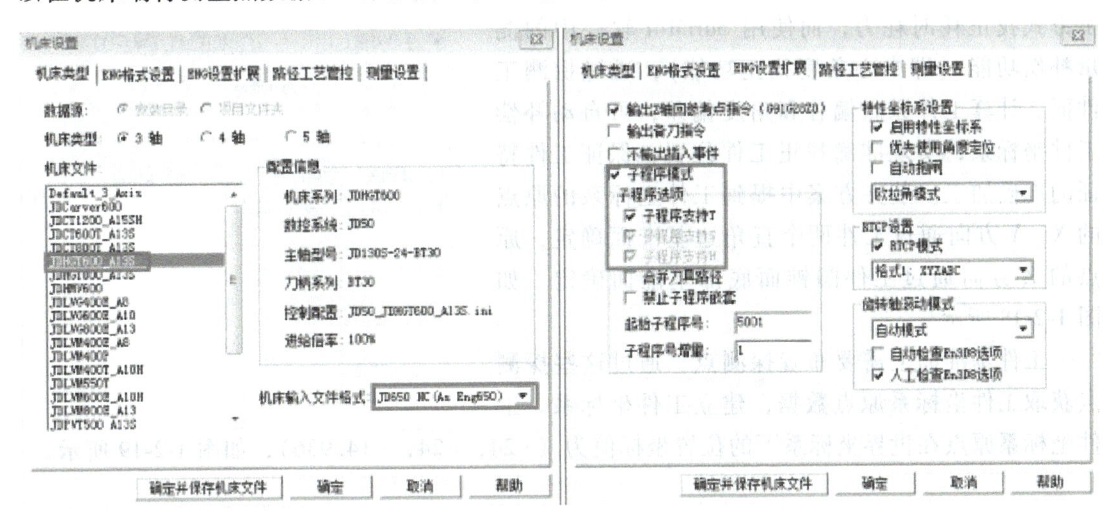

图 1-2-14 机床类型和 ENG 设置扩展

（3）设置数字几何体 根据工件、毛坯、夹具的实际情况设置几何体，如图 1-2-16 所示。

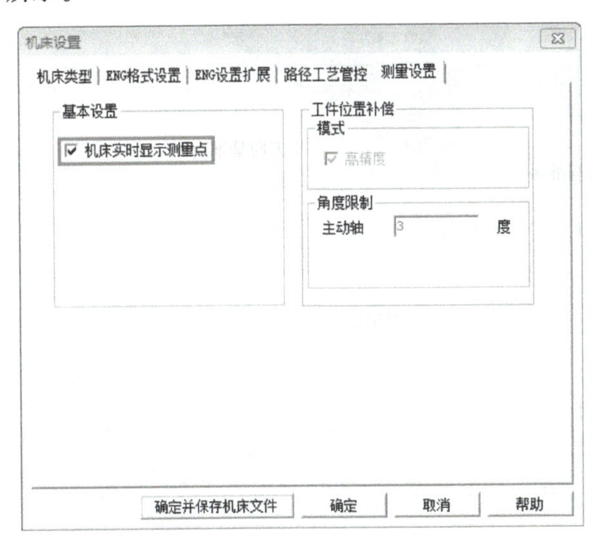

图 1-2-15 测量设置

图 1-2-16 几何体设置

（4）刀具表设置 根据加工工序过程卡和刀柄规划中的参数信息，设置刀具参数、加工参数、刀柄参数。

（5）设置几何体安装 在“项目设置”中选择“几何体安装”，单击“自动摆放”，在“安装位置”中选择“几何体定位坐标系”，“加工坐标系”选择“G54”，单击【确定】按钮，如图 1-2-17 所示。

2. 编写数字化精密加工程序

(1) 编写工件坐标系原点测量补偿路径 实际加工中，装夹后的工件需要进行位置找正。采用人工方式找正耗时耗力，而使用 SurfMill 软件中的测量补偿功能（即中心角度找正功能），通过探测工件面，计算工件原点偏移和角度偏差，可自动补偿工件坐标系，实现准确找正工件位置，保证工件特征的准确加工。装夹方案中提到工件坐标系的原点的 X、Y 方向通过工件两个直角边基准面确定，原点的 Z 方向通过工件圆锥面底部基准面确定，如图 1-2-18 所示。

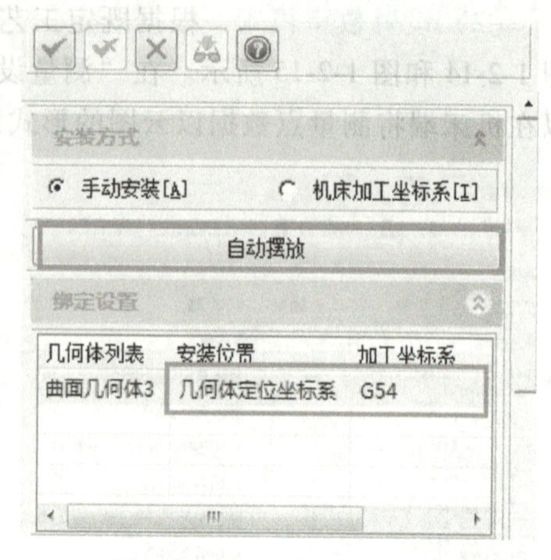

图 1-2-17 几何体安装设置

工件基准面上需要布置探测点，通过这些探测点获取工件坐标系原点数据，建立工件坐标系。工件坐标系原点在世界坐标系下的位置坐标值为（-24，-24，-14.936），如图 1-2-19 所示。

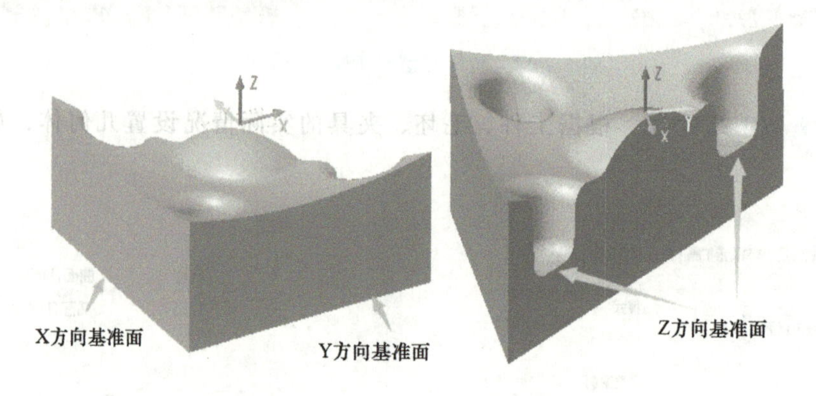

图 1-2-18 工件基准面

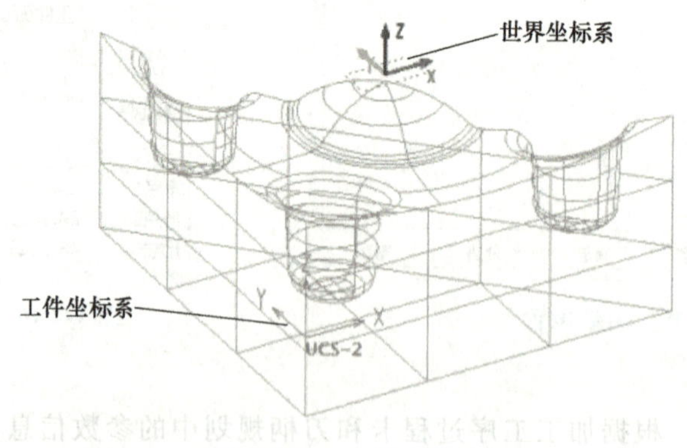

图 1-2-19 工件坐标系

1）创建探测点。在 3D 环境下，拾取模型的两个直侧壁，单击功能区“曲线”选项卡中的【曲面流线】按钮，生成辅助线。单击功能区“曲线”选项卡中的【点】按钮，通过“等分点”生成 X、Y 方向辅助点，通过“位置点”生成 Z 方向辅助点，如图 1-2-20 所示。

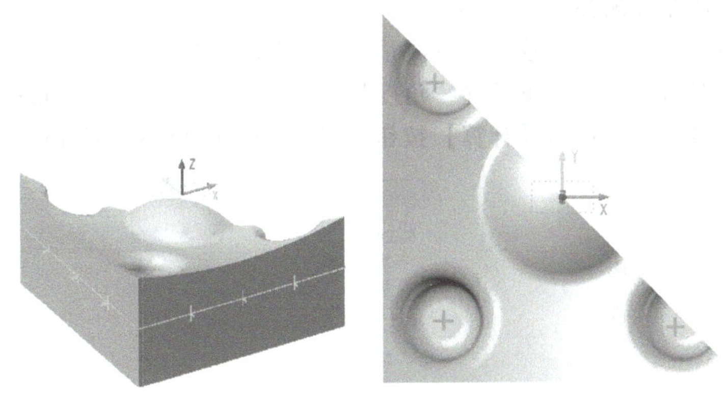

图 1-2-20　辅助线与辅助点

在 3D 环境下，单击功能区“在机测量”选项卡中的【曲线测量】按钮，进入“曲线测量”导航栏；单击【拾取曲线】按钮，在绘图区拾取辅助曲线，拾取已存在点（即辅助点），布置 X、Y 方向测量点；单击功能区“在机测量”选项卡中的【位置点测量】按钮，进入“位置点测量”导航栏，拾取已存在点与目标曲面，布置 Z 方向测量点，如图 1-2-21 所示。

2）生成工件坐标系原点测量补偿路径。工件坐标系原点测量补偿是通过对工件上探测点的位置数据进行采集，经过数控系统计算对工件的角度和位置偏差进行补偿。对于此工件，先以 Y 方向基准边进行工件角度补偿，即工件位置找正，然后以 Y 方向基准边、X 方向基准边、Z 方向基准面，进行 Y、X、Z 方向工件坐标系原点补偿，操作过程如下。

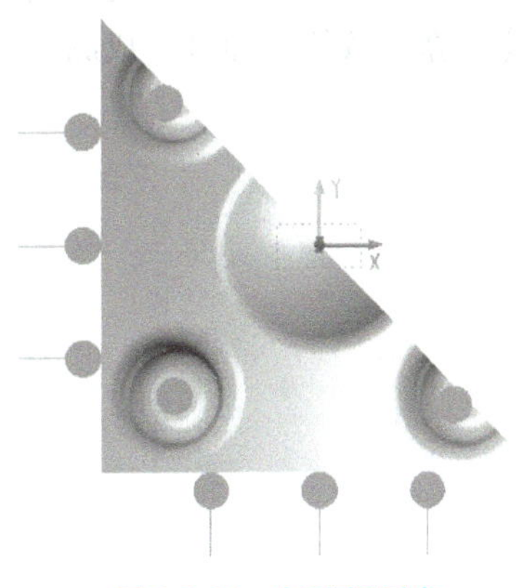

图 1-2-21　创建探测点

① 生成角度补偿路径。在加工环境下，单击功能区“在机测量”选项卡中的【曲线测量】按钮，在弹出的“刀具路径参数”对话框中单击“加工域”，选中 Y 方向探测点、轮廓线、保护面（模型全部曲面），如图 1-2-22 所示。

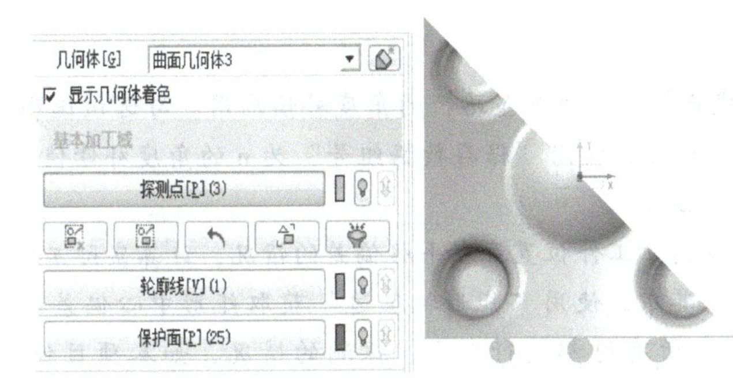

图 1-2-22　Y 方向加工域

根据实际情况，依次设置“加工刀具”“安全策略”“测量设置”选项卡中的相关参数，其中加工刀具选择［测头］JD-4.00。

在“测量计算”选项卡下勾选“角度测量”，如图 1-2-23 所示。

在“测量补偿参数”选项卡下设置“角度测量方式”“参考图形”“角度测量补偿”相关参数，如图 1-2-24 所示。单击【计算】按钮，即可生成角度测量补偿路径。

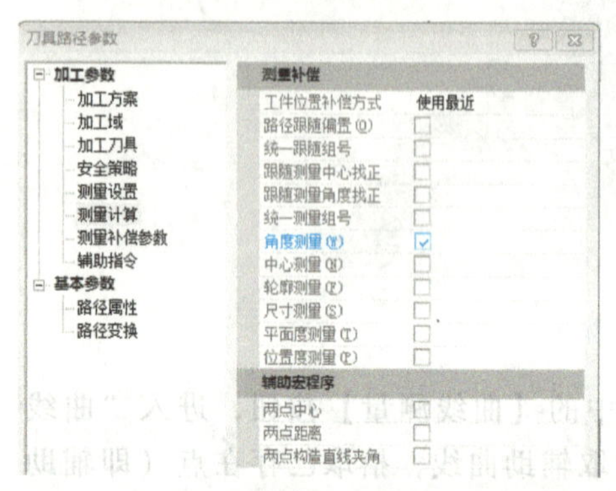

图 1-2-23　角度测量

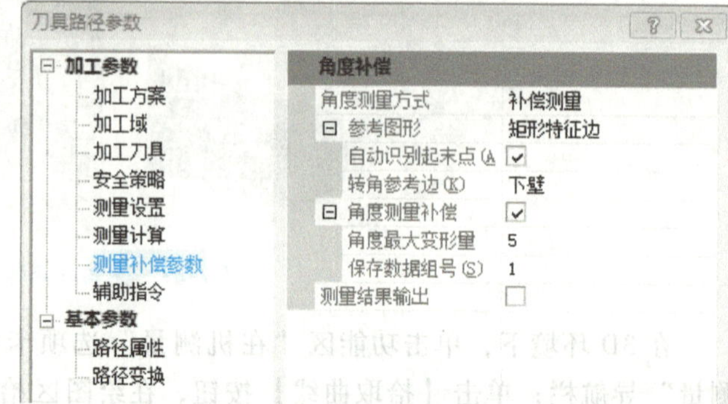

图 1-2-24　角度测量补偿

在“测量补偿参数”选项卡下设置“中心测量方式”“参考图形”“拾取中心点坐标”“计算中心使用边”，并勾选“自动识别起末点”“中心 Y”相关参数，如图 1-2-25 所示。单击【计算】按钮，即可生成测量路径。

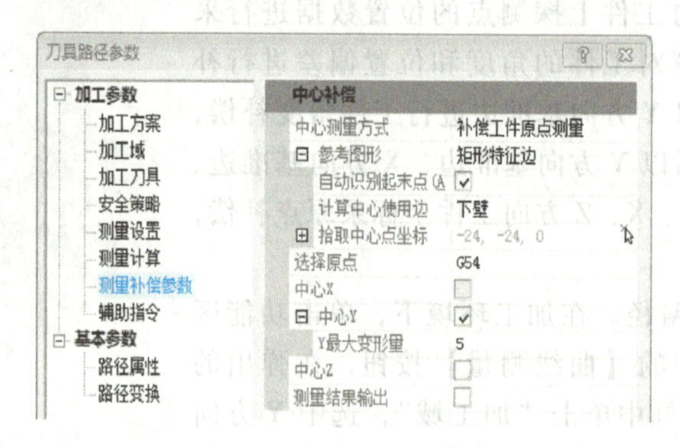

图 1-2-25　测量补偿参数

关键点延伸：

“跟随测量角度找正”是一种测量路径的角度补偿应用。勾选该选项并填写“使用数据组号”为 n，则此测量路径将使用“保存数据组号”为 n 的角度补偿值进行补偿测量，以消除测量路径的位置旋转误差。

中心补偿计算主要用于工件位置存在平移偏差的情况，计算实际工件原点与理论工件原点之间的平移偏差值。其中，使用“矩形特征边”获取矩形中心偏差适用于因夹具、工件形状等因素无法对矩形所有边都进行布点、探测的情况，如本项目使用的矩形特征边的“下壁”，即 Y 方向的直角边。

② 生成 X、Z 方向测量补偿路径。同角度测量补偿路径的生成步骤相同，根据实际情况依次设置“加工域”“加工刀具”“安全策略”“测量设置”选项卡中的相关参数。

在“测量计算”选项卡下勾选“跟随测量角度找正”“中心测量”，如图 1-2-26 所示。

在“测量补偿参数”选项卡下设置“中心测量方式”“参考图形”“拾取中心点坐标”，并勾选“中心 X”“中心 Z”相关参数，将“拾取中心点坐标”中的“基准中心 Z”数值设置为“-14.856”（因加工前工件毛坯余量为 0.08mm，即毛坯比工件模型的圆锥面底部平面高 0.08mm，所以需要在工件坐标系原点 Z 值-14.936mm 的基础上加上 0.08mm，以保证工件坐标系原点 Z 值不变），如图 1-2-27 所示。单击【计算】按钮，即可生成测量路径。

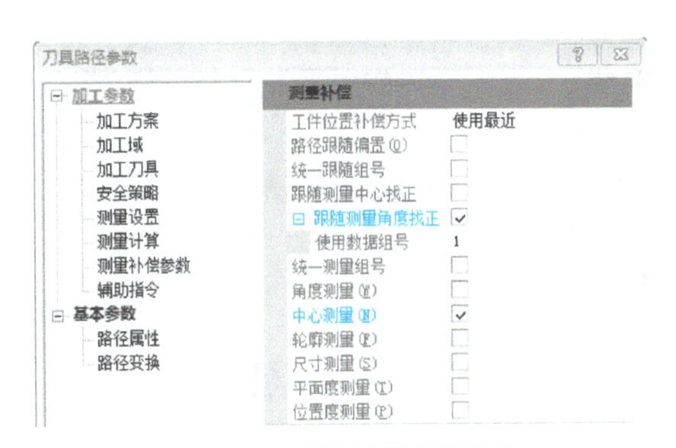

图 1-2-26　跟随测量角度找正

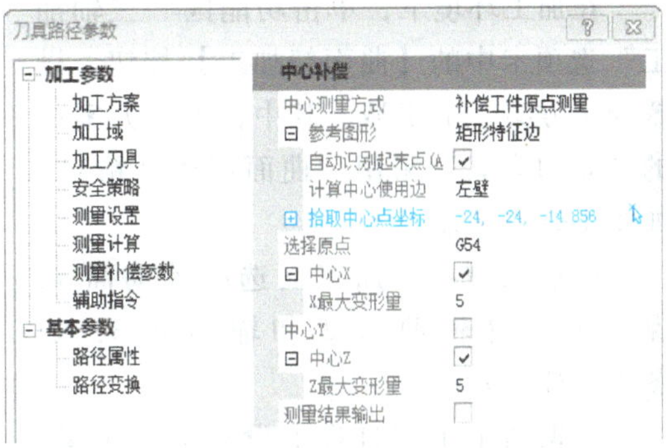

图 1-2-27　测量补偿参数

(2) 曲面编程　曲面特征包含自由面、中间圆面、圆锥面下圆角面、圆锥面、圆角清根。为了保证工步间加工余量的均匀性和一致性，半精加工和精加工的加工策略是相同的。编程人员可根据加工工序过程卡设置各工步余量、路径间距、主轴转速、进给速度等切削参数。

(3) 自由面编程　自由面编程需要提取原始面，以原始面生成路径，然后用初始路径对路径进行裁剪，操作过程如下。

1) 绘制辅助面。在 3D 环境下选中自由面，单击功能区“曲面”选项卡中的【提取原始面】按钮，生成辅助面 1，如图 1-2-28 所示。

分别选中中间圆面和中间圆面圆角面，单击功能区“曲面”选项卡中的【提取原始面】按钮，生成辅助面 2 和辅助面 3，如图 1-2-29 所示。

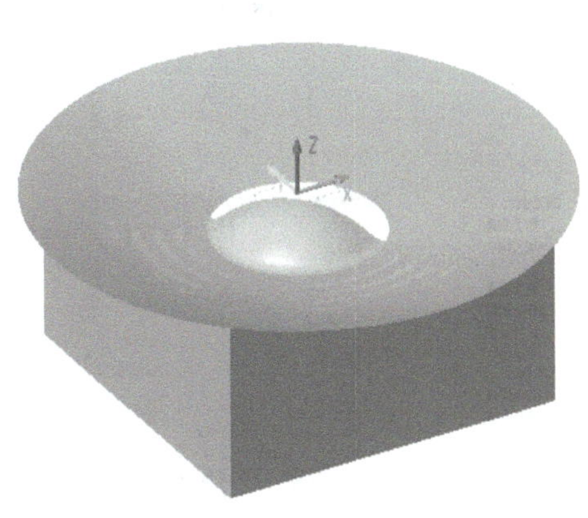

图 1-2-28　辅助面 1

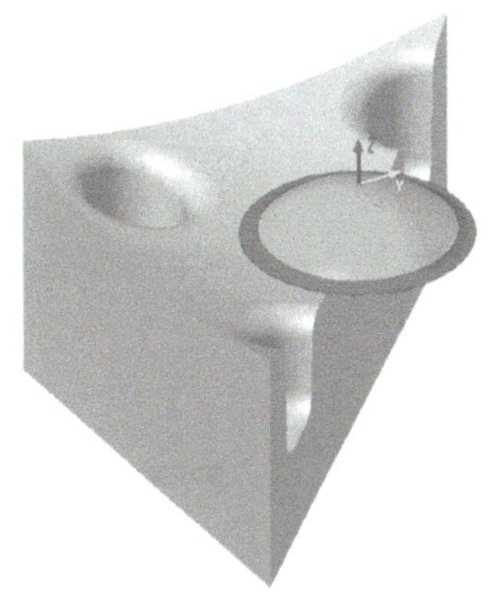

图 1-2-29　辅助面 2 和辅助面 3

2) 生成刀具路径。因提取的原始曲面是单一曲面，且曲面比较简单，分析曲面的 V 向为圆周方向，所以采用“曲面流线”的走刀方式，切削方向为 V 向，这样生成的路径是螺旋走刀，刀具的运动轨迹平稳，加工的表面效果比较好，容易满足表面粗糙度值 $Ra0.15\mu m$ 的加工要求。

关键点延伸：

曲面流线是刀具轨迹按照曲面的流线方向规划路径，适用于曲面数量较少、曲面相对较简单的场合。

在加工环境下，单击功能区“三轴加工”选项卡中的【曲面精加工】按钮，设置加工方案、加工域。其中，加工方案中的“走刀方式”采用“曲面流线（精）”，如图 1-2-30 所示。

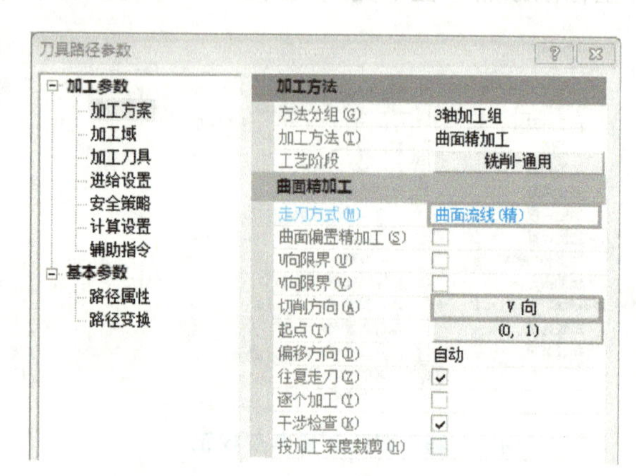

图 1-2-30　加工方案

在加工域中，加工面选择辅助面 1，保护面选择辅助面 2 和辅助面 3，如图 1-2-31 所示。

根据加工工序过程卡设置加工余量、加工刀具、进给设置的相关参数。其中“刀轴方向”中“刀轴控制方式”选择“竖直”，如图 1-2-32 和图 1-2-33 所示。

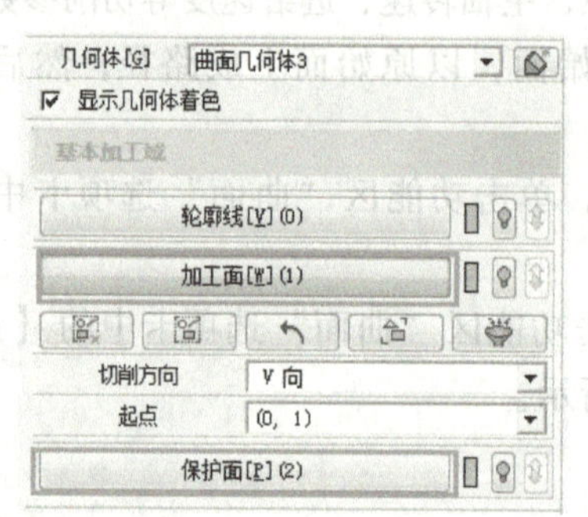

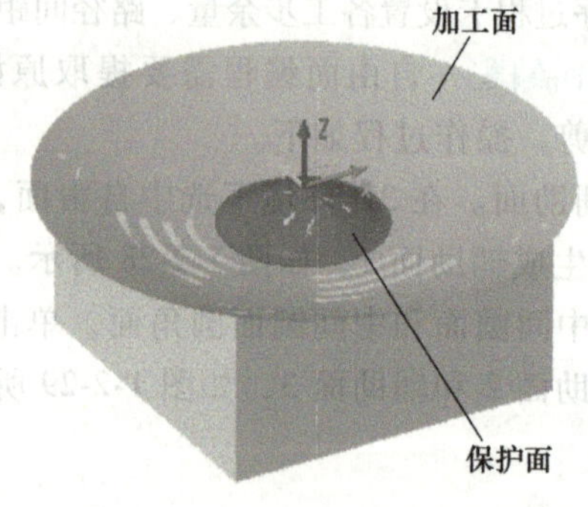

图 1-2-31　加工域设置

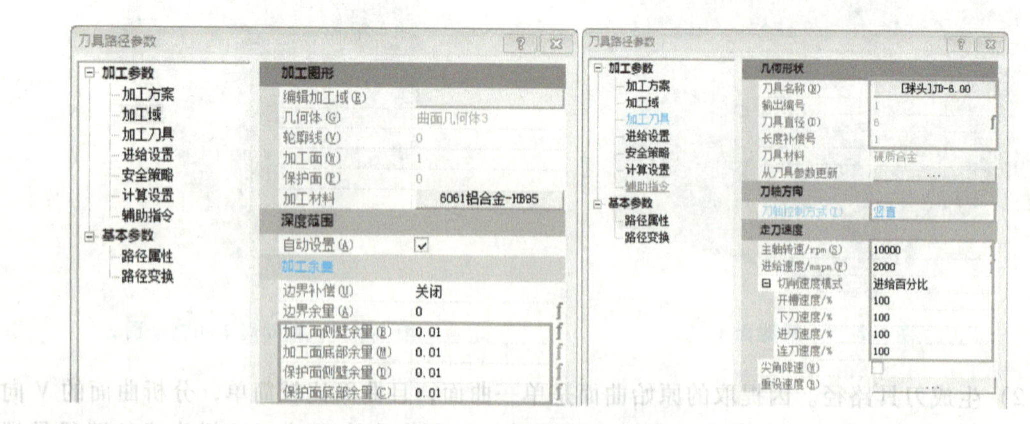

图 1-2-32　加工余量与加工刀具设置

关键点延伸：

在多轴加工中，刀轴用于控制两个旋转轴在切削过程中的运动方式。在3轴加工中，刀轴始终与当前刀具平面的Z方向相同，所以刀轴控制方式选择竖直。

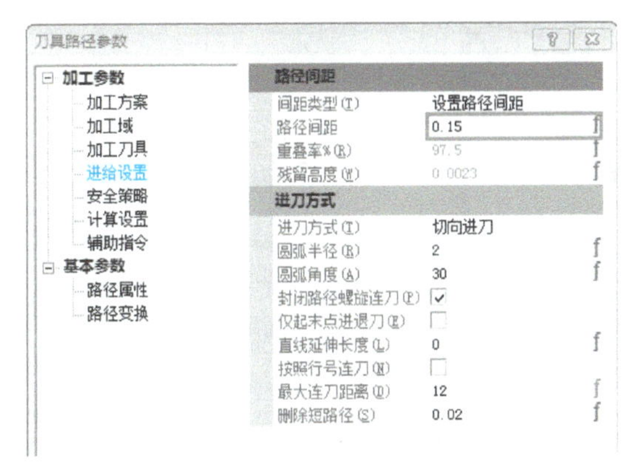

图 1-2-33　进给设置

在安全策略中，设置“冷却方式”为“气体冷却”，“半径磨损补偿”开启“圆角补偿”。在辅助指令中，“测量补偿”勾选“角度测量”，如图1-2-34所示。圆角补偿功能可以根据圆弧刀具不同角度上的半径进行补偿加工（见附录A“3D圆角补偿功能介绍”）；角度测量补偿调用上文角度测量补偿路径中的数组数据。

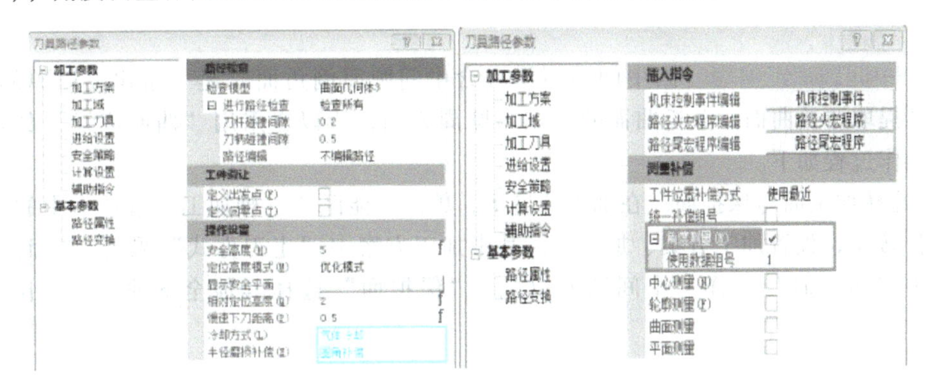

图 1-2-34　安全策略与角度测量补偿

单击【计算】按钮，即可生成刀具路径，如图1-2-35所示。

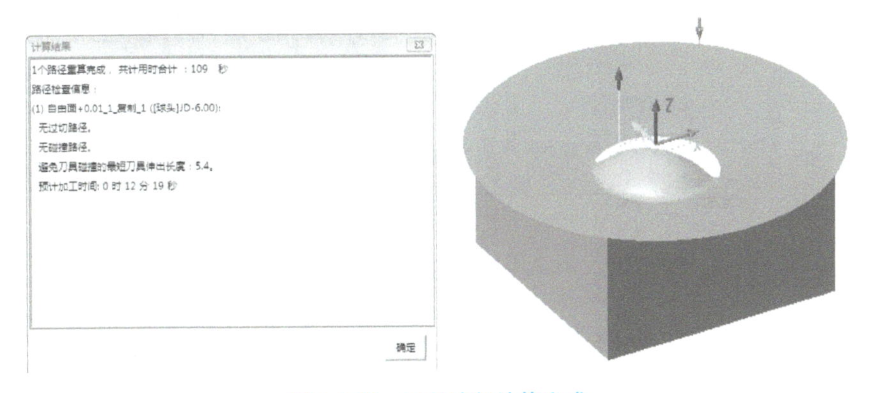

图 1-2-35　刀具路径计算完成

在加工环境下，单击功能区“路径编辑”选项卡中的【路径裁剪】按钮，设置裁剪参数。通过模型斜边两个端点进行裁剪，使用裁剪模式中的“去掉<坐标值路径”删除小于剪切面与路径交线坐标的路径，“去掉>坐标值路径”删除大于剪切面与路径交线坐标的路径，如图1-2-36所示。裁剪完成的自由面路径如图1-2-37所示。

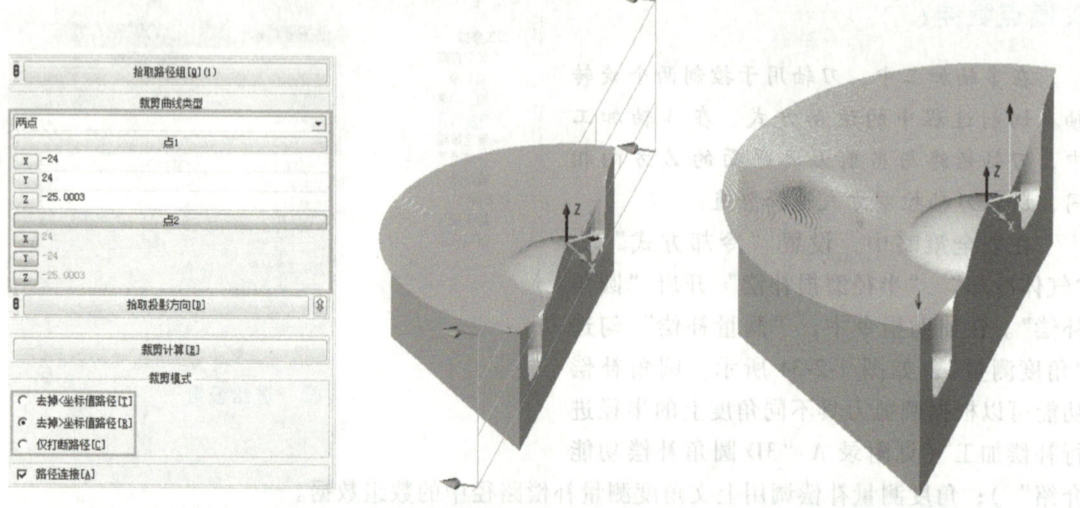

图 1-2-36　路径裁剪参数设置

图 1-2-37　自由面路径裁剪完成

(4) 中间圆面组编程　因中间圆面组（含中间圆面倒角面）是一组比较简单的曲面，不需要再提取原始曲面。分析曲面的 V 向为圆周方向，所以也采用“曲面流线”的走刀方式。其操作过程如下。

1）选择加工面与保护面。在加工环境下，单击功能区“三轴加工”选项卡中的【曲面精加工】按钮，设置加工方案、加工域。其中加工方案中“走刀方式”采用“曲面流线”，加工域中“加工面”选择“中间圆面组”，“保护面”选择其他全部曲面，如图 1-2-38 所示。

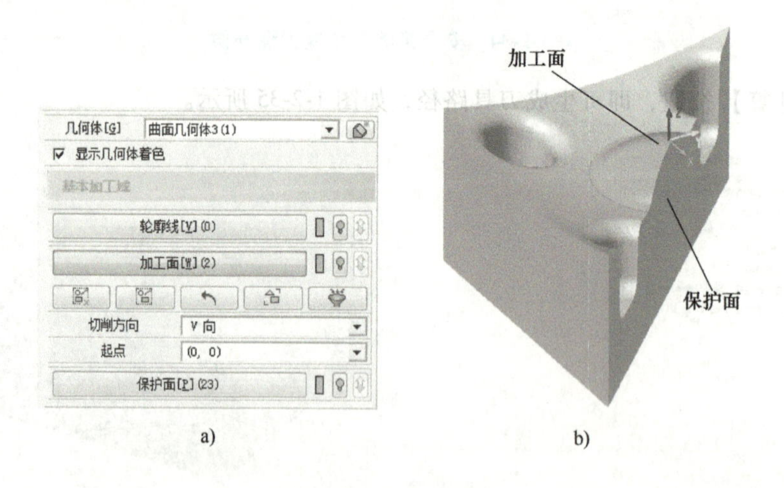

图 1-2-38　加工域设置

2）设置加工余量。根据加工工序过程卡设置加工余量，如图 1-2-39 所示。

3）生成刀具路径。加工刀具、进给设置、安全策略、计算设置、辅助指令参数与自由面参数相同。单击【计算】按钮，即生成刀具路径，如图 1-2-40 所示。

(5) 圆锥下圆角面编程　圆锥面是由比较陡的侧壁、平面、上下圆角面构成的，曲面结构特征比较复杂。由于工件尺寸精度要求都是在微米级，刀具连续切削稳定性比较重要，所以编制的路径应尽量减少抬刀，路径的间距疏密要适度，这样刀具切削状态才能比较平稳，工件的尺寸精度和表面质量才能得到保证。

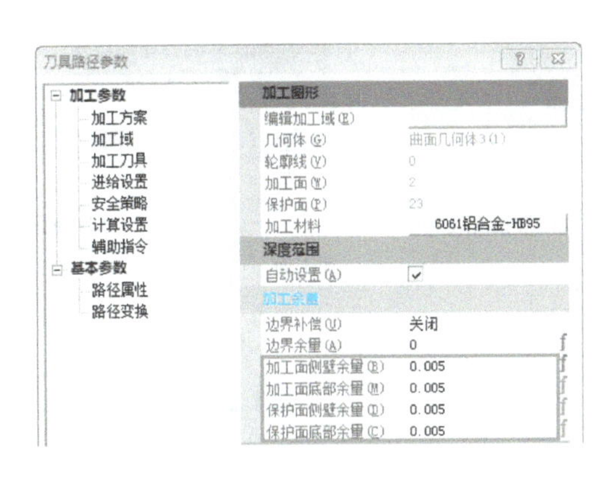

图 1-2-39 加工余量设置

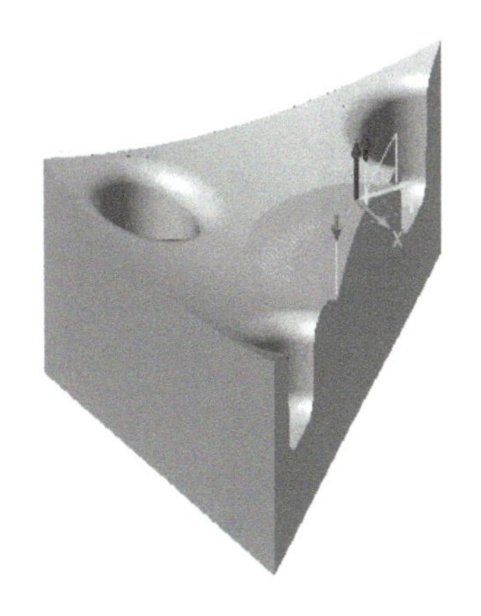

图 1-2-40 中间圆面刀具路径

“多轴加工”中的“曲面投影加工”可以通过导动面的方式，将在导动面上生成的路径投影到相应的特征面上，并通过设置螺旋走刀方向和均匀的路径间距，使生成的路径抬刀比较少，实现了螺旋走刀，且路径间距疏密适度。其操作过程如下。

关键点延伸：

导动面：结合多张加工面的特征制作一张单一完整的辅助面，通过该辅助面生成初始路径，然后将初始路径按照一定的方向投影到加工面上，生成刀具路径，该辅助面即为导动面。

1）调用导动面（见附录 B 导动面的创建原则）。本项目提供导动面。在 3D 环境下，单击图层列表中“圆锥面导动面”图层，即为圆锥面导动面（圆锥下圆角面与圆锥面的导动面相同）。

2）生成刀具路径。工件中有 3 处圆锥下圆角特征，需要将原始路径通过旋转阵列生成 4 处圆锥下圆角特征路径，然后通过路径编辑删除多余的路径。其操作过程如下。

在加工环境下，单击功能区“多轴加工”选项卡中的【曲面投影加工】按钮，设置加工方案、加工域。其中加工方案中“加工方式”采用“投影精加工”，如图 1-2-41 所示。

加工域中加工面选择圆锥下圆角面；选择导动面；保护面选择其他全部曲面，如图 1-2-42 所示。

关键点延伸：

曲面投影加工：根据导动面 U/V 流线方向生成初始投影路径（图 1-2-42），并根据设置的刀轴方式生成刀轴，然后按照一定的投影方向，将初始路径投影到加工面生成刀具路径的一种多轴加工方式。

根据加工工序过程卡设置加工余量、加工刀具相关参数。其中“刀轴方向”中“刀轴控制方式”选择“竖直”，如图 1-2-43 所示。

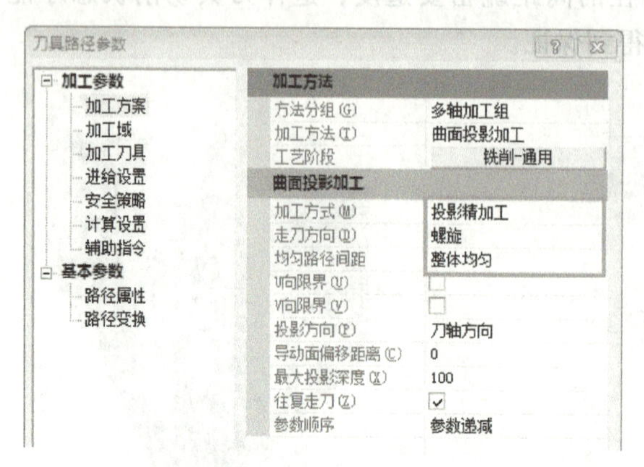

图 1-2-41 加工方案

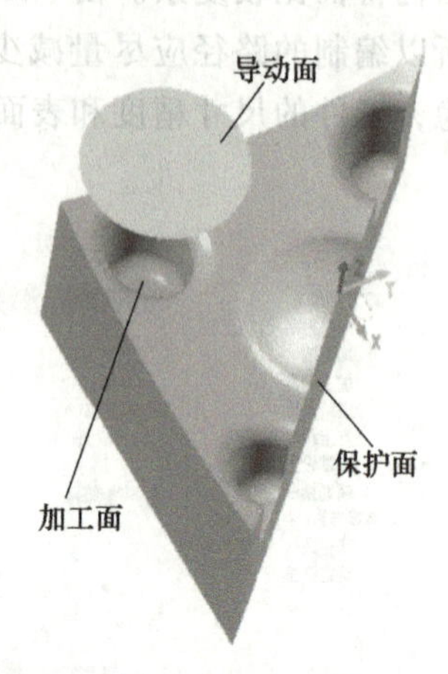

图 1-2-42 加工域

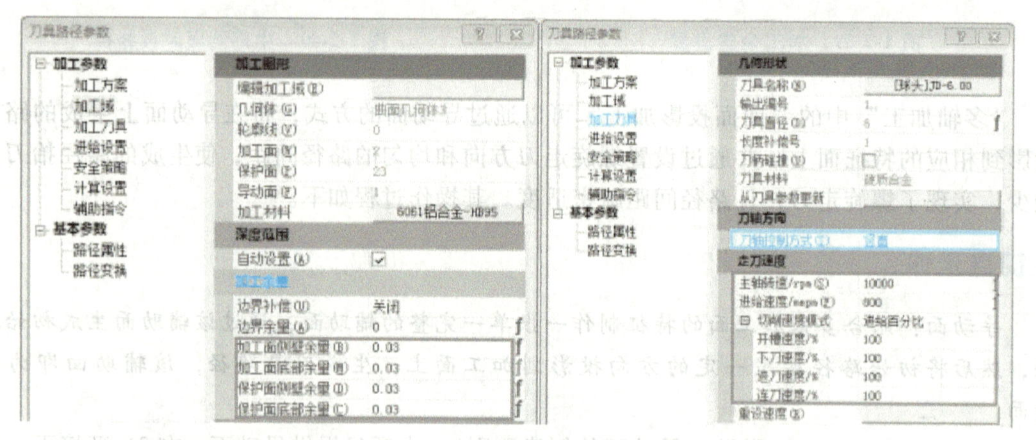

图 1-2-43 加工余量与加工刀具设置

进给设置、安全策略、计算设置、辅助指令参数与自由面参数相同。

在“刀具路径参数”对话框中的“基本参数”下单击“路径变换”，设置变换类型相关参数，如图 1-2-44 所示。单击【计算】按钮，即可生成刀具路径。

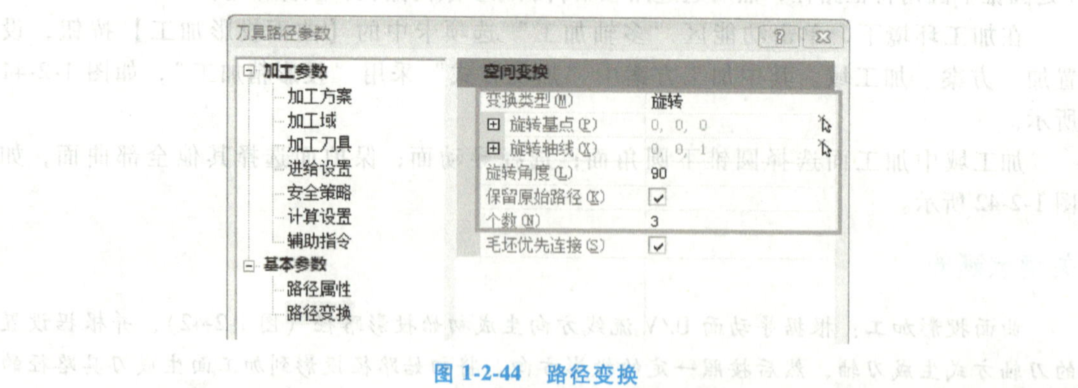

图 1-2-44 路径变换

3）路径删除。在加工环境下，单击功能区“路径编辑”选项卡中的【路径删除】按钮，设置删除参数，删除多余路径，如图 1-2-45 所示。

注意：

因圆锥面下圆角比较深，容易发生让刀现象，加工后余量比较大，为了后续圆锥面余量均匀，所以增加刀具路径。圆锥面下圆角面余量加工到 0. 02mm。

（6）圆锥面编程　同上文，工件中有 3 处圆锥面特征，需要将原始路径通过旋转阵列生成 4 处圆锥面特征路径，然后通过路径编辑删除、裁剪多余的路径。其操作过程如下。

1）调用导动面。在 3D 环境下，单击图层列表中的“圆锥面导动面”图层，即为圆锥面导动面。

2）生成刀具路径。在加工环境下，单击功能区“多轴加工”选项卡中的【曲面投影加工】按钮，设置加工方案、加工域。加工方案与圆锥下圆角面相同；加工域中加工面选择圆锥圆；选择导动面；保护面选择其他全部曲面，如图 1-2-46 所示。

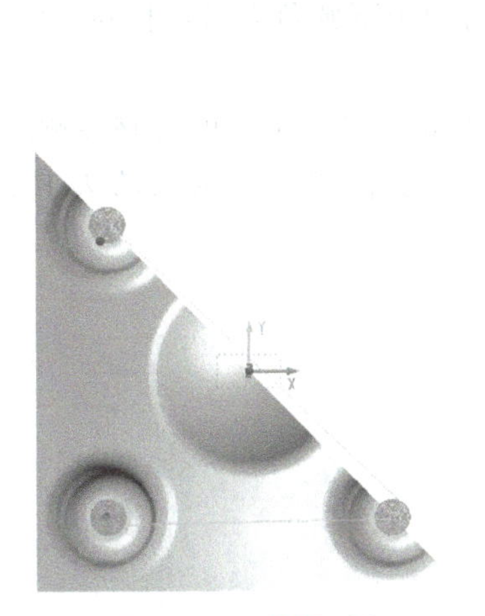

图 1-2-45　路径删除

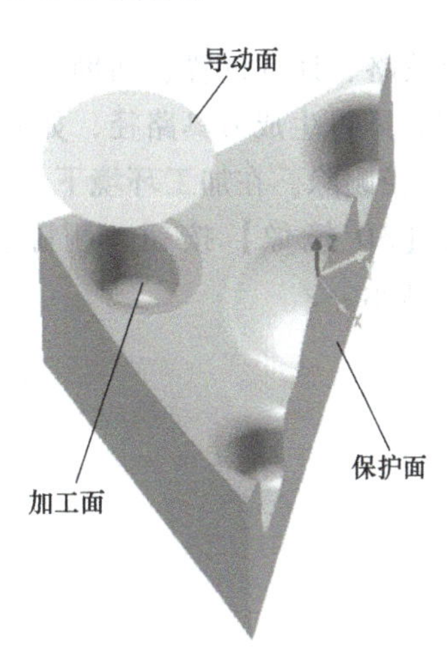

图 1-2-46　加工域

根据加工工序过程卡设置加工余量、加工刀具、进给设置的相关参数，其中“刀轴方向”中的“刀轴控制方式”选择“竖直”，如图 1-2-47 和图 1-2-48 所示。

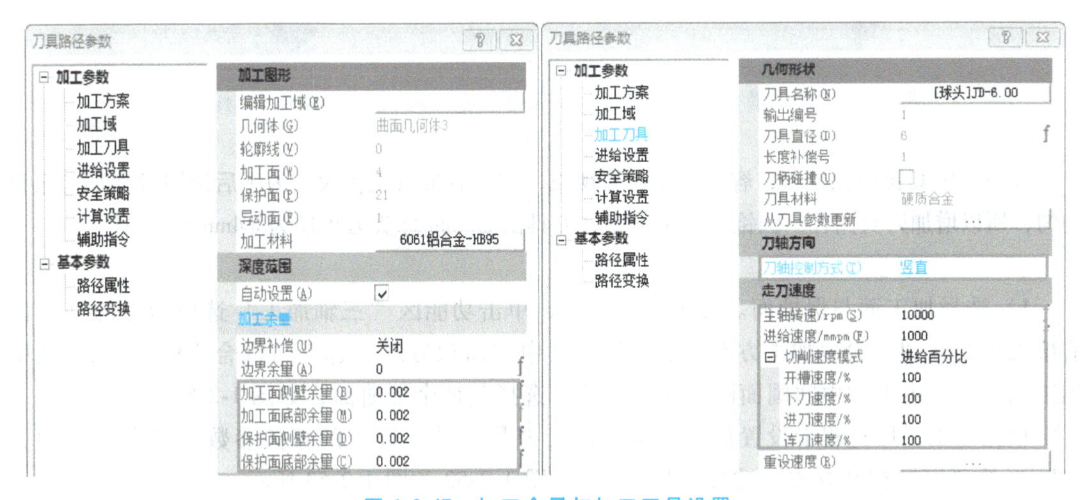

图 1-2-47　加工余量与加工刀具设置

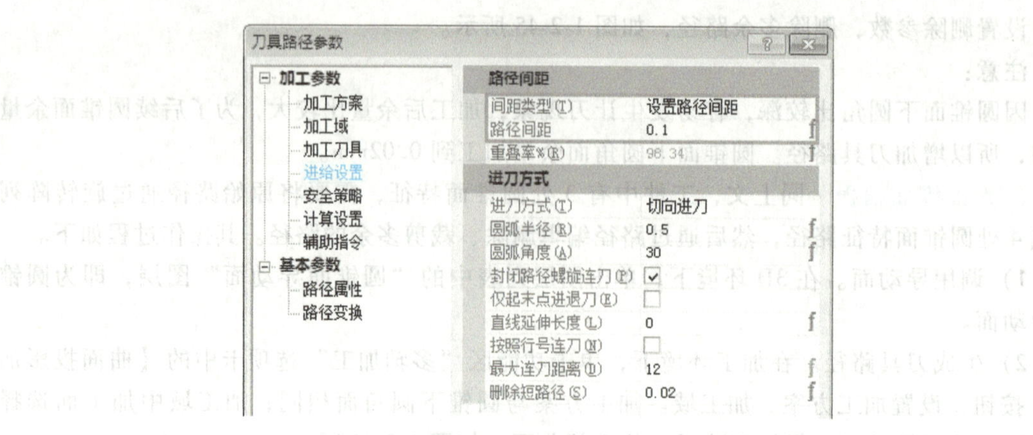

图 1-2-48 进给设置

安全策略、计算设置、辅助指令、路径变换参数与圆锥下圆角面参数相同。单击【计算】按钮，即可生成刀具路径，如图 1-2-49 所示。

3）路径删除。在加工环境下，单击功能区“路径编辑”选项卡中的【路径删除】【路径裁剪】【3D 镜像】按钮，删除、裁剪多余路径，并镜像路径。生成的刀具路径如图 1-2-50 所示。

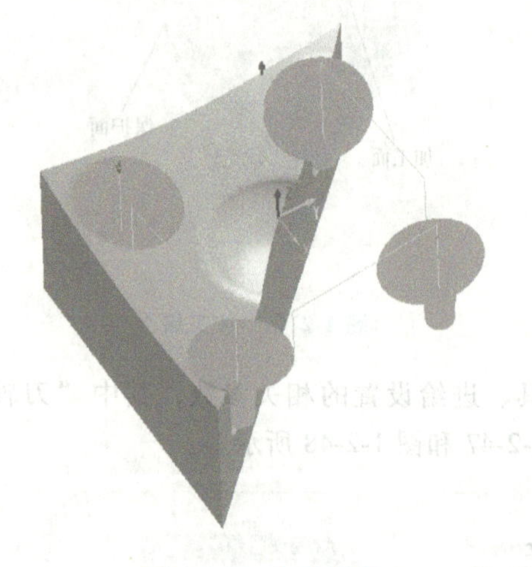

图 1-2-49 初始路径

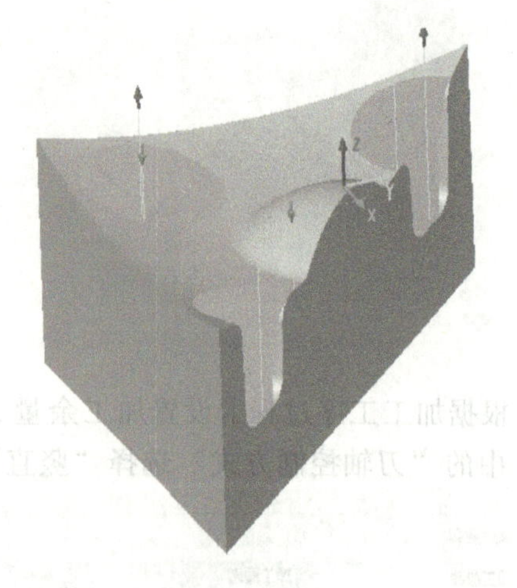

图 1-2-50 刀具路径

注意：因圆锥面比较深，容易发生让刀现象，加工后余量比较大，为了后续圆锥面加工余量均匀，所以增加刀具路径。圆锥面余量不变，刀具由 ϕ6mm 球头刀更换为 ϕ4mm 球头刀。

（7）圆角清根编程

1）选择加工面与保护面。在加工环境下，单击功能区“三轴加工”选项卡中的【曲面清根加工】按钮，设置加工方案、加工域。其中“清根方式”选择“混合清根”；加工域中加工面选择自由面和中间圆面圆角面，保护面选择其他全部曲面，如图 1-2-51 所示。

根据加工工序过程卡设置加工余量、加工刀具、进给设置的相关参数。其中“刀轴方向”中的“刀轴控制方式”选择“竖直”，如图 1-2-52 和图 1-2-53 所示。

2）生成刀具路径。安全策略、计算设置、辅助指令参数与圆锥下圆角面参数相同。单

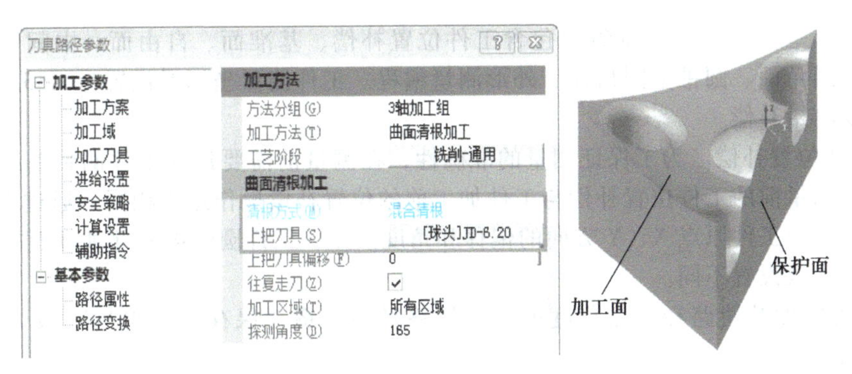

图 1-2-51　加工方案与加工域

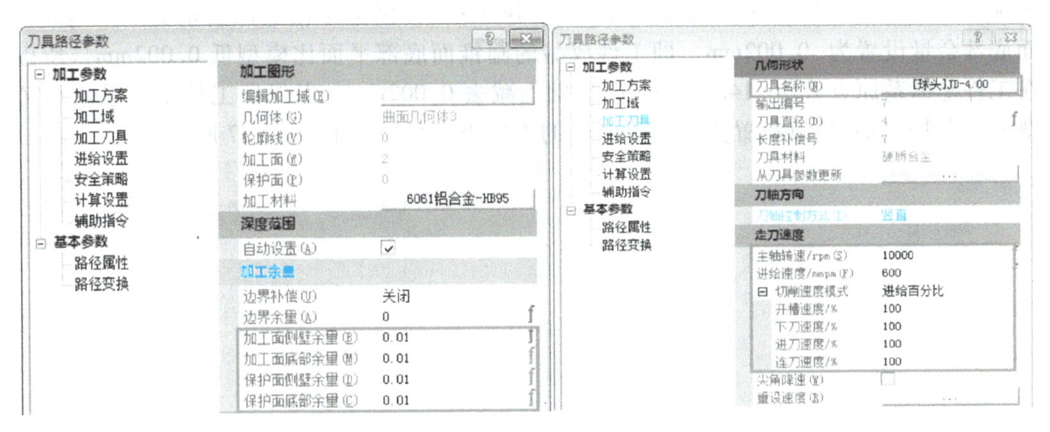

图 1-2-52　加工余量与加工刀具设置

击【计算】按钮，即可生成刀具路径，如图 1-2-54 所示。

曲面特征编程结束后，路径工艺树包含工件位置补偿程序、半精加工程序、精加工工程序，如图 1-2-55 所示。

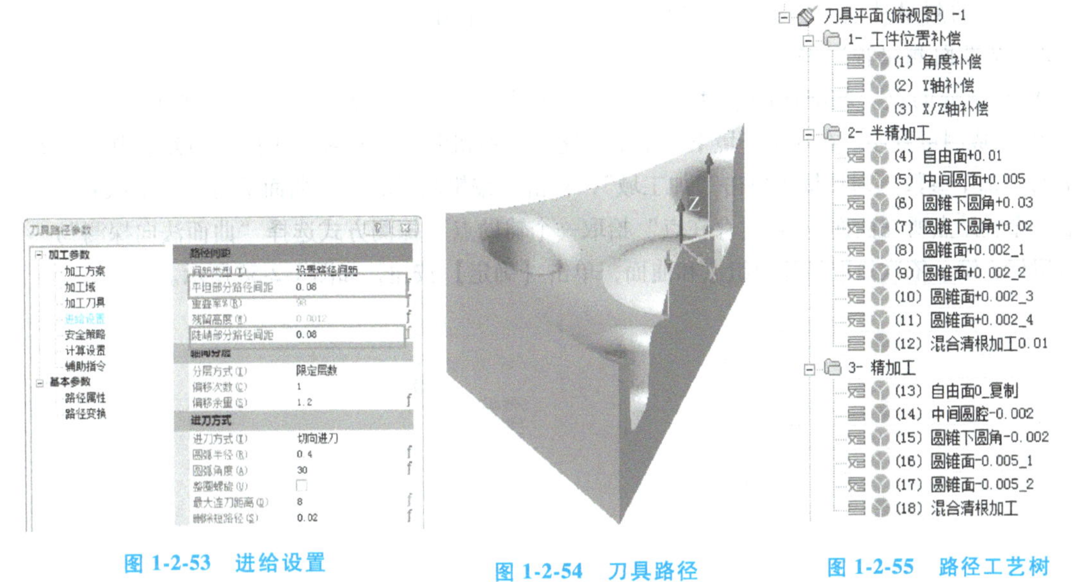

图 1-2-53　进给设置

图 1-2-54　刀具路径

图 1-2-55　路径工艺树

(8) 测量程序编写　测量编程包含工件位置补偿、基准面、自由面、中间圆面、圆锥面、圆锥下圆角面、圆锥上圆角面、外形测量编程。工件测量坐标系设置为 G55。要特别注意开启角度测量补偿。

1) 工件位置补偿。为了保证测量的准确性，在测量前需要建立工件测量基准，即工件位置补偿。测量前的工件位置补偿与工件加工前的位置补偿操作过程相同：通过工件两个直角边基准面补偿工件原点 X、Y 方向的偏移和角度误差；工件圆锥面底部基准面补偿 Z 方向偏差，但是参数设置不同。

① 生成角度补偿路径。在角度测量补偿路径中，将“保存数据组号”改为“2”，如图 1-2-56 所示。

② 生成 X、Z 方向测量补偿路径。X、Z 方向的测量补偿参数设置不同：在“拾取中心点坐标”中将“基准中心 Z”数值设置为“-14.938”(因圆锥面底部要求为 -2~0μm，加工面底部余量设置为 -0.002mm，即工件成品的圆锥面底部平面比模型低 0.002mm，所以需要在工件坐标系原点 Z 值 -14.936mm 的基础上减去 0.002mm，以保证工件坐标系原点 Z 值不变)。测量坐标系原点设置为 G55 (补偿的工件坐标系)，如图 1-2-57 所示。

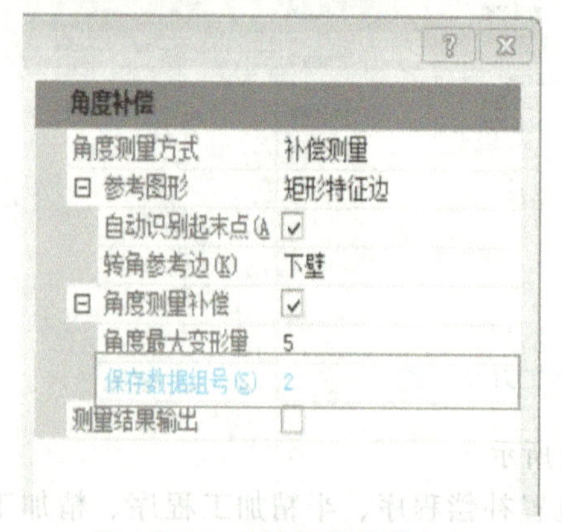

图 1-2-56　角度测量补偿参数

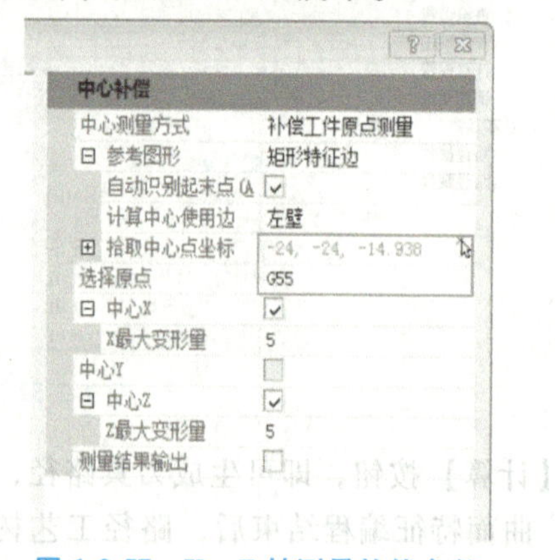

图 1-2-57　X、Z 轴测量补偿参数

Y 方向的测量补偿路径参数设置与此相同，不再介绍。

2) 基准面测量程序编写。

① 绘制辅助点。基准面的辅助点可以使用工件位置补偿中 Z 方向的 3 个辅助点。

② 生成测量程序。在加工环境下，单击功能区“在机测量”选项卡中的【点组】按钮，在弹出的“加工参数”对话框中单击“加工域”，单击“编辑测量域”→“曲面手动”→“拾取曲面”，拾取一个辅助点所在曲面→“通过存在点”拾取一个辅助点(探测方式选择“曲面法向探测”)→单击鼠标右键，依次拾取另外两组点和曲面，单击【确定】按钮，如图 1-2-58 所示。

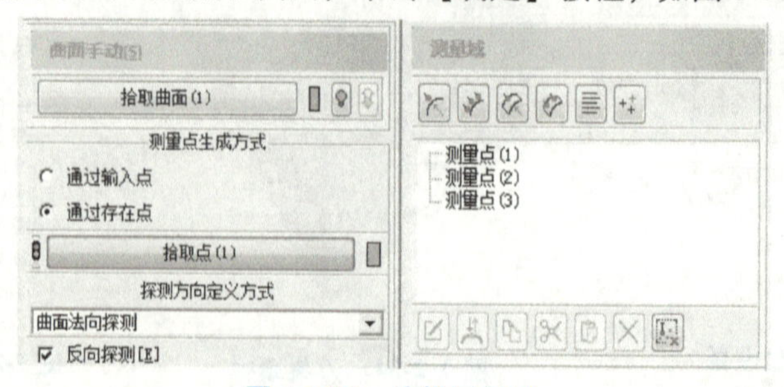

图 1-2-58　编辑测量域

根据实际情况，依次设置“加工刀具”，选择“测量设置”“测量计算”“安全策略”“辅助指令”“路径属性”选项卡中的相关参数。其中在“测量设置”中设置“测量数据输出类型”和“检测文件目录”（D：\EngFiles \ 凹件精 \ 基准面 . txt），如图 1-2-59 所示。“测量计算”勾选“跟随测量角度找正”和“距离”（根据实际余量管控区间设置），如图 1-2-60 所示。

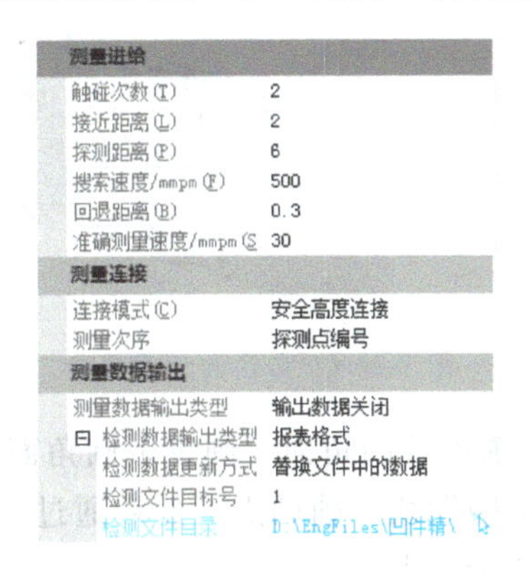

图 1-2-59 测量设置

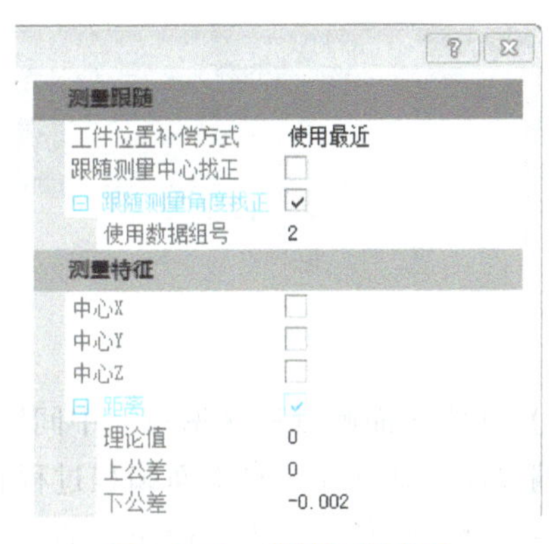

图 1-2-60 管控区间设置

在“路径属性”中指定工件坐标系为 G55，如图 1-2-61 所示。

单击【确定】按钮，计算完成，如图 1-2-62 所示。

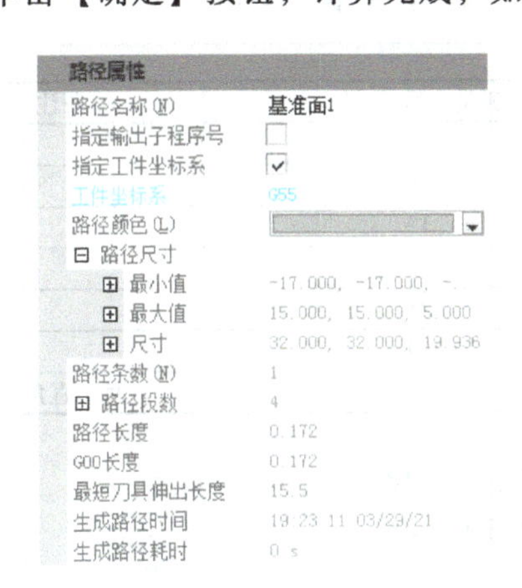

图 1-2-61 路径属性

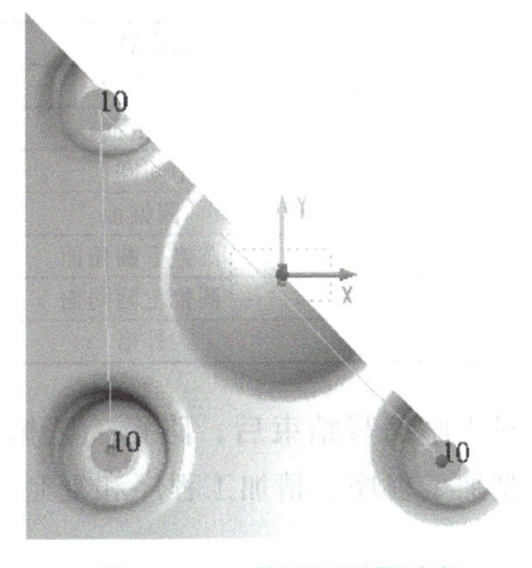

图 1-2-62 基准面测量路径

注意：设置其他曲面的测量数据文件输出位置时，文件名要根据曲面的名称进行修改。如自由面测量数据文件的输出位置为 D：\EngFiles \ 凹件精 \ 自由面 . txt。这样可避免因文件名相同而覆盖文件。

3）自由面测量程序编写。

① 绘制辅助点。在 3D 环境下，拾取自由面，单击功能区“曲线”选项卡中的【曲面流线】按钮，生成辅助线。单击功能区“曲线”选项卡中的【点】按钮，生成辅助点，辅助点要求均匀且覆盖面广，如图 1-2-63 所示。

② 生成测量程序。在加工环境下，单击功能区“在机测量”选项卡中的【点组】按钮，与基准面的测量程序编写过程相同，设置相关参数，单击【确定】按钮，计算完成，如图 1-2-64 所示。

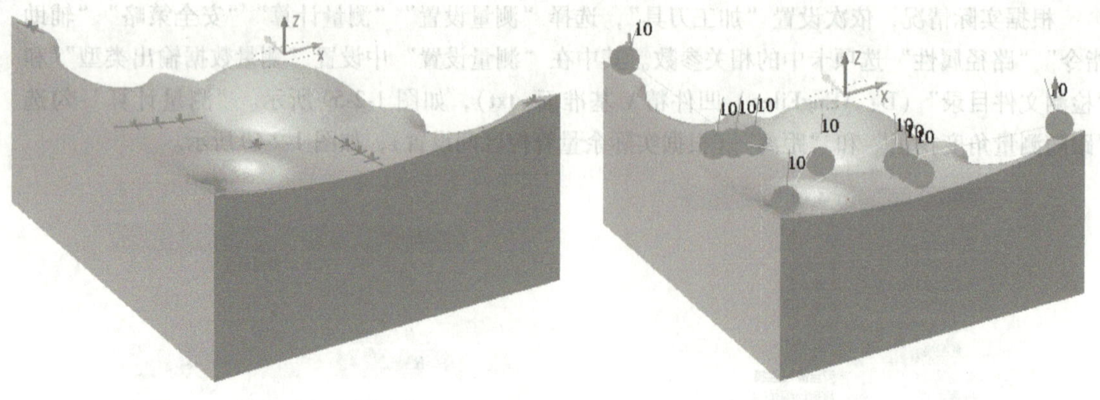

图 1-2-63　辅助线与辅助点　　　　图 1-2-64　自由面测量路径

4）其他曲面测量程序编写。中间圆面、圆锥面、圆锥下圆角面、圆锥上圆角面、外形测量编程都与基准面、自由面编程过程相同：首先生成辅助线、辅助点，然后通过“点组”功能生成测量路径。其中，探测点的创建应满足以下两个要求。

① 探测点分布要广，即探测点的分布范围能覆盖整个曲面。

② 探测点数量要合适，一方面能够满足曲面特征的评价要求，另一方面要顾及测量的效率。针对本项目工件，拟定了各个曲面测量点数（推荐值），见表 1-2-10。

表 1-2-10　各曲面测量点数量（推荐值）

序号	曲面特征	测量点数量/个	备注
1	基准面	3	
2	自由面	10	
3	中间圆面	13	
4	圆锥面	36	
5	圆锥下圆角面	21	
6	圆锥上圆角面	24	
7	外形	6	两个直角边

测量程序编写结束后，路径工艺树包含工件位置补偿程序、半精加工程序、精加工程序和复制测量程序，如图 1-2-65 所示。

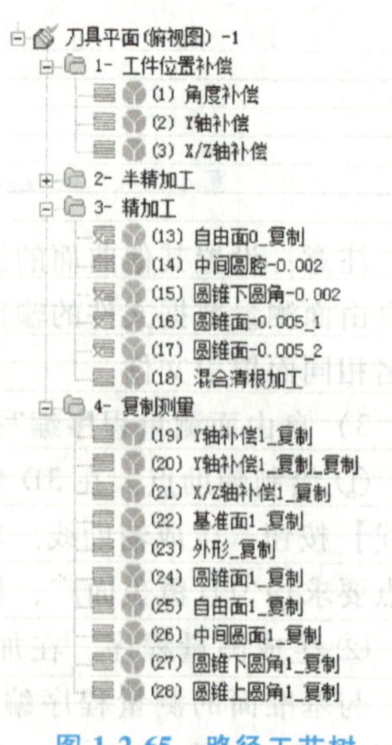

图 1-2-65　路径工艺树

（9）管控程序与防呆程序编写　在加工过程中人工干预是不可避免的，会带来一定的风险。可以通过软件进行管控，减少人工干预，避免加工过程中出现事故。通过 SurfMill 中的工步设计功能，可将加工程序、在机测量程序、过程管控程序以及防呆程序融合到一起。

下面将介绍在工件位置补偿、半精加工、精加工中如何插入过程管控程序和防呆程序，包括机床操作提示、自动更新测头刀长、测头标定、主轴热伸长管控及刀具管控、刀具防呆等，如图 1-2-66 所示。

1）工件位置补偿环节。在工件位置补偿中，需要管控和防呆的程序设计项目有：安装和拆除标准球提示、自动更新

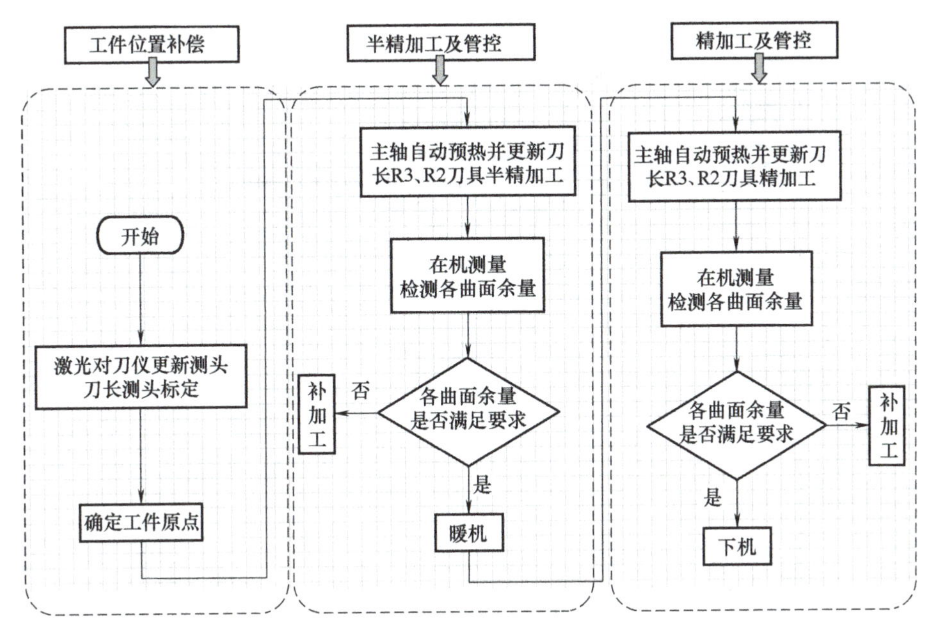

图 1-2-66　加工流程图

测头刀长、测头标定。

① 安装标准球提示：防呆提示。

选中工件位置补偿路径组，单击鼠标右键→“插入工步设计”→“插入宏程序”→“添加”→在宏程序模板库中选择“O6422（安装标准球或移除标准球防护罩提示）”，如图 1-2-67 所示。

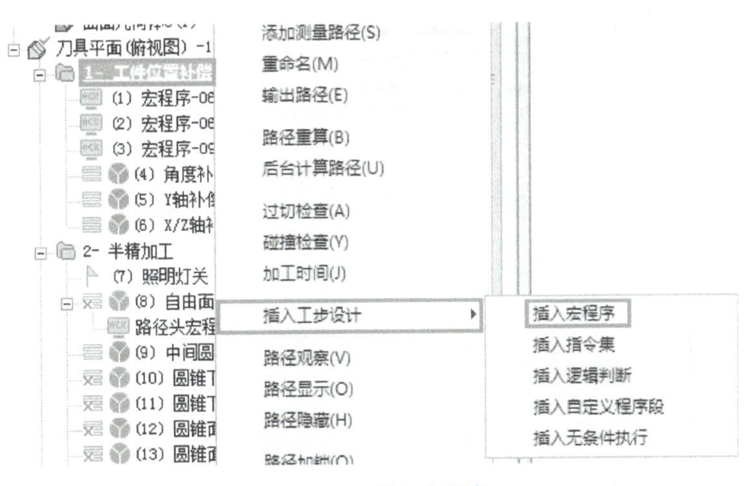

图 1-2-67　插入宏程序

根据实际情况修改“允许的操作时间”和“是否自动回零”，并勾选“封装为子程序”，如图 1-2-68 所示。拆除标准球提示编程操作方法相同。

② 自动更新测头刀长：在机测量前插入激光对刀仪更新测头刀长指令。测量前更新刀长可减小测量过程中因刀长误差而造成的测量误差。

选中工件位置补偿路径组，单击鼠标右键→“插入工步设计”→“插入宏程序”→“添加”→在宏程序模板库中选择“O6426（激光对刀仪更新测头刀长）”，根据实际情况修改

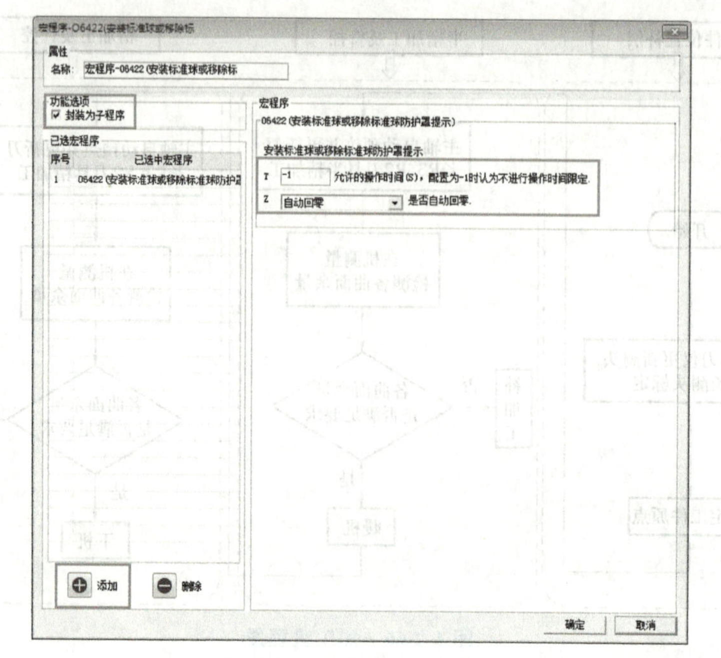

图 1-2-68 安装标准球提示

“测头刀号”和“测针半径”，并勾选“封装为子程序”，如图 1-2-69 所示。

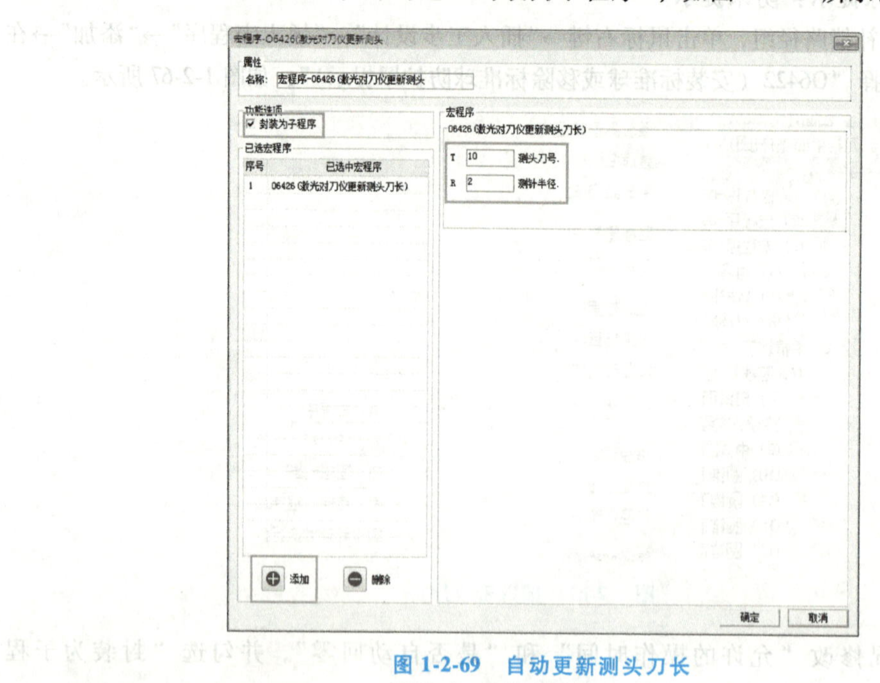

图 1-2-69 自动更新测头刀长

③ 测头标定：补偿测量系统误差，提高测量精度。

选中工件位置补偿路径组，单击鼠标右键→“插入工步设计”→“插入宏程序”→“添加”→在宏程序模板库中选择“O9131（标定宏程序）”，根据实际情况修改标定参数，并勾选“封装为子程序”，如图 1-2-70 所示。

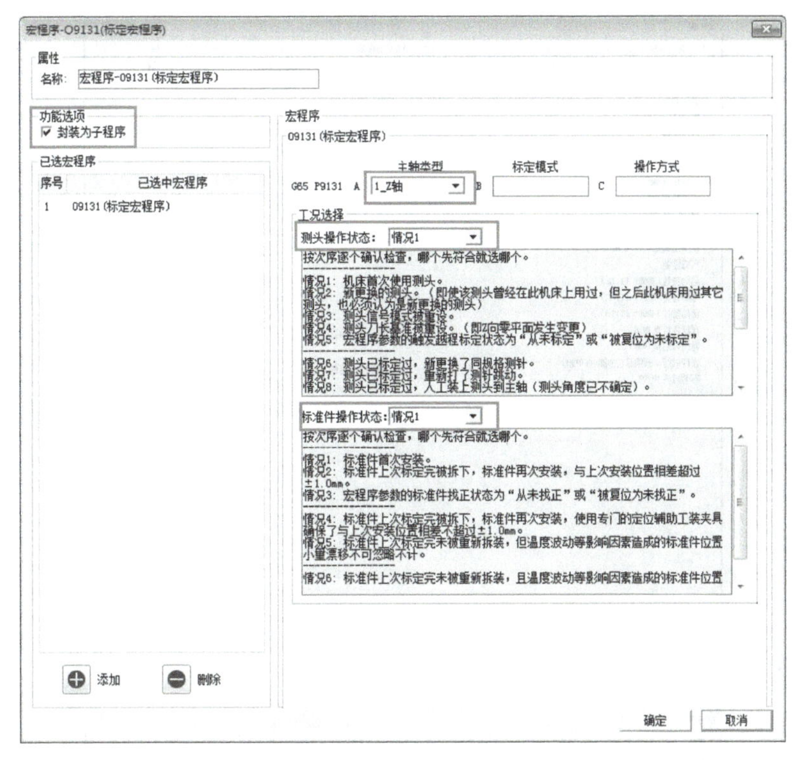

图 1-2-70　标定宏程序

根据程序运行的进程调节各个程序的顺序，用鼠标左键拖动即可实现。工件位置补偿管控程序如图 1-2-71 所示。

2）半精加工和精加工环节。在半精加工和精加工中，需要管控和防呆的程序设计项目有：机床操作提示（机床照明灯关闭等）、主轴热伸长管控及刀具管控、刀具防呆、暖机。

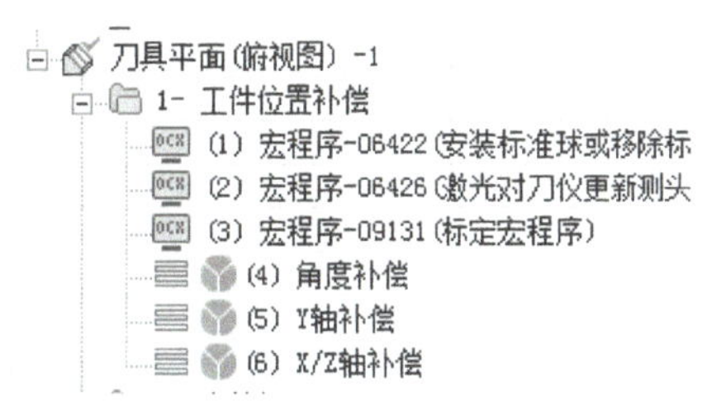

图 1-2-71　工件位置补偿管控程序

① 机床操作提示——照明灯关：防止操作人员忘记关闭照明灯造成机床内部温度上升，影响加工精度，以及照明灯长时间开启造成电量浪费。

选中半精加工路径组，单击鼠标右键→“插入工步设计”→“插入指令集”→双击照明灯关，如图 1-2-72 所示。其他机床操作提示可按照此方法插入。

机床操作提示——工件测量前清理提示：防呆提示。

选中精加工路径组，单击鼠标右键→“插入工步设计”→“插入宏程序”→“添加”→在宏程序模板库中选择“O6425（工件测量前清洁提示）”。根据实际情况修改“允许的操作时间”和“是否自动回零”，并勾选“封装为子程序”，如图 1-2-73 所示。

② 刀具工艺控制：主轴热伸长管控、刀具管控以及刀具防呆。

主轴热伸长管控、刀具管控以及刀具防呆在一个宏程序中可以实现。同一把刀具连续加工不同的曲面特征，且转速不变的情况下，只需对第一个曲面特征路径中的刀具进行管控，

图 1-2-72　照明灯关

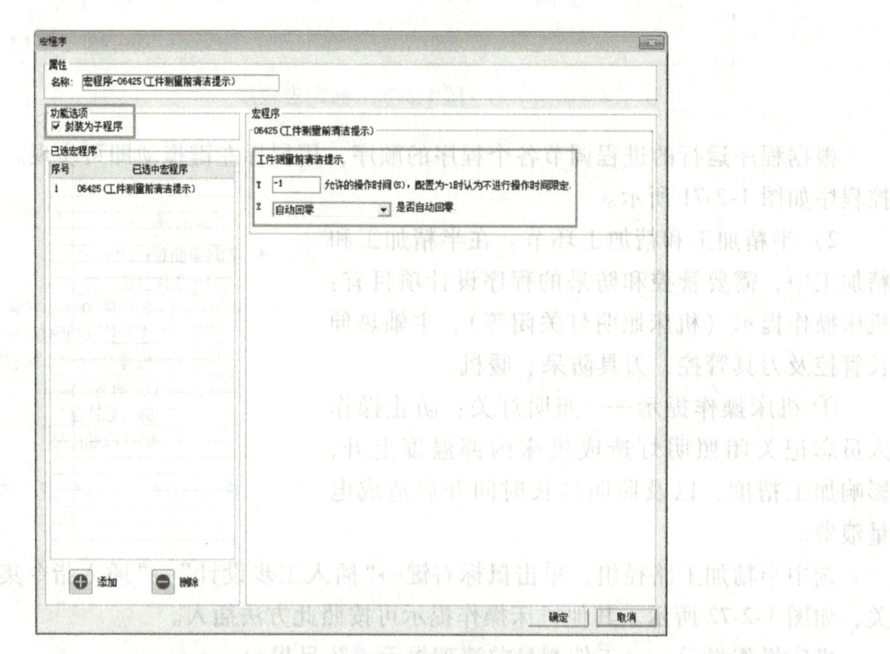

图 1-2-73　工件测量前清理提示

所以在半精加工和精加工环节，分别对 ϕ6mm 和 ϕ4mm 球头刀进行管控。

选中需要测量的刀具路径，单击鼠标右键→“插入工步设计”→“插入路径头宏程序”→在宏程序模板库中选择宏程序 O6303（刀具工艺控制—波龙激光式对刀仪），如图 1-2-74 所示。

根据管控要求，设置工艺选项，如图 1-2-75 所示。输出的 NC 程序如图 1-2-76 所示。其中的参数可根据实际情况设置，参数的表示含义见附录 C “加工前后刀具测量参数的说明”。

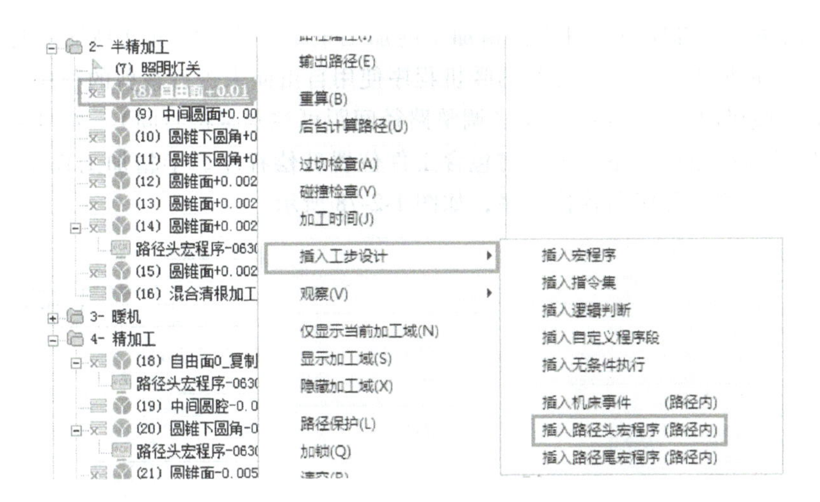

图 1-2-74　插入路径头宏程序

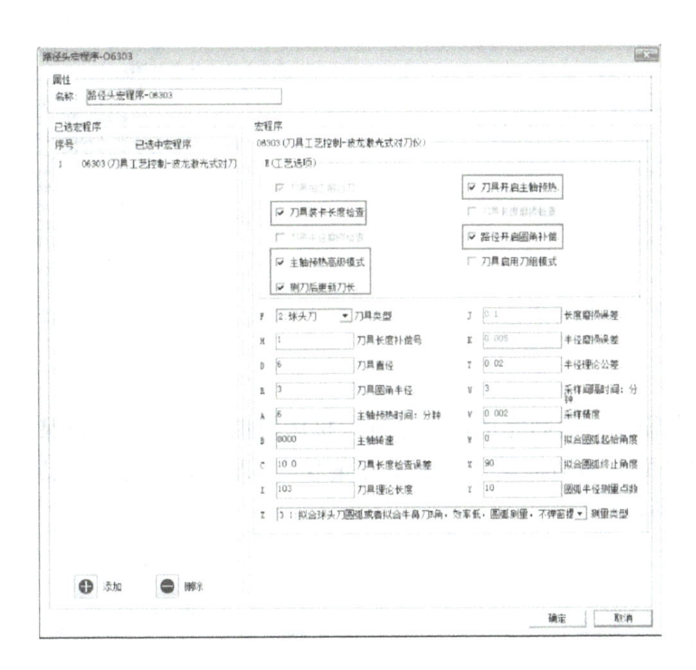

图 1-2-75　主轴热伸长管控、刀具管控以及刀具防呆

```
T1M6
(TOOL NAME        :JD-  2WRTC φ6.0×7R3.0)
(TOP DIAMETER     :6)
G90G40G49G54G17
(刀具工艺控制-波龙激光式对刀仪)
G65 P6303 E357 F2 H1 D6 R3  B10000 C2 I102  T0.01 U3 V0.001  Y19 Z3.1
S10000M3
G0X-28.7129Y-30.8327M7
M590 P1 L1
G43H1
```

图 1-2-76　输出的 NC 程序

③ 暖机程序。暖机程序与自由面精加工的加工策略一致，能够使精加工时机床运行状态稳定，所以半精加工与精加工之间的暖机程序使用自由面未进行裁剪的程序。刀具路径高度抬起 20mm，暖机时间为 20~30min（调整路径间距可控制暖机时间），如图 1-2-77 所示。

管控程序编写结束后，路径工艺树包含工件位置补偿程序、半精加工程序、暖机程序、精加工程序、复制测量程序和管控程序，如图 1-2-78 所示。

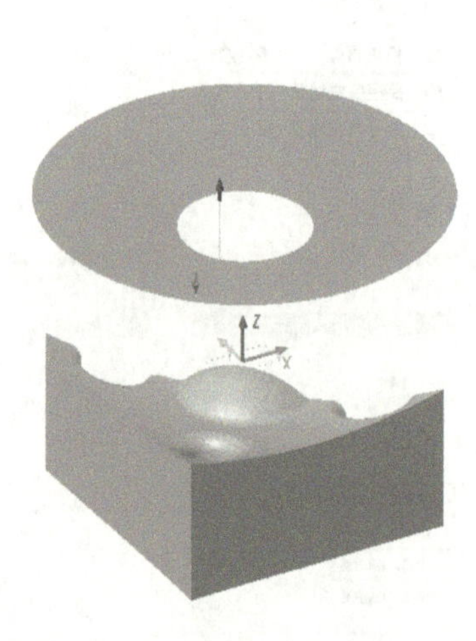

图 1-2-77 暖机程序

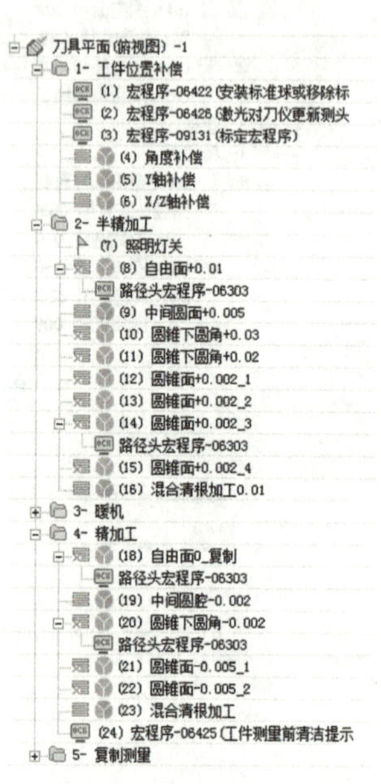

图 1-2-78 路径工艺树

3. NC 程序输出

NC 程序输出前需要对编制完成的程序进行机床模拟仿真加工，确保程序安全。

1）在“刀具平面”对话框设置“输出点偏移”，即工件坐标系原点在世界坐标系下的位置，如图 1-2-79 所示。

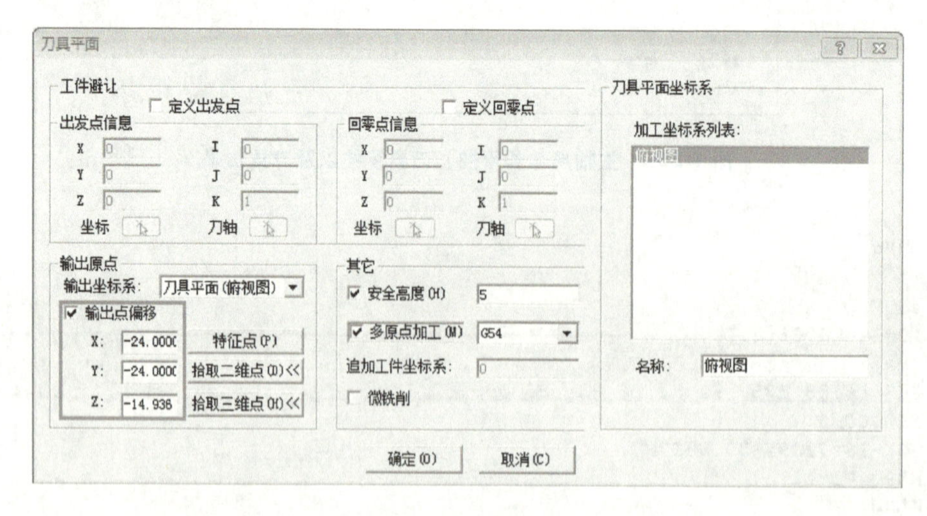

图 1-2-79 输出点偏移设置

2）在加工环境下，选中刀具平面，单击鼠标右键，选择“输出路径”，弹出对话框，单击【确定】按钮，路径输出如图 1-2-80 所示。

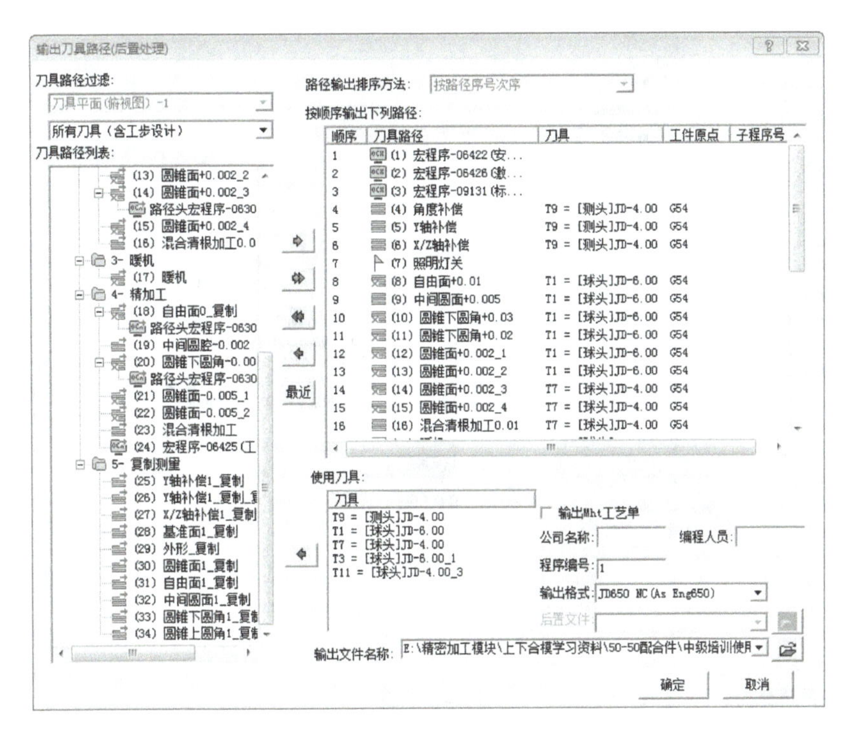

图 1-2-80　路径输出

3）导出云图模型。在 3D 造型环境下，选中工件模型，单击“文件”选项卡中的【输出】按钮，选择“输出选择图形”，弹出对话框，选择保存类型为 *.stl，将文件命名为“云图模型”，如图 1-2-81 所示。

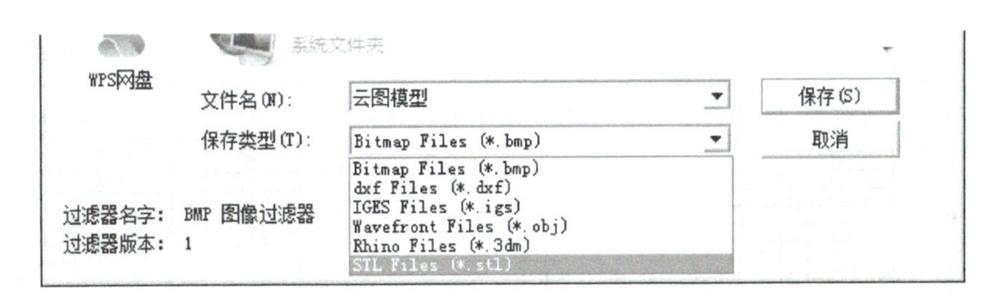

图 1-2-81　云图模型类型

4. 工艺单输出

在加工环境下，选中刀具平面，单击鼠标右键，选择“路径打印”，弹出对话框，选择“工艺单”“CNC 程序单”，即可打印输出当前凹件的相关路径加工参数，并生成加工工艺单。加工工艺单包括刀具相关参数信息、物料基本信息和加工参数，如图 1-2-82 和图 1-2-83 所示。

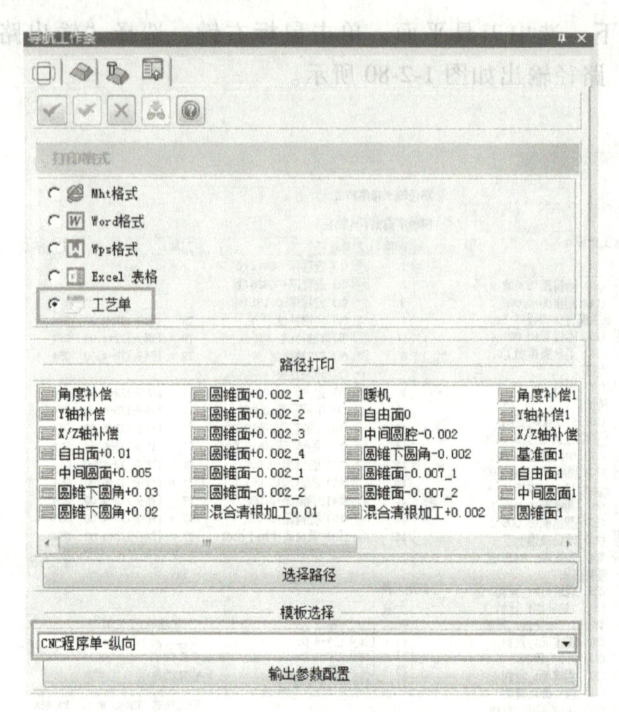

图 1-2-82　路径打印设置

北京精雕

加工工艺单

任务单号	---	机床型号	JDHGT600_A13S	机床编号		编程人员	
下单部门	培训中心	加工材料	S136	毛坯尺寸	48.000*48.000*25.000	操作人员	
产品名称	工件3	夹具名称	零点快换	原点XY	基准角取数	编程时间	
任务数量	---	夹具编号		原点Z	指定位置	程序路径	

Z= 14.936

H= 25

Z= -10.064

序号	NC名称	路径名称	刀号	刀具	加工深度/mm	刃长/mm	避空长度/mm	装夹长度/mm	刀柄型号	侧边余量/mm	底部余量/mm	路径间距/mm	吃刀深度/mm	转速 rpm	进给 mm/min	冷却方式
1	工件位置补偿	角度补偿	10	[测头]JD-4.00	0	---	30	35	BT30	---	---	---	---	---	---	
2		Y轴补偿	10	[测头]JD-4.00	0	---	30	35	BT30	---	---	---	---	---	---	
3		X/Z轴补偿	10	[测头]JD-4.00	0	---	30	35	BT30	---	---	---	---	---	---	
4	半精加工	自由面+0.01	1	[球头]JD-6.00	---	10	---	16	BT30-C6-60	0.01	0.01	0.15	---	10000	2000	微雾润滑
5		中间圆面+0.005	1	[球头]JD-6.00	---	10	---	16	BT30-C6-60	0.005	0.005	0.15	---	10000	1200	
6		圆锥下圆角+0.03	1	[球头]JD-6.00	---	10	---	16	BT30-C6-60	0.03	0.03	0.15	---	10000	800	
7		圆锥下圆角+0.02	1	[球头]JD-6.00	---	10	---	16	BT30-C6-60	0.02	0.02	0.15	---	10000	800	
8		圆锥面+0.002_1	1	[球头]JD-6.00	---	10	---	16	BT30-C6-60	0.002	0.002	0.1	---	10000	1000	
9		圆锥面+0.002_2	1	[球头]JD-6.00	---	10	---	16	BT30-C6-60	0.002	0.002	0.1	---	10000	1000	
10		圆锥面+0.002_3	3	[球头]JD-4.00	---	6	18	16	BT30-C4-60	0.002	0.002	0.15	---	10000	1500	
11		圆锥面+0.002_4	3	[球头]JD-4.00	---	6	18	16	BT30-C4-60	0.002	0.002	0.15	---	10000	1500	
12		混合清根加工0.01	3	[球头]JD-4.00	---	6	18	16	BT30-C4-60	0.01	0.01	0.08	---	10000	600	
13	精加工	暖机	1	[球头]JD-6.00_1	---	10	---	16	BT30-C6-60	0	0	0.1	---	11000	1200	
14		自由面0	2	[球头]JD-6.00_1	---	10	---	16	BT30-C6-60	0	0	0.05	---	11000	1200	
15		中间圆腔-0.002	2	[球头]JD-6.00_1	---	10	---	16	BT30-C6-60	-0.002	-0.002	0.05	---	11000	800	
16		圆锥下圆角-0.002	4	[球头]JD-4.00_3	---	6	18	16	BT30-C4-60	-0.002	-0.002	0.06	---	12000	600	
17		圆锥面-0.005_1	4	[球头]JD-4.00_3	---	6	18	16	BT30-C4-60	-0.005	-0.002	0.07	---	12000	600	
18		圆锥面-0.005_2	4	[球头]JD-4.00_3	---	6	18	16	BT30-C4-60	-0.005	-0.002	0.07	---	12000	600	
19		混合清根加工	4	[球头]JD-4.00_3	---	6	18	16	BT30-C4-60	0	0	0.05	---	12000	600	
20	在机测量	Y轴补偿1	10	[测头]JD-4.00	0	---	30	35	BT30	---	---	---	---	---	---	
21		Y轴补偿1	10	[测头]JD-4.00	0	---	30	35	BT30	---	---	---	---	---	---	
22		X/Z轴补偿1	10	[测头]JD-4.00	0	---	30	35	BT30	---	---	---	---	---	---	
23		基准面1	10	[测头]JD-4.00	0	---	30	35	BT30	---	---	---	---	---	---	
24		外形	10	[测头]JD-4.00	0	---	30	35	BT30	---	---	---	---	---	---	
25		圆锥面1	10	[测头]JD-4.00	0	---	30	35	BT30	---	---	---	---	---	---	
26		自由面1	10	[测头]JD-4.00	0	---	30	35	BT30	---	---	---	---	---	---	
27		中间圆面1	10	[测头]JD-4.00	0	---	30	35	BT30	---	---	---	---	---	---	
28		圆锥下圆角1	10	[测头]JD-4.00	0	---	30	35	BT30	---	---	---	---	---	---	
29		圆锥上圆角1	10	[测头]JD-4.00	0	---	30	35	BT30	---	---	---	---	---	---	

图 1-2-83　凹件加工工艺单

1.3 加工准备与上机加工

1.3.1 加工准备

1. 机床附件检查

为了确保加工过程的顺利进行，避免由于附件原因发生机床报警的现象，在加工前必须确认各附件的状态。

1）检查微雾润滑油杯中的T400切削液是否满足加工需求。

2）检查制冷液是否在安全液位之上。

3）检查机床润滑脂是否在标准位以上。

2. 安装测头与标准球

1）安装测头。安装测头需要通过调节测头的4个调整螺钉，将测针跳动量控制在2μm以内。测量跳动量时需注意：保证测针测球的清洁；保证千分表表针与工件的接触点为千分表表针所测量截面的最高点。

2）安装标准球。将标准球底座清理干净，固定在加工台面上，将标准球固定在标准球底座上，并对标准球进行清洁。

3）测头系统宏程序参数配置。在“系统”→“宏程序参数”界面，设置机床与测头形态、标准件类型等配置参数：测头刀具编号T10、测头刀长补偿编号H10、标准球直径、测球直径（ϕ4mm）、标定方法3D探测37点法，如图1-3-1所示。

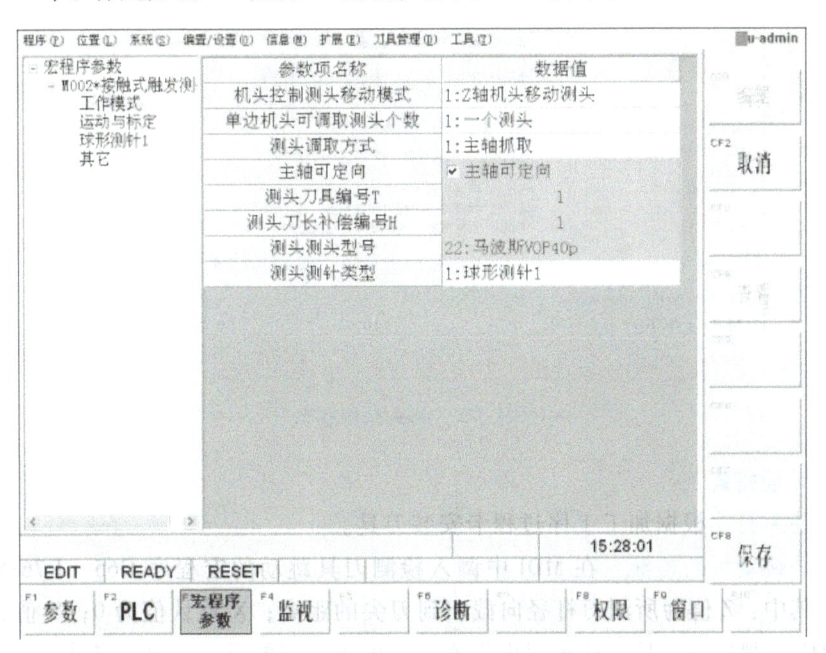

图1-3-1 测头系统宏程序参数配置

4）在MDI中调入测头标定程序，如图1-3-2所示。测头操作状态与标准件操作状态选择“情况1”首次使用，如图1-3-3所示，运行标定程序。

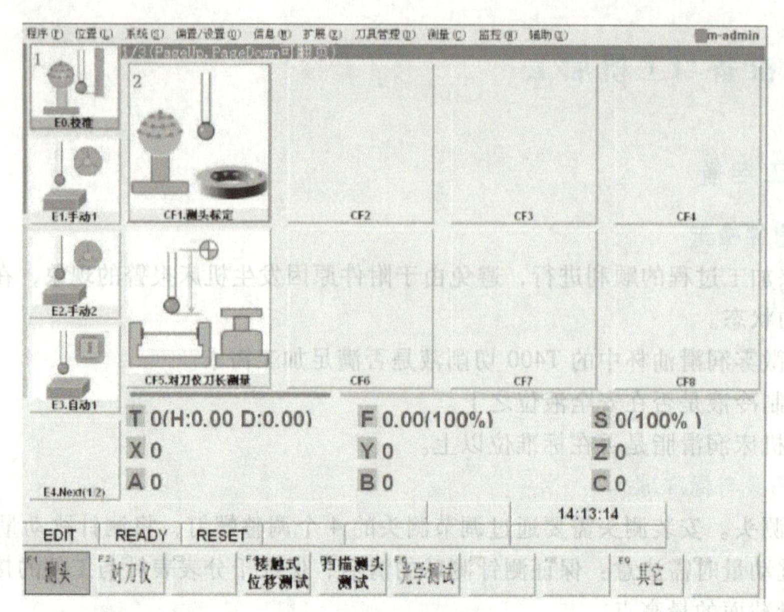

图 1-3-2　测头标定程序

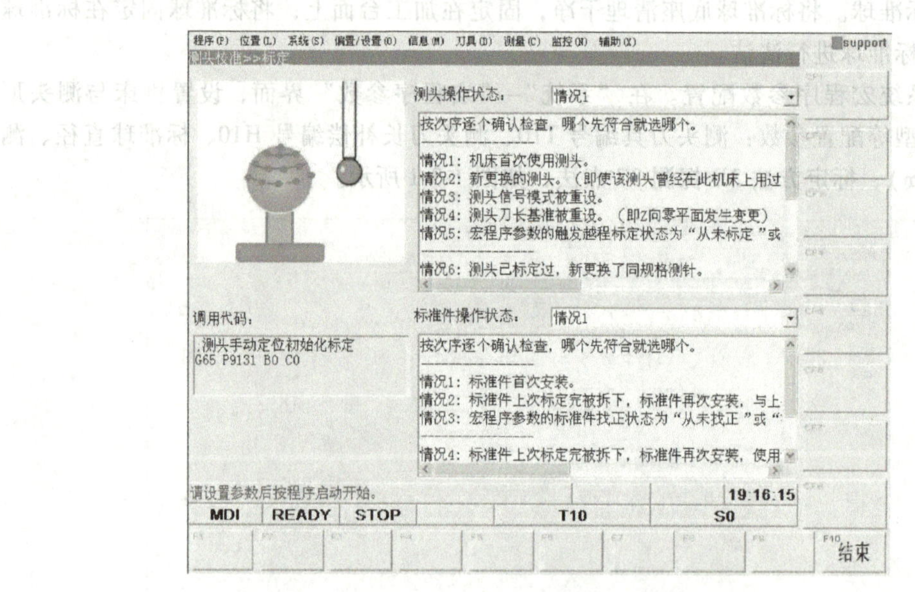

图 1-3-3　测头操作状态

3. 物理环境搭建

（1）安装刀具　根据加工工序过程卡安装刀具。

（2）刀具跳动量的检测　在 MDI 中调入检测刀具跳动的宏程序 G65　P7618　Z_　X0　Y0.005。其中：Z 值为所测刀杆径向截面到刀尖的距离；X 默认值为 0；Y 值为测量刀具跳动量的阈值，测量的刀具跳动量超出阈值后，机床会报警提示。要求半精加工刀具跳动量控制在 6μm 以内，精加工刀具跳动量控制在 4μm 以内。

（3）刀具轮廓度的检测　在 MDI 中调入测量刀具轮廓度的宏程序 G65　P7680　D_　R_　B_　V19。其中：D 值为刀具直径；R 值为刀具圆角半径；B 值为刀具测量类型；V 值为刀具圆弧半径测量点数。要求半精加工使用的刀具轮廓度误差小于5μm，精加工使用的刀具轮廓度误差小于4μm。激光对刀仪的标定与刀具测量详见附录D“波龙激光对刀仪标定与刀具测量简介”。

注意：在刀具检测过程中，需保证被检测刀具清洁，测量时的刀具转速应与加工时的刀具转速相同。

（4）工件装夹　清洁工件、转接板、零点快换工装组件；将工件与转接板用M5螺钉连接起来，连接转接板与零点快换工装组件，将零点快换工装组件安装在工作台上，如图1-3-4所示。

用千分表找正工件，找正时将工件侧壁擦拭干净，避免影响装夹精度。千分表读数要求在0.02mm以内，合格后固紧螺栓。

图1-3-4　工件的装夹

1.3.2　上机加工

1. 建立工件坐标系

用MDI分中程序对工件进行单边分中，确定X0、Y0；使用测头触发基准面（圆锥底平面），确定Z0。

注意：在分中前要确保工件外表面清洁。

2. 试切加工，运行程序

调用程序，编译完成后，按MCP面板上的【手轮】键，按键灯亮视为激活；此时进入手轮试切模式，操作人员可以通过摇手轮继续加工。确定试切程序正常，按【程序启动】键，机床进入自动运行状态。

3. 检测

1）工件加工完成后，用无尘布喷酒精将工件和标准球擦干净。

2）调出测头，标定测头，操作过程与上文相同。

3）按MCP面板上的【显示】键，再按【导入文件】键，选择云图模型*.stl。

4）运行在机测量程序，检测工件曲面余量。操作人员可通过云图显示功能观察曲面上余量的分布情况，如图1-3-5所示。

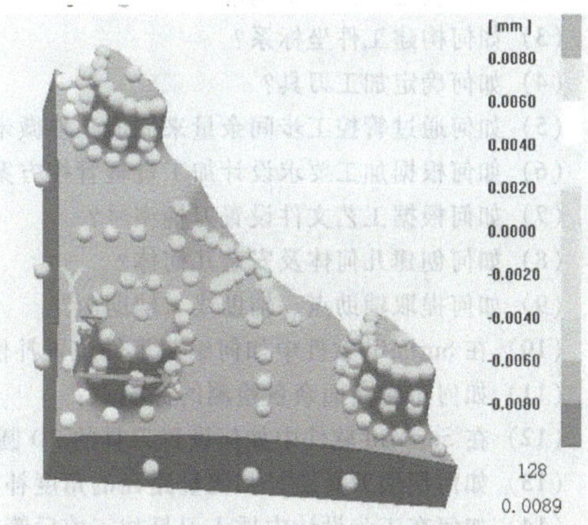

操作人员还可根据自己设置的精度区间范围，以柱状图、折线图的形式对数据进行显示，在机床端更直观地对测量数据进行分析，如图1-3-6所示。

图1-3-5　工件云图

4. 清理机床

拆卸工件，清理机床，进行机床的日常维护保养。

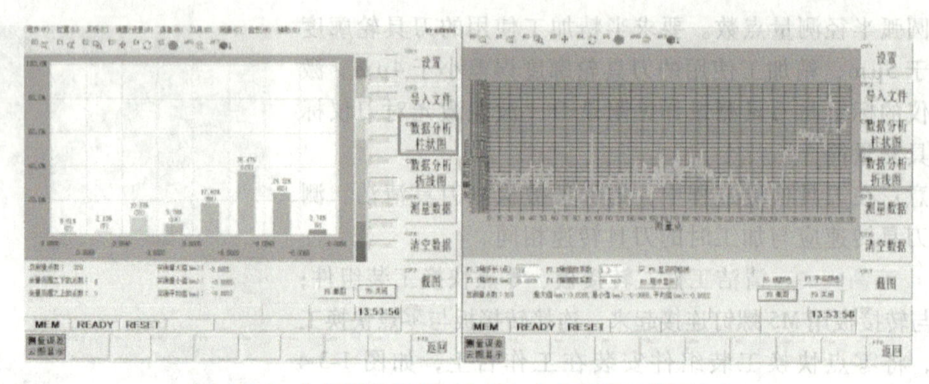

图 1-3-6 在机测量柱状图分析与在机测量折线图分析

1.4 项目小结

1）本项目介绍了无缝配模测试件的加工方法和加工步骤。经过本项目的学习，应能够根据类似零件特征安排合理的加工工艺。

2）了解机床能力测试件的特点及发展趋势。

3）掌握分析环境变化、装夹精度、刀具参数对加工精度的影响，并据此优化工艺过程。

4）掌握无缝配模测试件的加工流程。

5）能够按照工艺文件要求，完成精密加工管控。

思考题

（1）分析工件的加工要求，找出重点管控的尺寸精度。

（2）如何确定工件加工基准？工件的定位如何实现？

（3）如何构建工件坐标系？

（4）如何确定加工刀具？

（5）如何通过管控工步间余量来完成工件微米级的加工？

（6）如何根据加工要求设计加工过程管控方案？

（7）如何根据工艺文件设置刀柄型号？

（8）如何创建几何体及安装几何体？

（9）如何提取辅助点、辅助线、辅助面？

（10）在 SurfMill 软件中如何编制工件位置补偿程序？

（11）如何布置曲面余量检测的探测点？

（12）在 SurfMill 软件中如何设置刀具的 3D 圆角补偿功能？

（13）如何调用刀具路径和测量路径的角度补偿参数？

（14）如何在工步设计中插入刀具加工前后管控程序？

项目2

高端工艺品——大力神杯的加工

知识点

（1）了解工艺品类工件加工的基本流程。
（2）掌握高端工艺品加工的重点和难点。
（3）掌握5轴定位加工和5轴联动加工方法。
（4）加强曲面投影功能的运用。
（5）能独立设计工艺品类工件的加工工艺方案。

能力目标

（1）能够独立完成大力神杯加工程序的编写。
（2）能够创建导动面并编制曲面的加工工艺。
（3）具备高端工艺品零件加工工艺的设计能力。
（4）培养学生在面对挫折和困难时不放弃、不退缩，勇往直前、坚韧不拔的精神。

2.1 项目背景介绍

2.1.1 高端工艺品行业概述

1. 高端工艺品介绍

工艺品是对一组价值艺术品的总称。它的种类很多，有漆器、陶器、瓷器、民间工艺品、工艺美术品、各类摆件等。工艺品来源于生活，却又创造了高于生活的价值，是人类智慧的结晶，充分体现了人类的创造性和艺术性，是无价之宝，很多工艺品承载着人们赋予的特殊含义。

此处所讲的高端工艺品是指通过现代制造业，借助先进制造设备和相关技术所完成的各类精美、精巧、富有特色的摆件、模型、手办、手把件、奖杯、奖牌等。高端工艺品生产周期长，强调收藏价值和精神共鸣。

2. 高端工艺品的特点

高端工艺品以产品为导向，通过产品的特性、造型、艺术价值等来吸引消费者购买，要求精致、美观，还需兼具传承、创新、收藏与增值属性。所以高端工艺品十分讲究制造水平。

中国的工艺品行业经过近20年的发展，已成为世界上最大的生产国和出口国。特别在近10年，工艺美术行业取得了长足发展，实现了经济效益和社会效益的双丰收。

2.1.2 大力神杯简介

大力神杯如图2-1-1所示，是现今足球世界杯赛的奖杯，是足球界最高荣誉的象征。在1970年墨西哥世界杯赛上，三夺世界杯的巴西队永久拥有了“雷米特金杯”后，国际足联征求新的世界杯赛冠军金杯方案，一共收到了7个国家的53份方案，最后意大利艺术家Silvio Gazzaniga的作品入选。这个奖杯看上去就像两个大力士托起了地球，因此也被称为“大力神金杯”。

大力神杯工艺品一直都是“抢手货”（需要经国际足联授权），本项目主要讲解大力神杯工艺品5轴一体化加工的工艺制造流程和方法。

图2-1-1 大力神杯

2.2 工艺分析与编程仿真

2.2.1 产品分析

1. 特征分析

本项目中的大力神杯工艺品如图2-2-1所示，尺寸规格为46mm×45mm×120mm，为复杂的空间曲面造型，但不存在负角面，也不存在单独的复杂尖角特征，模型整体为光顺性起伏结构，且各曲面间过渡光洁、平滑。

2. 毛坯分析

本项目的毛坯为圆棒料粗毛坯，尺寸规格为ϕ52mm×125mm，如图2-2-2所示。

图 2-2-1　大力神杯工艺品

图 2-2-2　大力神杯工艺品毛坯

3. 材料分析

本项目毛坯的材料为6061铝合金。6061铝合金属热处理可强化合金，具有良好的可成形性、焊接性和可加工性，同时具有中等强度，在退火后仍能维持较好的可加工性。

6061铝合金具有极佳的可加工性、优良的焊接性及电镀性、良好的耐蚀性。该材料韧性高、加工后不变形、材料致密无缺陷并易于抛光、上色膜，氧化效果极佳，是数控精密加工中应用最广泛的一种材料。但在机加工过程中，铝合金材料容易黏附在刀具切削刃上，形成积屑瘤，迅速降低刀具的切削能力，所以刀具材料选择和刀具涂层选择是至关重要。

4. 加工要求分析

作为高端工艺品，其表面质量有较高的要求，且需要保证单件的加工效率。该工件的加工要求有以下几点：

1）工件表面无接刀痕；

2）各曲面间过渡光洁、平滑，图案清晰可见；

3）表面粗糙度值≤Ra0.5μm。

5. 加工难点分析

（1）工件的夹持　大力神杯工艺品是圆柱状工件，外观形状复杂，很难将工件直接固定在工作台上。为解决这一问题，设计了如图2-2-3所示的工装夹具，采用吊装方式安装工件。

（2）工件的加工　由于大力神杯工艺品外观较复杂，因此选用SurfMill软件对它进行自动编程，这就要解决加工程序的编制问题。在加工过程中刀具的选择也很重要。由于加工中主轴要摆动一定角度，因此要避免刀具与工件发生干涉和过切。而且由于工件上有较多细小加工部位，需用R1球头刀加工，又因球头刀直径较小，必须选择合理的加工参数。进行精加工时，要选定合适的精加工表面的走刀方式，以保证表面加工质量。

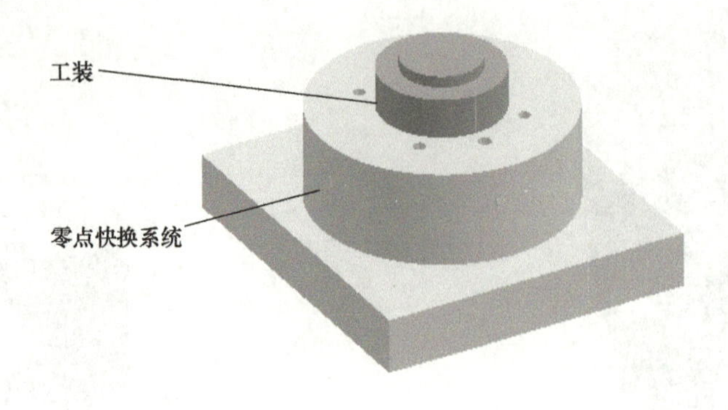

图 2-2-3　工装夹具

2.2.2　确定加工方案

1. 选择加工方式

大力神杯工艺品外观为复杂的空间曲面造型，且各曲面间过渡光洁、平滑，为保证图案清晰可见、无接刀痕，曲面精加工选择 5 轴联动加工方式；开粗时，为保证加工效率，减少工序流转，降低工装制作成本，选择 5 轴定位加工方式，使用分层区域环切指令进行正、反加工。

2. 选择装夹方式

本项目选择零点快换系统配合自制工装装夹，如图 2-2-4、图 2-2-5 所示。

图 2-2-4　零点快换系统

图 2-2-5　工件装夹

3. 选择加工设备

本项目采取 5 轴精密加工方式，故需选择 5 轴设备；由于工件的表面质量要求较高，需选择精雕全闭环设备；开粗过程中吃刀深度较大，对于主轴刚性要求较高，选择 JD150S-20-HA50/C 型号的电主轴，该主轴具有高转速、低振动的特点；开粗过程中开粗量较大，机床需配备刮板式排屑器；为保证加工稳定性，机床需配备油雾分离器、激光对刀仪等附件，为保证加工连贯性，机床需配备刀库；毛坯的尺寸为 ϕ52mm×125mm，加上工装夹具的尺寸，整体尺寸符合 JDGR200 系列机床行程，所以选择 JDGR200T 5 轴机床进行加工。JDGR200T 是由北京精雕集团制造的具有微米级精度加工能力的精雕 5 轴高速加工中心，也是目前市场认可度极高的一款“精密型”中小型 5 轴高速加工中心，具有“0.1μm 进给，1μm 切削，纳米级表面效果”的加工能力，适用于精密模具铣削及研抛加工、精密零件加工、医疗器械零件加工、光学零件加工。JDGR200T（P15SHA）5 轴机床如图 2-2-6 所示。

4. 选择关键刀具

本项目中最小圆角为 1mm，故最小需使用 ϕ2mm 的 R1 球头刀进行加工。对于一些细小且凹陷的部位，需考虑球头刀的有效长度是否合适，是否与工件发生干涉，应及时调整刀轴角度，必要时需使用磨刀机延长避空长度，如图 2-2-7 所示。

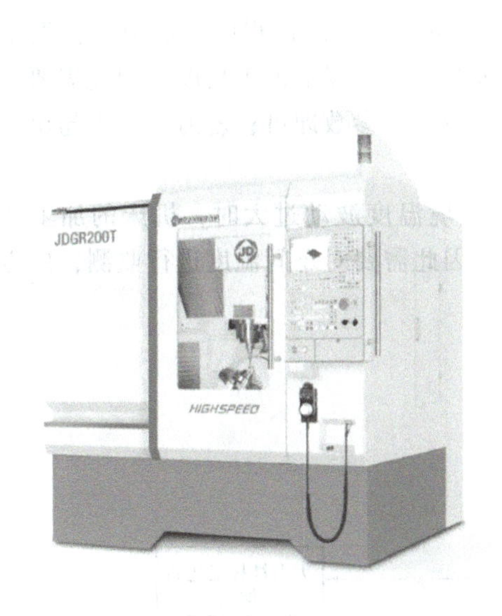

图 2-2-6　JDGR200T 5 轴机床

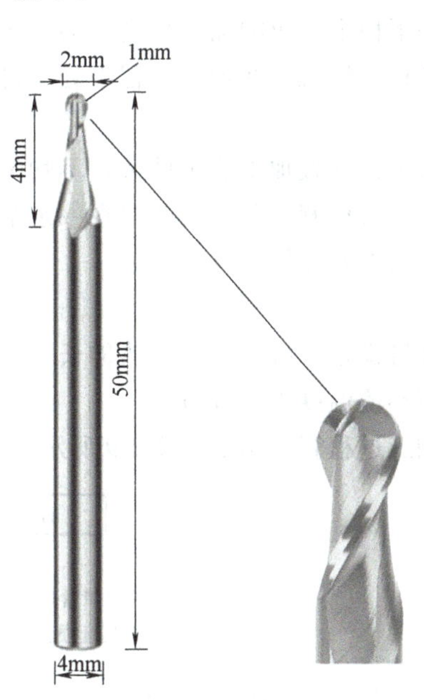

图 2-2-7　R1 球头刀

5. 工步规划

工步规划流程图如图 2-2-8 所示。

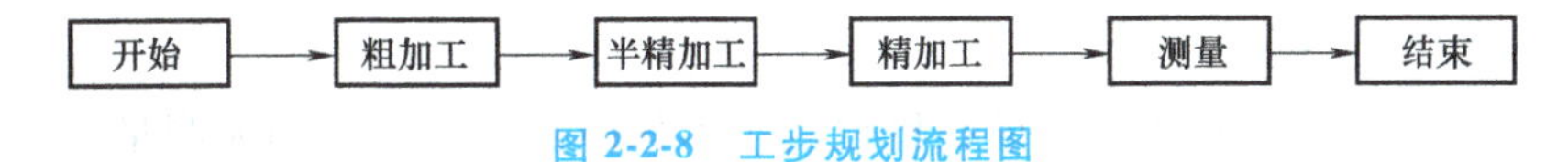

图 2-2-8　工步规划流程图

安排精加工之前的所有工步的目的只有一个：留给精加工的余量是均匀的。

6. 规划工艺表

加工前对刀具和切削用量进行规划，工艺表见表 2-2-1。

表 2-2-1　工艺表

工步	工步名称	刀具规格/mm	加工后余量/mm	吃刀深度/mm	主轴转速/(r/min)	进给速度/(mm/min)	预估加工时间/min
1	开粗前视图	ϕ10 牛鼻刀	0.3	0.5	8000	3000	37
2	开粗后视图	ϕ10 牛鼻刀	0.3	0.5	8000	3000	37
3	半精加工	R2 球头刀	0.05	0.05	9000	2000	35
4	精加工	R1 球头刀	0	0	12000	1000	90

2.2.3 确定过程管控方案

1. 管控方案分析

（1）管控关键工步：采取工件余量测量 在精密加工过程中，加工后余量通常是重点关注的问题，因此需要在关键工步之前，对上一工步所留余量进行检测。

（2）管控机床状态：采取机床状态检测 在加工过程中，机床运动会产生热伸长，机床状态不稳定，影响加工精度，为了实现长时间稳定加工，保证加工精度，需要对机床状态进行管控，使机床在加工过程中处于稳定状态。

（3）管控刀具状态：采用刀具磨损检测 在刀具切削材料的过程中，切削刃会发生一定的磨损，导致加工后工件余量不均匀，在关键工步时，难以保证加工精度，因此需要对刀具状态进行检测。若刀具磨损在一定范围内，直接更新刀具参数即可；若刀具磨损超出一定范围，则需要更换刀具。

（4）管控环境温度：采用车间温度监测 车间环境温度波动过大时，机床的加工状态难以维持稳定，机床会产生热伸长，影响加工精度，因此需要对车间温度进行监测，以方便对车间环境温度进行调节。

加工过程管控图如图 2-2-9 所示。

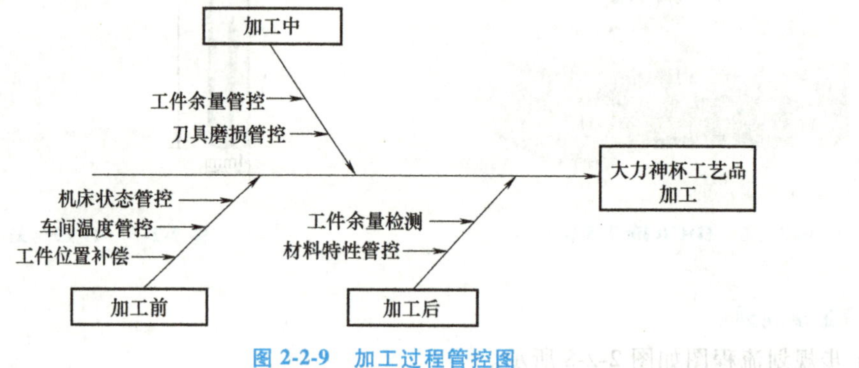

图 2-2-9 加工过程管控图

2. 采用的关键技术

（1）在机检测 此项目建议借助在机检测技术保障加工生产和品质测量的一体化，同时减少辅助时间、提高加工效率、提升加工精度和减少废品率。

（2）工步设计 此项目建议借助 SurfMill 软件提供的工步设计功能，将辅助指令融入到切削 NC 程序中，保证加工连续性，并且在输出 NC 程序时，对整个程序流程进行管控，实现软件端的防呆，保证加工过程的安全，在软件端将加工风险降到最低。

2.2.4 数字化设计与编程

1. 搭建数字化制造系统

（1）导入数字模型 打开 JDSoft-SurfMill 软件，新建空白曲面加工文档。在导航工作条中选择 3D 造型模块，然后选择“文件→输入→三维曲线曲面”，分别导入毛坯、夹具等模型，如图 2-2-10 所示。

（2）设置数字机床 在导航工作条中选择加工模块，选择【项目设置】菜单栏下的

【机床设置】命令，设置机床参数，如图 2-2-11 所示。

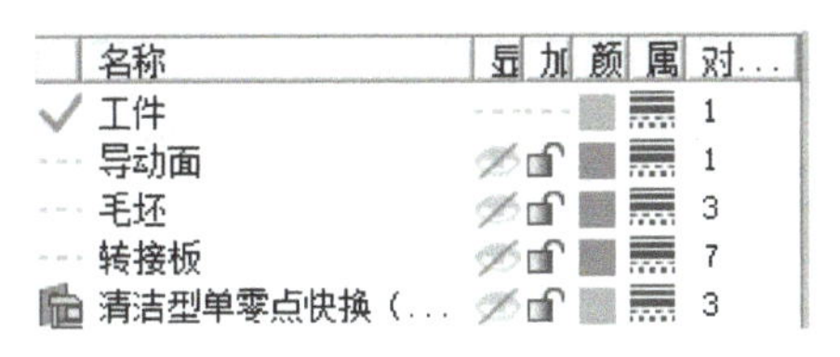

图 2-2-10　导入数字模型

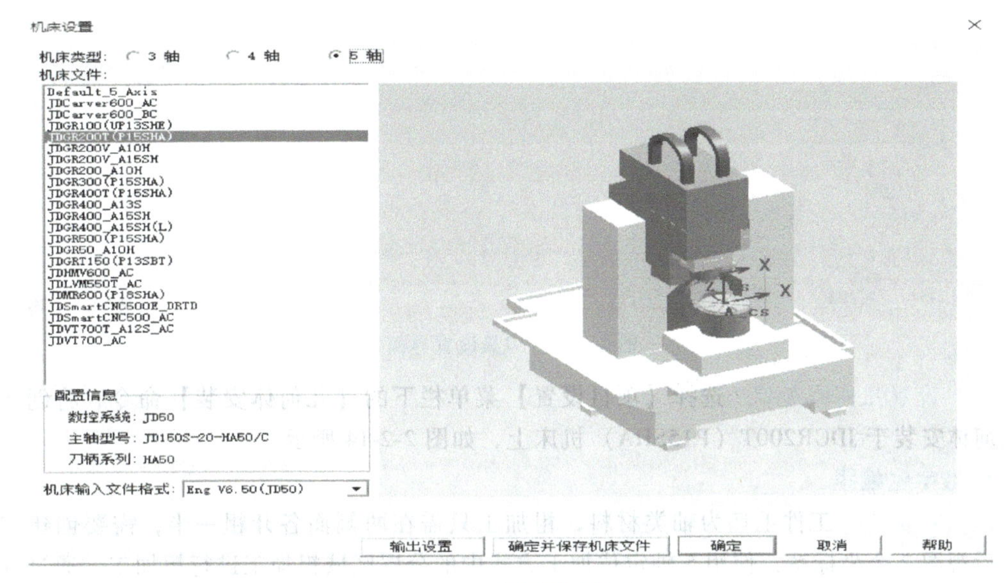

图 2-2-11　设置数字机床

(3) 设置数字几何体　选择【项目向导】菜单栏下的【创建几何体】命令，设置几何体参数，如图 2-2-12 所示。

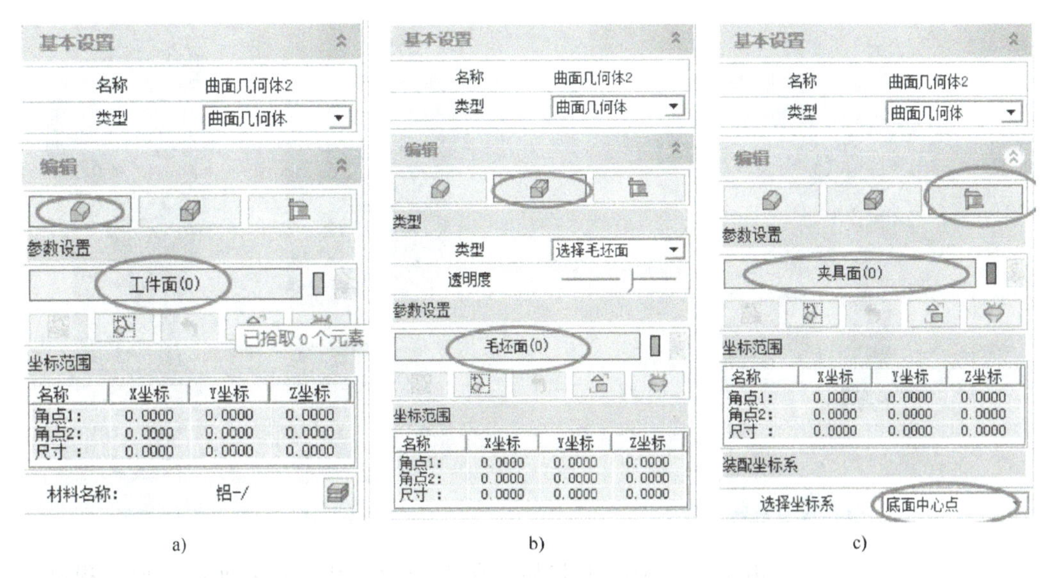

图 2-2-12　设置数字几何体

(4) 创建数字刀具表　在“当前刀具表”中添加刀具，设置刀具参数，如图 2-2-13 所示。

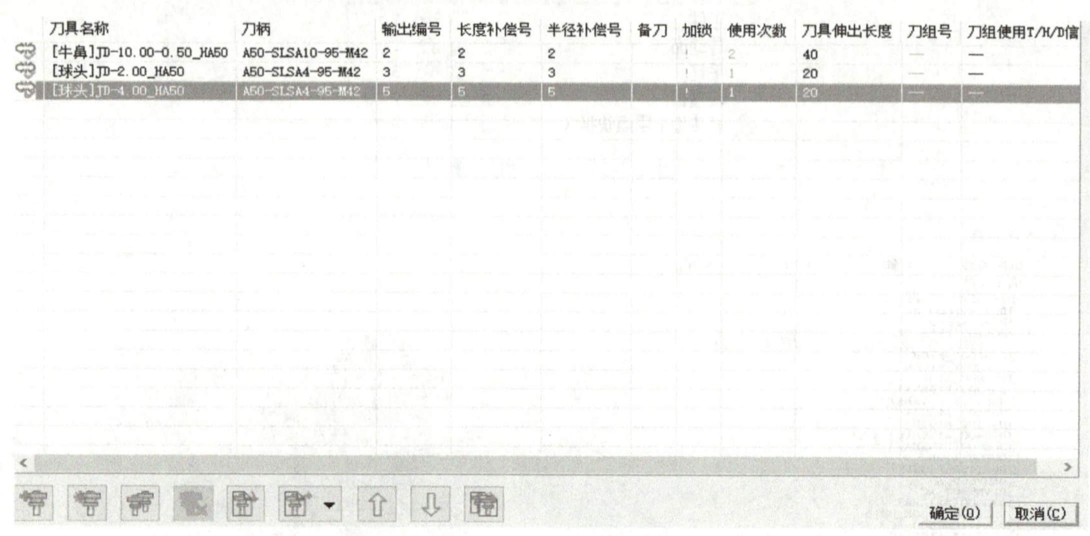

刀具名称	刀柄	输出编号	长度补偿号	半径补偿号	备刀	加锁	使用次数	刀具伸出长度	刀组号	刀组使用T/H/D信
[牛鼻]JD-10.00-0.50_HA50	A50-SLSA10-95-M42	2	2	2			2	40	—	—
[球头]JD-2.00_HA50	A50-SLSA4-95-M42	3	3	3			1	20	—	—
[球头]JD-4.00_HA50	A50-SLSA4-95-M42	5	5	5			1	20	—	—

图 2-2-13　刀具设置界面

(5) 设置几何体安装　选择【项目设置】菜单栏下的【几何体安装】命令，将创建好的几何体安装于 JDGR200T（P15SHA）机床上，如图 2-2-14 所示。

2. 数字化编程

(1) 粗加工　工件毛坯为轴类材料，粗加工只需在两侧面各开粗一半，需要创建前视图与后视图 2 个坐标系，使用 5 轴定位加工方式中的分层区域粗加工进行粗加工。通过分析模型以及图样，使用分层开粗进行粗加工，选择［牛鼻］JD-10 刀具进行加工，设置路径间距为 5mm，吃刀深度为 0.5mm，主轴转速为 8000r/min，进给速度为 3000mm/min，如图 2-2-15 所示。

图 2-2-14　将几何体安装于机床上

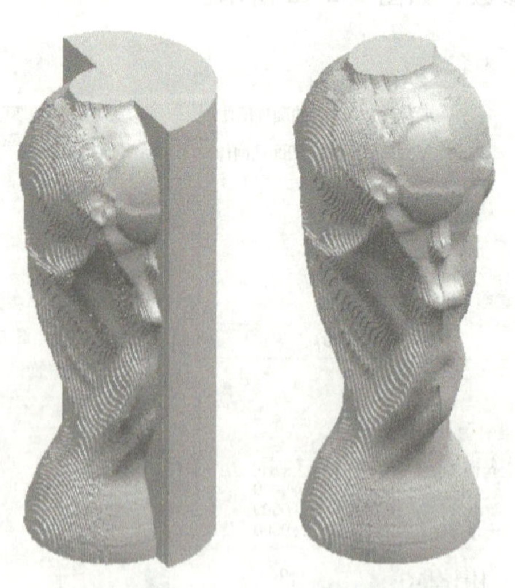

图 2-2-15　分层区域粗加工

(2) 导动面精加工　由于大力神杯工艺品的曲面较为复杂，且表面质量要求很高，故选用 5 轴联动加工方式中的曲面投影加工方式进行曲面加工。具体操作步骤如下。

1）建立导动面。大力神杯工艺品通体为圆柱体，根据导动面建立原则，保证建立的导动面简单、单一且与工件外形相符，如图 2-2-16 所示。

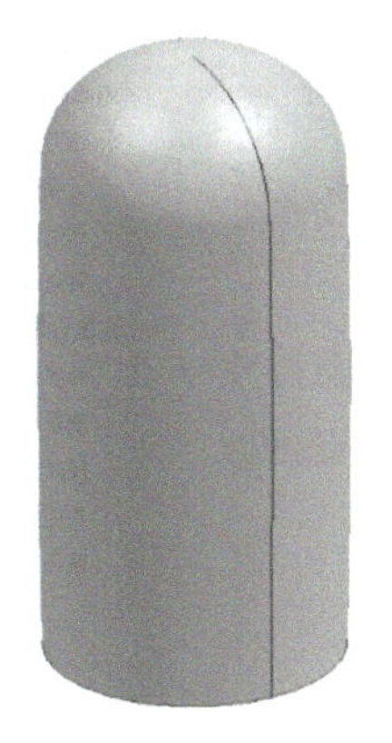

图 2-2-16　建立导动面

2）选择曲面投影加工，如图 2-2-17 所示。

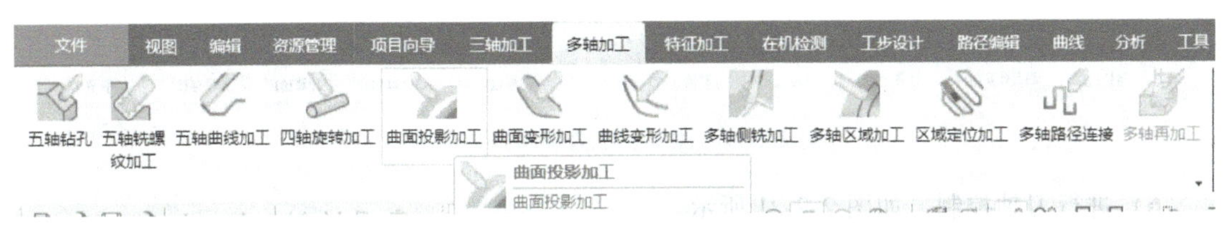

图 2-2-17　选择曲面投影加工

3）选择加工面、导动面，设置加工余量，如图 2-2-18 所示。

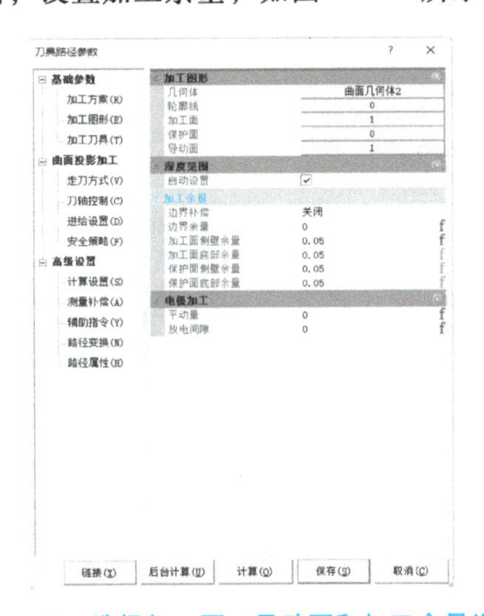

图 2-2-18　选择加工面、导动面和加工余量设置

4）选择加工刀具，设置走刀速度。主轴转速为 9000r/min，进给速度为 2000mm/min，如图 2-2-19 所示。

5）选择走刀方式，走刀方向改为“螺旋”，如图 2-2-20 所示。

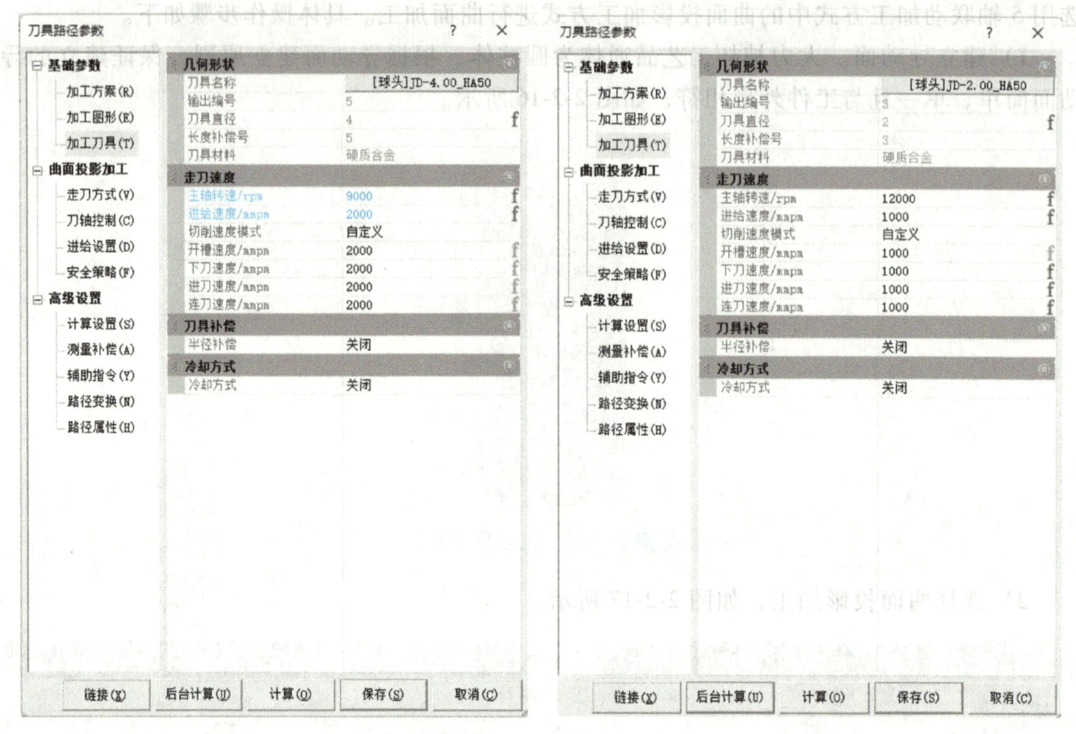

图 2-2-19　选择加工刀具和走刀速度

6）进行刀轴控制，如图 2-2-21 所示。

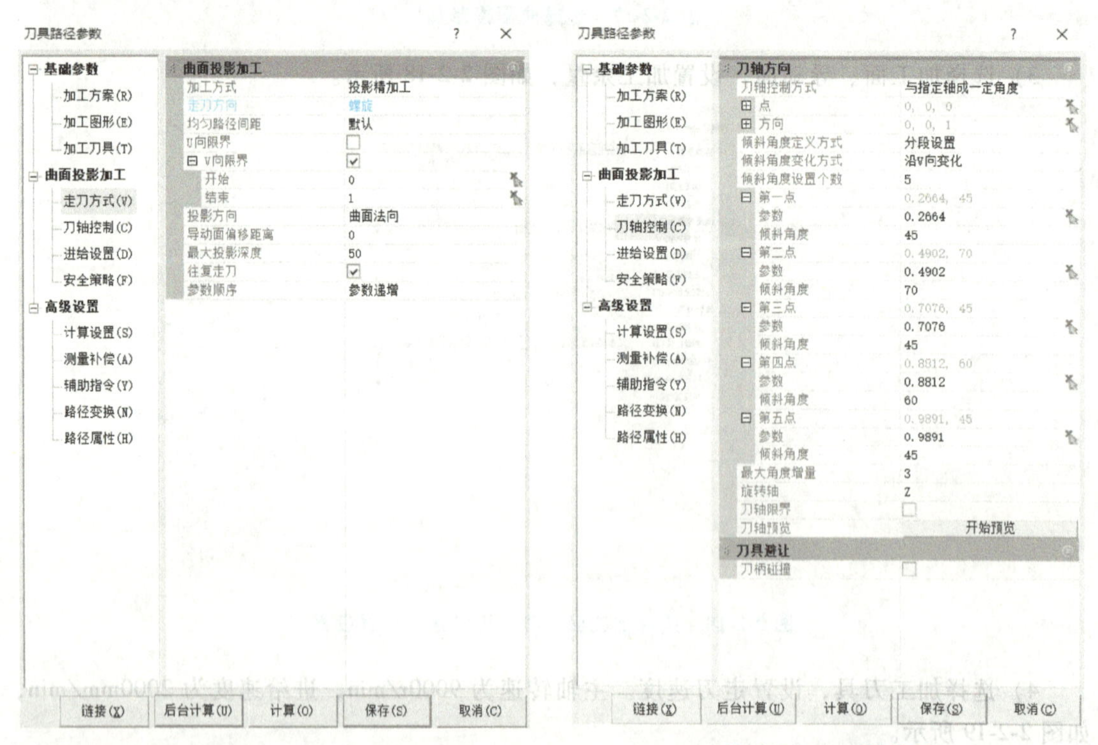

图 2-2-20　改走刀方向

图 2-2-21　刀轴控制

7）修改进给。修改半精加工路径间距为“0.2”，精加工路径间距为“0.1”，如图 2-2-22 所示。

8）计算刀具路径，如图 2-2-23 所示。

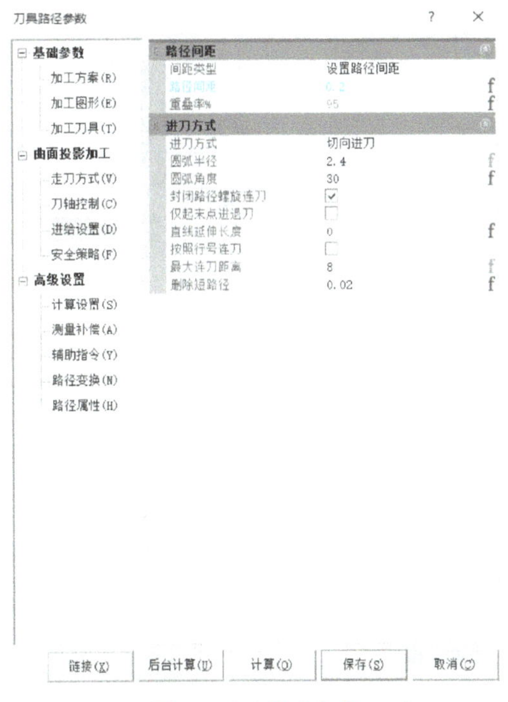

图 2-2-22 修改进给

图 2-2-23 计算刀具路径

3. 仿真验证

（1）线框模拟 在加工环境下，选择【线框模拟】命令，选择所有加工路径，以线框方式模拟加工过程，如图 2-2-24 所示。

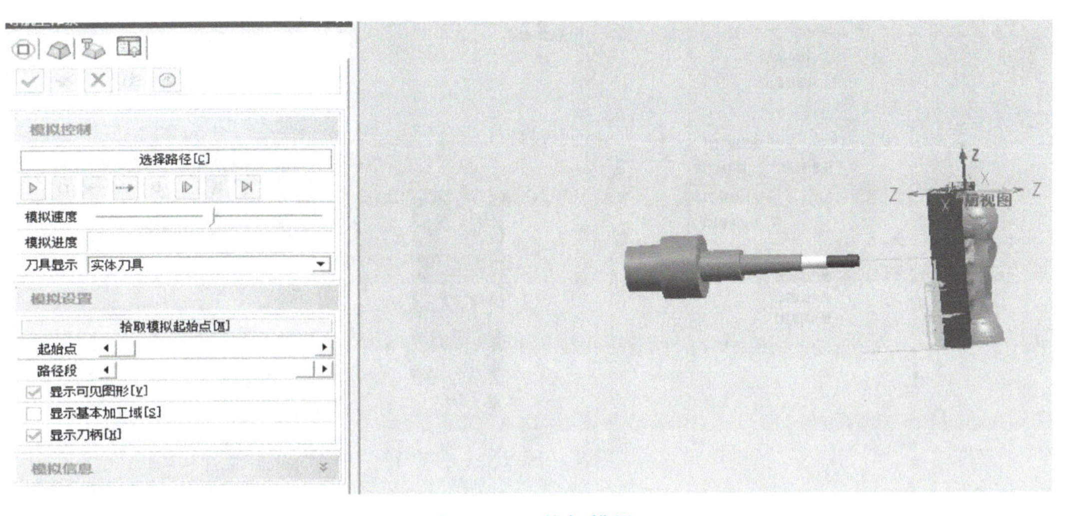

图 2-2-24 线框模拟

（2）实体模拟 在加工环境下，选择【实体模拟】命令，选择所有加工路径，模拟刀具切削材料的方式模拟加工过程，如图 2-2-25 所示。模拟中编程人员应检查路径是否合理，是否存在安全隐患。

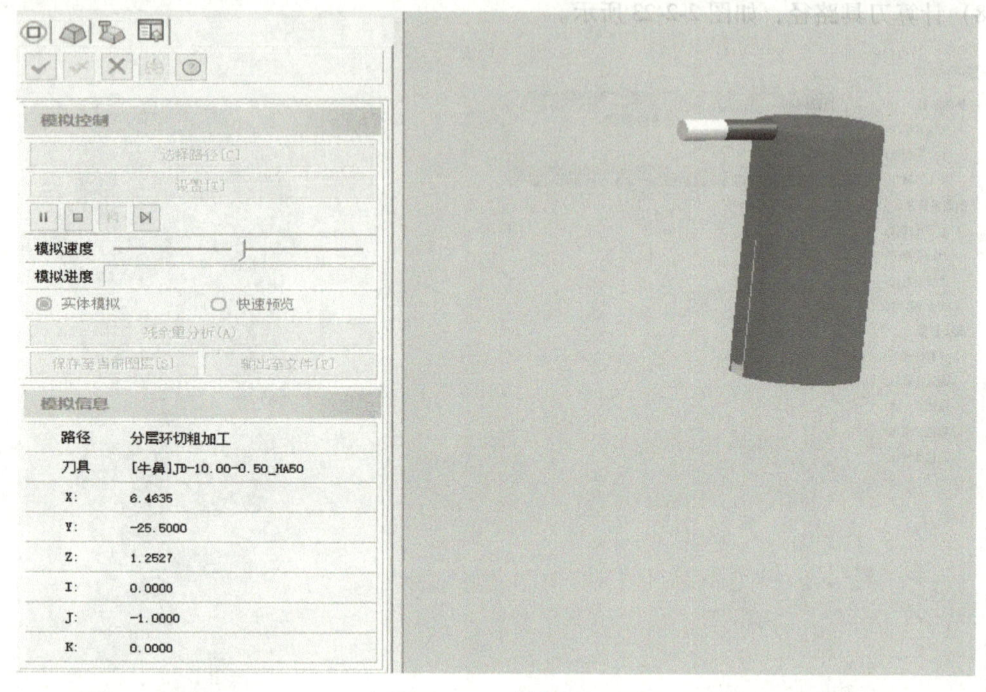

图 2-2-25　实体模拟

（3）过切检查　在加工环境下，选择【过切检查】命令，检查加工路径是否存在过切现象，如图 2-2-26 所示。

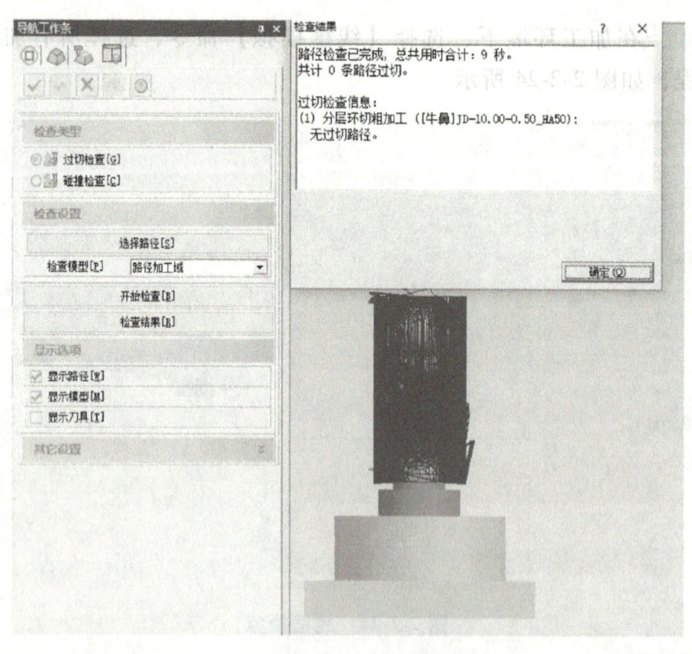

图 2-2-26　过切检查

（4）碰撞检查 与过切检查操作类似，在加工环境下，选择【碰撞检查】命令，选择检查所有加工路径的刀具、刀柄等在加工过程中是否与检查模型发生碰撞，保证加工过程的安全，并在弹出的检查结果中给出不发生碰撞的最短刀具伸出长度，以便最优化备刀，如图 2-2-27 所示。

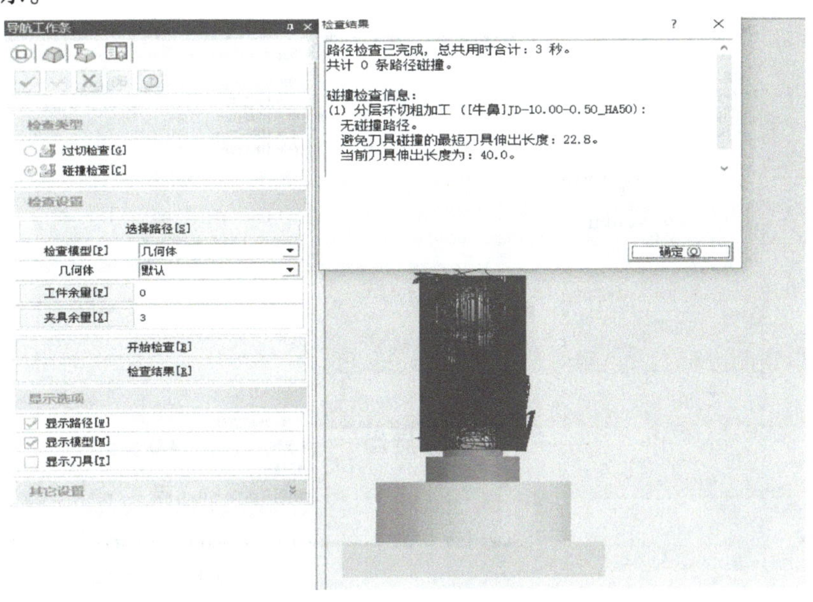

图 2-2-27 碰撞检查

（5）机床模拟 在加工环境下，选择【机床模拟】命令，要检查运行所有加工路径时，机床各部件与工件、夹具之间是否存在干涉和各个运动轴是否有超程现象，如图 2-2-28 所示。当路径的过切检查、碰撞检查和机床模拟都完成且未报错时，导航工作条中的路径安全状态显示为绿色。

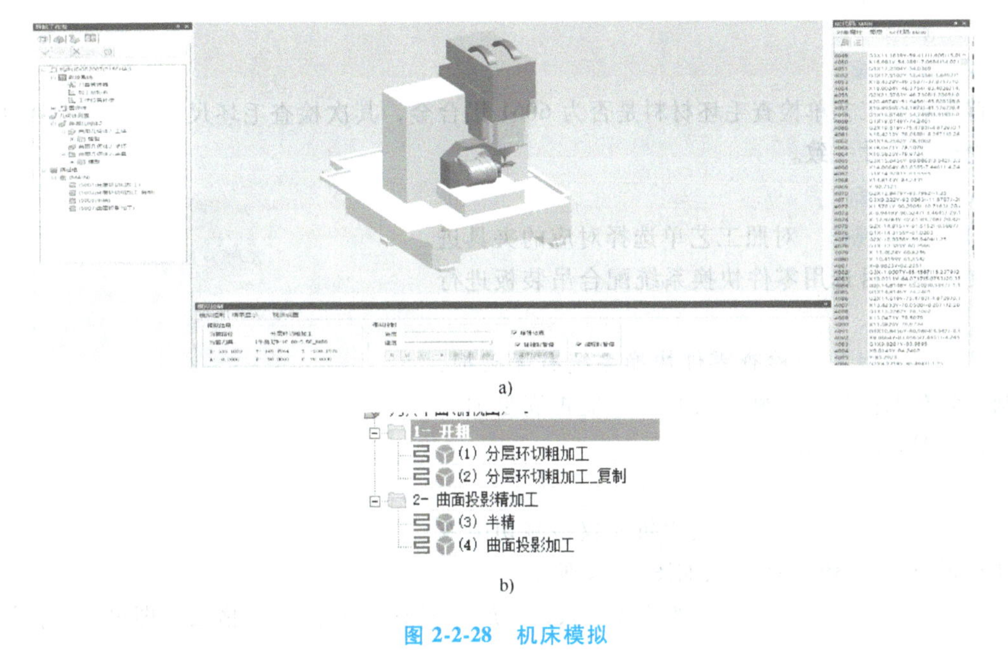

图 2-2-28 机床模拟

(6) 输出刀具路径　在加工环境下，选择【输出路径】命令，检查需输出的路径有无疏漏。输出格式选择 JD650 NC（As Eng650）格式，选择输出文件的名称和地址，输出所有路径，如图 2-2-29 所示。

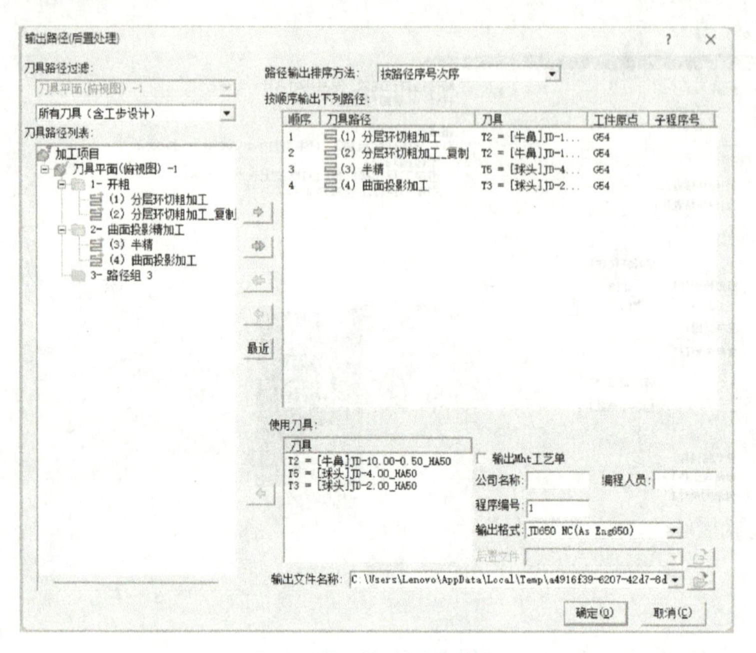

图 2-2-29　输出所有路径

2.3　加工准备与上机加工

2.3.1　加工准备

1. 毛坯准备

首先对照工艺单检查毛坯材料是否为 6061 铝合金，其次检查毛坯尺寸是否与软件中所设理论模型尺寸一致。

2. 夹具准备

(1) 夹具规格　对照工艺单选择对应的夹具进行装夹。本项目选用零件快换系统配合吊装板进行装夹。

(2) 夹具状态　检查零件快换系统有无破损，自制工装有无损坏等，确定夹具状态能否满足加工要求，如图 2-3-1 所示。

图 2-3-1　夹具检查

3. 机床准备

(1) 切削液浓度检查　使用折光仪检测切削液浓度是否为 5%~8%。折光仪如图 2-3-2 所示。

(2) 水箱液位检查　观察液位计示数，一般保证液位处于 7~8 格之间即可。液位计如

图 2-3-3 所示。

(3) 排屑器滤网检查　观察刮板排屑器滤网是否发生堵塞，若发生堵塞，需进行清理或更换。排屑器滤网如图 2-3-4 所示。

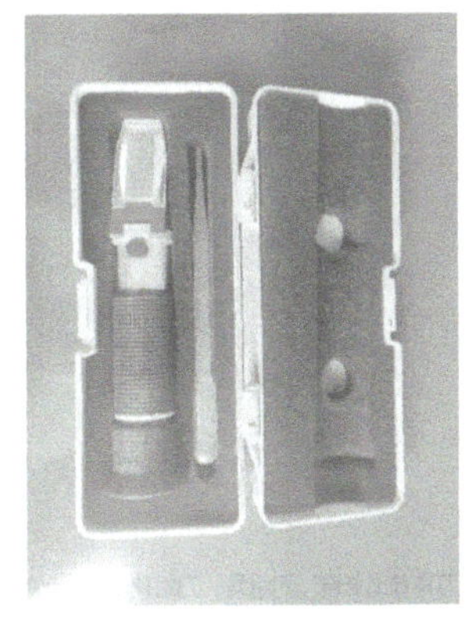

图 2-3-2　折光仪

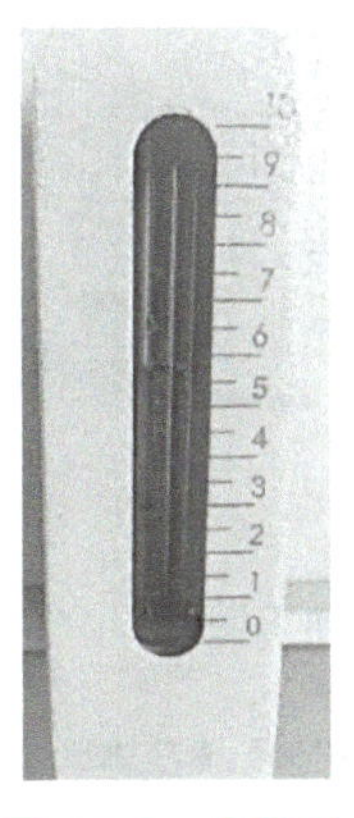

图 2-3-3　液位计

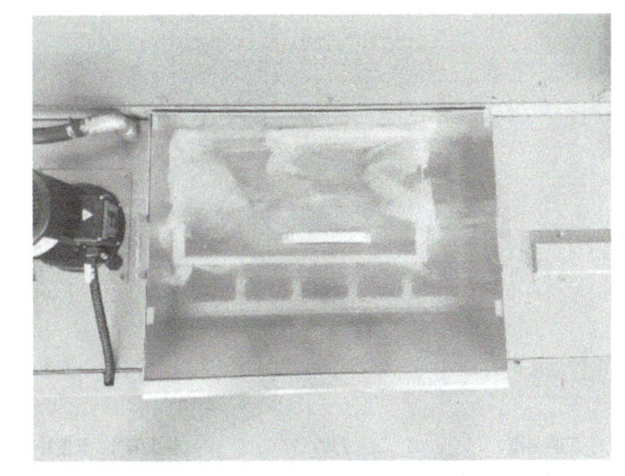

图 2-3-4　排屑器滤网

(4) 制冷机液位检查　观察主轴制冷机液位计，确保液位处于 70～80 之间即可。主轴制冷机液位计如图 2-3-5 所示。

(5) 润滑油箱液位检查　观察润滑油箱液位计，保证液位处于 7～8 格即可。润滑油箱液位计如图 2-3-6 所示。

(6) 集屑车检查　清理集屑车内的废屑，确保集屑车有足够的空间放置后续加工产生的废屑，保证集屑车内的废屑与加工材料一致。集屑车如图 2-3-7 所示。

图 2-3-5　主轴制冷机液位计

图 2-3-6　润滑油箱液位计

图 2-3-7　集屑车

(7) 机床加工区域检查　检查机床加工区域内不应存有废屑，保证在后续加工前机床加工区域干净整洁。机床加工区域如图 2-3-8 所示。

4. 刀具准备

(1) 刀具规格检查　根据工艺单，检查本项目加工中所需刀具规格，如图 2-3-9 所示。

(2) 刀具状态　检查刀具切削刃是否存在磨损或破损；检查刀具是否为加工铝合金专用刀具。刀具情况如图 2-3-10 所示。

(3) 装刀长度检查　对照工艺单中的建议装刀长度，使用钢直尺或游标卡尺等测量实际装刀长度，观察其是否满足加工要求。检查过程如图 2-3-11 所示。

图 2-3-8　机床加工区域

刀具名称	刀柄	输出编号	长度补偿号	半径补偿号	备刀	加锁	使用次数	刀具伸出长度	刀组号	刀组使用T/H/D信
[牛鼻]JD-10.00-0.50_HA50	A50-SLSA10-95-M42	2	2	2		!	2	40	—	—
[球头]JD-2.00_HA50	A50-SLSA4-95-M42	3	3	3		!	1	20	—	—
[球头]JD-4.00_HA50	A50-SLSA4-95-M42	5	5	5		!	1	20	—	—

图 2-3-9　刀具规格

图 2-3-10　刀具情况

图 2-3-11　装刀长度检查

5. 环境准备

（1）检查车间温度　用温度计检测车间温度波动。加工过程中的环境温度应尽量处于(20±1.0)℃(24h)，机床应避免安装在阳光直射位置或热源附近。

（2）调节车间温度　通过中央空调调节车间温度，使车间温度达到稳定状态。

2.3.2　机床加工

1. 加工前准备

（1）开启机床　机床上电，开启 JD50 数控系统，依次开启正压吹气、照明、刀库回零、机械臂回零、主轴定向、回 ALL 参考点和油雾分离器。

（2）标定激光对刀仪与接触式对刀仪　将标准刀安装至主轴端面处，控制标准刀的跳动量在0.002mm以内；调用激光对刀仪标定程序进行标定；调用激光对刀仪测量程序对标准刀进行复测；使用标准刀标定接触式对刀仪，保证激光对刀仪与接触式对刀仪的基准统一。

（3）确定初始工件坐标系　根据软件端设置的工件坐标系，在机床端确定工件坐标系。为确保加工程序空运行的安全性，可适当将工件坐标系Z坐标增大。

（4）测头标定及校验轴心

1）测头安装。将测头安装在主轴端面处，将测头跳动量控制在0.002mm以内，使用激光对刀仪校对测头刀长，修改测头刀长限制。

2）标定前暖机。由于测头标定过程中的机床运动会引起机床各个轴的热伸长，造成标定结果不准确，从而使测头测量不准确，因此需要在测头标定前进行暖机。在暖机过程中主轴不能转动。

将刀具安装在主轴端面处，调用加工程序，将转速设为0，进行2h左右的暖机。

3）标定测头。将标准球安装在工作台上，用酒精无尘布擦拭标准球与测头红宝石。修改宏程序参数，运行标定程序。

4）校验轴心。调用找轴心程序，根据提示完成校验轴心操作。对比轴心坐标的当前值与实际值，若4个坐标中任意一个坐标的差值超出0.005mm，则需进行参数更新。

5）完成标定后，拆除标准球。

（5）装刀及刀具跳动管控　对照工艺单将刀具装在刀库中对应的刀号上，用激光对刀仪完成所有刀具的对刀工作。用千分表（或激光对刀仪）检查半精加工和精加工刀具的跳动，跳动量应控制在0.002mm以内。若刀具跳动量不合格，则需将刀具退回刀具坊重新装夹，然后重复上述过程。

（6）安装夹具与毛坯　清洁工作台表面与工装夹具表面，将零点快换系统安装在工作台轴心位置，误差控制在0.1mm以内；用千分表通过转动C轴将夹具X、Y找正；对照工艺单安装毛坯。

（7）程序暖机　调用加工程序暖机0.5h以上（采用加工时的参数）。

（8）校验工件坐标系　根据工件外形特征调用对应分中程序，使用测头重新分中。

（9）校验刀长　用激光对刀仪将所有刀长重新校验一遍，消除由于主轴热伸长引起的刀长误差。

2. 调入程序

导入NC程序。对照工艺单，检查并修改刀具编号、刀长补偿编号和工件坐标系等参数，然后单击【CF7 编译】对程序进行编译，检查程序中是否存在错误。如程序编辑错误，进行编译时将会出现提示。

3. 试切及自动运行

（1）工件试切加工　选择【程序运行】键和【手轮试切】键，单击【程序启动】按钮，关闭自动冷却功能。通过转动手轮进行试切。观察对比当前刀具与工件的位置、绝对坐标下刀具坐标值与工件坐标值的差值（重点看Z值），对比机床内刀具、工件位置变化与坐标值变化应同步。另外，观察刀具下刀位置，若无明显差别，则可判断加工程序正常。

（2）工件自动加工　开启主轴喷淋功能和自动冷却功能，关闭手轮试切功能，程序自动运行。

(3) 成品检验 用气枪将工件清洁干净，运行测量程序，得到测量结果。若测量结果合格，则直接可以下机；若测量结果不合格，则需视情况进行处理。

4. 清理机床

拆卸工件，清理机床，进行机床的日常维护保养。

2.4 项目小结

1）本项目介绍了大力神杯工艺品的加工方法和步骤，经过本项目的学习，应能够根据类似工件特征安排合理的加工工艺。

2）了解工艺品的特点，熟悉工艺品行业的现状和发展趋势。

3）掌握大力神杯工艺品的加工流程。

4）掌握高端工艺品加工的重点和难点。

思 考 题

1. 讨论题

(1) 大力神杯工艺品采用 3 轴加工还是 5 轴加工？

(2) 大力神杯工艺品的加工特点有哪些？

(3) 大力神杯工艺品的加工难点有哪些？

(4) 大力神杯工艺品加工前需要进行哪些准备？

(5) 为什么选择零点快换系统装夹工件？

(6) 为什么选择 JDGR200T 5 轴机床进行加工？

2. 判断题

(1) 在加工前的准备阶段，机床需调用加工程序（采用加工时的参数）暖机 0.5h 以上。(　　)

(2) 大力神杯工艺品使用 5 轴定位加工方式。(　　)

(3) 标定测头前暖机主轴不能转动。(　　)

(4) 大力神杯工艺品加工前没有必要进行环境准备。(　　)

(5) 大力神杯工艺品粗加工前，需要创建前视图与后视图 2 个坐标系。(　　)

项目3

精工DIY创意作品——笔尖微雕的加工

知识点

(1) DIY 创意作品加工的基本流程。

(2) 5 轴定位加工和 5 轴联动加工方法。

(3) 石墨材料的加工特性和注意事项。

(4) 微小刀具的加工方法和注意事项。

(5) 5 轴加工的操作方法和注意事项。

能力目标

(1) 能够独立完成笔雕加工程序的编写。

(2) 具有导动面的创建能力。

(3) 具有微小精密零件加工工艺的设计能力。

(4) 具备独立完成微小零件 5 轴精密加工的能力。

(5) 具备石墨等脆性材料的加工能力。

(6) 培养学生不断琢磨和实验，积极向上、韧性十足，克服各种挑战和困难，实现自我价值、锲而不舍的精神。

3.1 项目背景介绍

3.1.1 精工 DIY 创意作品概述

1. 精工 DIY 创意作品介绍

精工一词在中国传统文化中源远流长，主要用来形容艺术作品的精雕细琢，精美绝伦。《后汉书》列传·宦者列传中说："监作秘剑及诸器械，莫不精工坚密，为后世法。"可见，精工在汉语中的最早含义，是用来形容工业工艺及产品的精巧和细致的，也正是由于中国传统优秀手工工业产品的精工细作之中所蕴含的情感和人文艺术气息，该词才逐渐转化为形容艺术作品。工业领域的精工，指基于对产品需求的深刻理解，从材料学、物理学、美学等多角度出发，采用最恰当的、符合产品规律的、先进的制造工艺，制作出精美的产品。

DIY 是"Do It Yourself"的英文缩写，意思是自己动手制作。原本是指不依赖或聘用专业的工匠，利用适当工具与材料自己来进行居家住宅的修缮工作。现在 DIY 已发展成为既能减轻工作的压力，又能学习一门本事的创意项目，内容也变得包罗万象。

精工 DIY 创意作品是指充分发挥自己的想象，自己动手制作精美、精巧的个性化作品，并在制作的过程中提升自己的能力。

2. 精工 DIY 创意作品的特点

精工 DIY 创意作品具备独特的属性，内涵丰富。它除了包含精密、精确、精细的几何学含义之外，还包括精致、精制、精选，同时还包括精心、精巧的含义，承载着设计者的情感和心血。此外，精工 DIY 产品突出创意和与众不同，鼓励创作者将想法付诸实践，并在此过程中提升自我。

3. 精工 DIY 创意作品的发展

近年来，随着“研学、游”的兴起，各个年龄段的学生基于自身需求，纷纷参加校外有组织、有计划、有目的、有意义的精工 DIY 创意作品体验项目。目前精工 DIY 创意作品所涉及的领域包括农业小工具、微型工业产品等。在制造技术进步和社会生活水平提高的大背景下，精工 DIY 创意作品已越发高端，越发突出技术性，往往一个小小的作品背后，体现的是工业领域最前沿的制造技术。这里也期望每一位学生能不忘本心，积极创新并努力实践，让自己的创意落地。

3.1.2 笔尖微雕简介

铅笔是我们小时候使用的第一种书写工具。那时候，我们每天晚上都要把铅笔削好放在铅笔盒里，第二天上学用。尤其是对于美术生，铅笔更是一种情愫，是碎屑中拼凑出的梦想！

本项目的笔尖微雕包含不同国家、不同时期的五种乐器——电贝斯、琵琶、木吉他、小提琴、班卓琴，如图 3-1-1 所示，其灵感来源于音乐的无国界：语言不通，或许无法交流，但是不同乐器可以汇聚演奏，让人从中体会喜怒哀乐，产生强烈的共鸣。

感谢信息时代，让我们看到一些大师的作品，他们把普通的铅笔头变成了艺术创作的基地，经过精心雕刻，一件件精美传神、栩栩如生的微雕就呈现在铅笔头上，精巧的细节和设计让人叹为观止。或许你也看过一些微雕大师的手作，但今天我们要分享给你的绝对是史无前例的作品——依托 CNC 加工中心制作的铅笔芯雕刻，如图 3-1-2 所示。

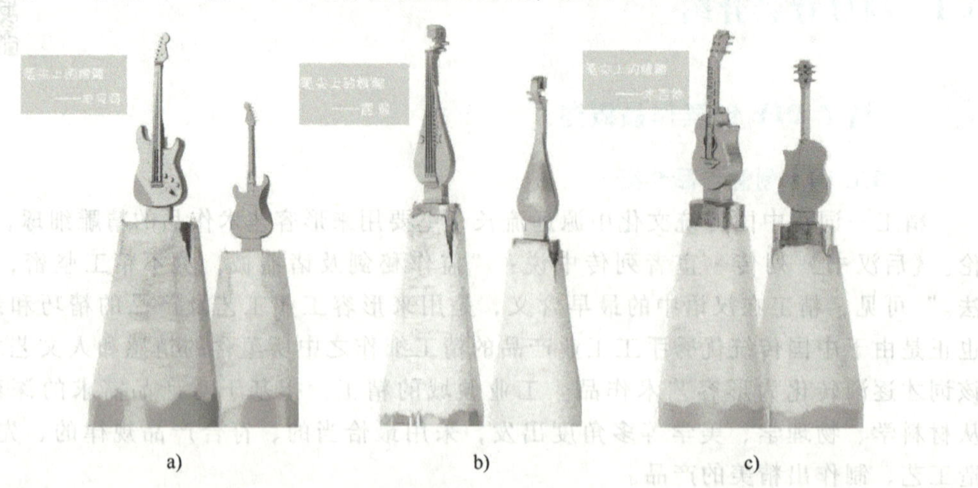

图 3-1-1 笔尖微雕

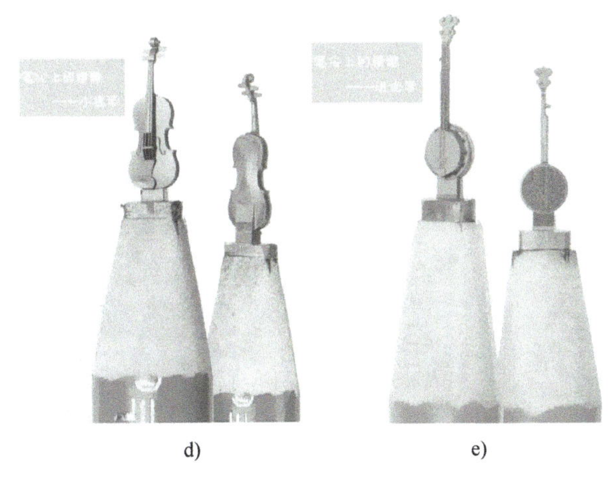

图 3-1-1　笔尖微雕（续）

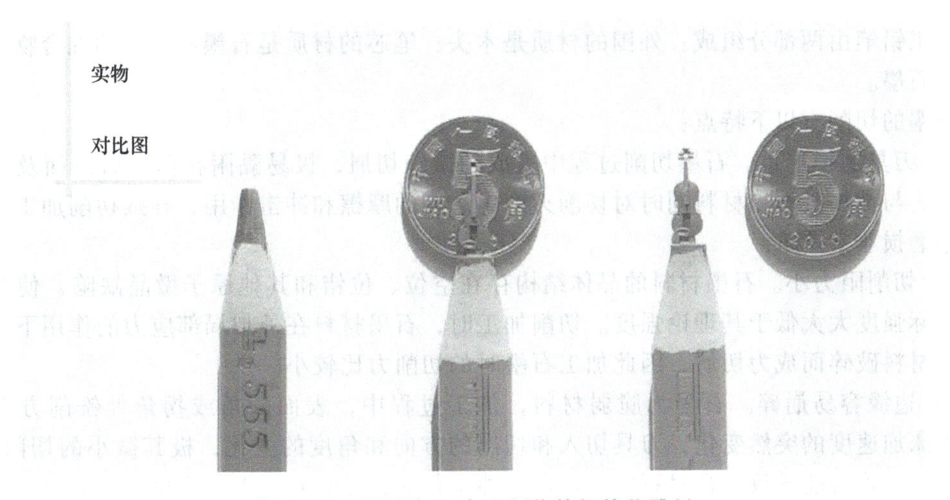

图 3-1-2　CNC 加工中心制作的铅笔芯雕刻

3.2　工艺分析与编程仿真

鉴于笔尖微雕的 5 件产品的原材料相同，结构特征相似，所以此项目仅以其中的班卓琴为载体介绍笔尖微雕的加工过程。

3.2.1　产品分析

1. 特征分析

本项目的产品为笔雕的班卓琴，具有复杂的空间曲面造型，如图 3-2-1 所示，尺寸规格为 4.5mm×2.2mm×15mm。

2. 毛坯分析

此项目所用材料为常见的木工铅笔，来料毛坯为椭圆棒料粗毛坯，尺寸规格为 10.6mm×7.6mm，如图 3-2-2 所示。

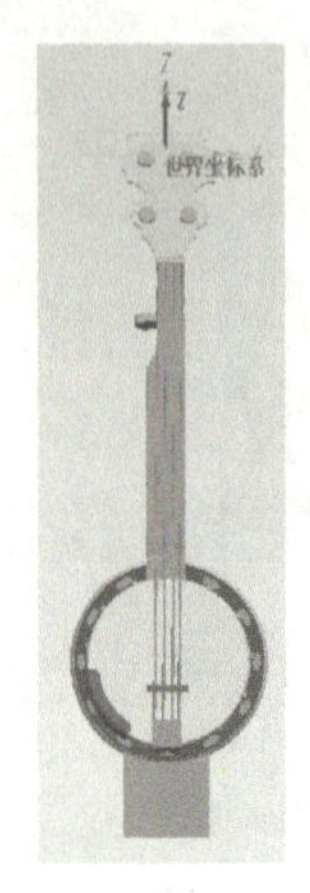

图 3-2-1 笔雕班卓琴

图 3-2-2 木工铅笔毛坯

3. 材料分析

木工铅笔由两部分组成：外围的材质是木头；笔芯的材质是石墨和黏土的混合物，主要成分是石墨。

石墨的切削有以下特点：

1）刀具磨损严重。石墨切削过程中生成的微细切屑，极易黏附在前、后刀面及已加工表面上，与被加工石墨材料同时对切削刃产生急剧的摩擦和冲击作用，导致切削加工过程中刀具的磨损非常严重。

2）切削阻力小。石墨材料的晶体结构存在空位、位错和其他原子微晶缺陷，使石墨材料的实际强度大大低于其理论强度。切削加工时，石墨材料在外加局部应力的作用下就可扩展，使材料破碎而成为切屑，因此加工石墨时的切削力比较小。

3）边缘容易崩碎。石墨为脆弱材料，加工过程中，表面圆角或拐角处铣削方向的改变，机床加速度的突然变化，刀具切入和切出的方向和角度的变化，极其微小的切削振动，刀具磨损等均可能导致刀具对石墨工件产生冲击载荷，导致石墨工件边角脆性崩碎，甚至出现废品。

4）切削时产生大量的石墨粉尘。石墨粉尘不仅污染环境，影响操作人员的健康，而且会对机床部件产生一定的磨损，因此切削石墨工件的机床必须安装高效吸尘设备。

4. 加工要求分析

笔雕外观具有复杂的空间曲面造型，且各曲面间过渡光洁、平滑，图案清晰可见，所以选择 5 轴联动加工中心进行加工。

该工件的加工要求有以下两点：

1）工件表面完美，没有瑕疵；

2）各曲面间过渡光洁、平滑，图案清晰可见。

5. 加工难点分析

（1）需要专用工装　笔雕模型是椭圆柱状零件，外观形状复杂并且材料为木质，很难将工件直接固定在工作台上。为解决这一问题，设计了如图 3-2-3 所示的工装夹具，采用吊装方式使工件与毛坯连接。

（2）结构复杂且尺寸精微　由于笔雕模型外观较复杂，因此选用 SurfMill 软件对它进行自动编程时，需要注意不同位置加工的先后顺序和走刀方式；加工时主轴要摆动一定角度，因此要避免刀具与工件发生干涉和过切；由于工件有较多细小加工部位，需用90°-0.1mm的锥度平底刀加工，且因锥度平底刀直径较小，必须选择合理的加工参数，避免出现断刀；在加工过程中刀具结构和材质的选择必须适应石墨材料的加工特性。

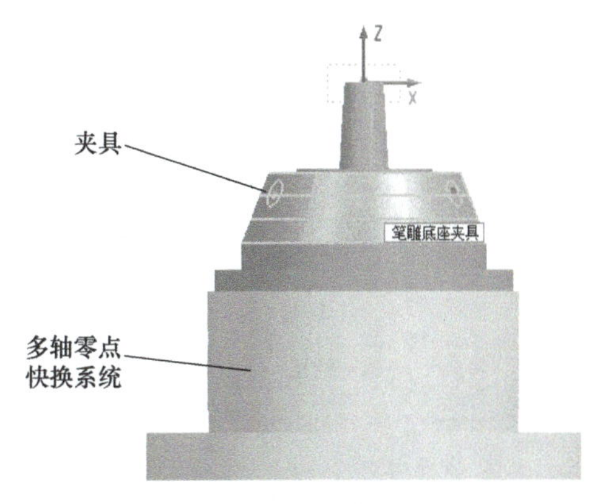

图3-2-3　工装夹具

3.2.2　确定加工方案

1. 选择加工方式

笔雕外观结构复杂，特征精细且材料为石墨，为保证加工效果，须采取5轴加工方法，实现一次装夹完成多面加工。开粗时，选择5轴定位加工，使用分层区域环切方式进行正、反加工，保证开粗效率和外观效果；精加工时，考虑复杂的空间曲面造型，且各曲面间过渡光洁、平滑、图案清晰可见，所以选择5轴联动加工。

2. 选择装夹方式

本项目加工一件，毛坯为10.6mm×7.6mm的粗坯，如图3-2-4所示。综合考虑车间现有条件，选择零点快换系统配合自制专用工装装夹工件，如图3-2-5和图3-2-6所示。

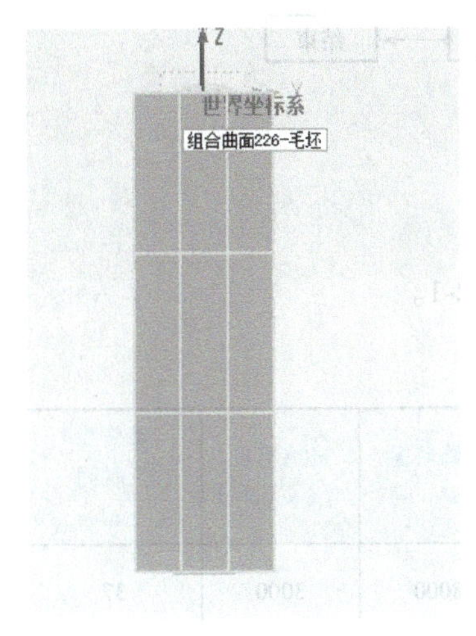

图3-2-4　毛坯模型

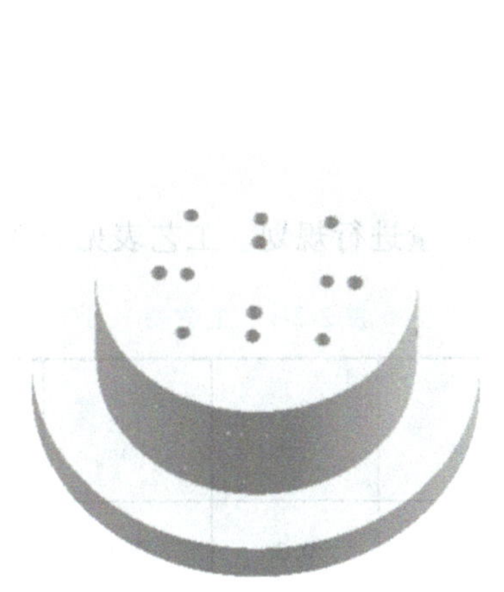

图3-2-5　零点快换系统

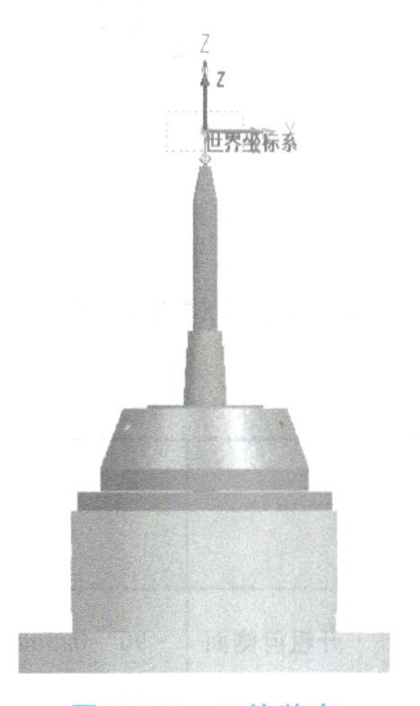

图3-2-6　工件装夹

3. 选择加工设备

笔雕外观具有复杂的空间曲面造型，对于工件的表面质量和加工效率要求高，选择精雕全闭环5轴设备；开粗量不是很大，对于主轴精密度和稳定性要求很高，选择精密加工专用的D135E-32-HE32/F型号电主轴，该主轴具有高转速、低振动的特点；为保证加工的连续性和稳定性，并践行绿色制造，机床需配备在机检测（含激光对刀仪）、油雾分离器等附件，因此综合考虑选择北京精雕JDGR200T（UP13EHE）5轴高速加工中心，如图3-2-7所示。

4. 选择关键刀具

本项目中尺寸最小部位为0.1mm，故最小需使用90°-0.1mm的锥度平底刀进行加工，如图3-2-8所示。对于一些细小且凹陷的部位，需考虑锥度平底刀的有效长度是否合适，是否与工件发生干涉，及时调整刀轴角度，必要时需对刀具装夹长度进行调整。

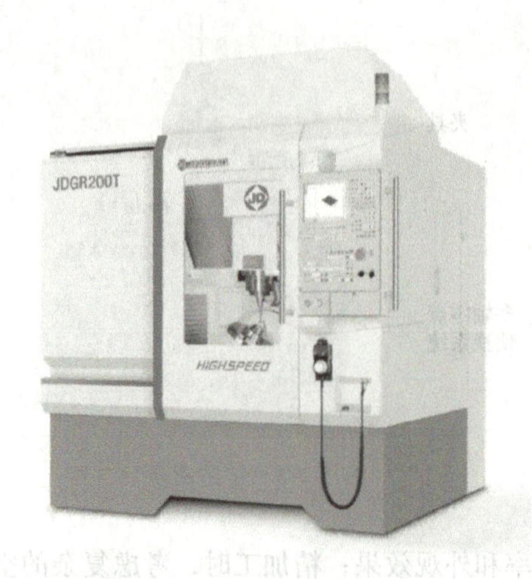

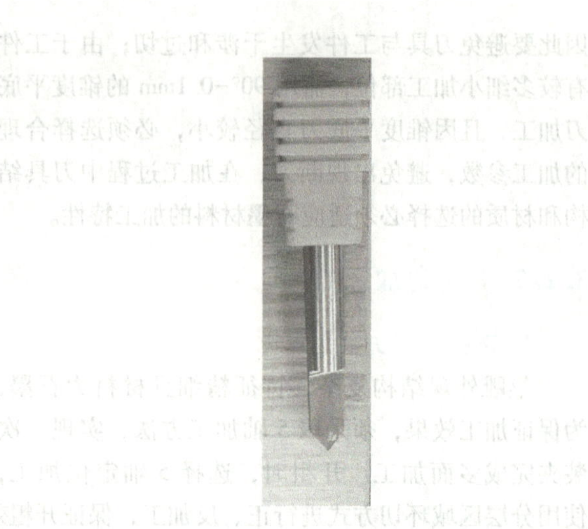

图 3-2-7 JDGR200T 5 轴高速加工中心　　图 3-2-8 “90°-0.1mm” 锥度平底刀

5. 工步规划

工步规划流程图如图 3-2-9 所示。

图 3-2-9 工步规划流程图

6. 规划工艺表

加工前，对刀具参数和切削用量进行规划。工艺表见表 3-2-1。

表 3-2-1 工艺表

工步	工步名称	刀具规格	加工后余量 /mm	吃刀深度 /mm	主轴转速 /(r/min)	进给速度 /(mm/min)	预估加工时间 /min
1	开粗前侧面	90°-0.3mm 锥度平底刀	0.3	0.5	8000	3000	37
2	开粗后侧面	90°-0.3mm 锥度平底刀	0.3	0.5	8000	3000	37
3	半精加工	90°-0.1mm 锥度平底刀	0.05	0.05	9000	2000	35
4	精加工	90°-0.1mm 锥度平底刀	0	0	12000	1000	30

3.2.3 确定过程管控方案

1. 管控方案分析

(1) 管控关键工步：采取工件余量测量　在精密加工过程中，为了保证加工精度，加工后余量通常是重点关注的问题，而且笔雕加工具有加工时间长、工序环节多等特点，加工后余量的控制在加工中显得尤为重要。

(2) 管控机床状态：采取机床状态检测 在加工过程中，机床运动会产生热伸长，使机床状态不稳定，影响加工精度。为了实现长时间稳定加工，保证加工精度，需要对机床状态进行管控，使机床在加工过程中处于稳定状态。

(3) 管控刀具状态：采用刀具磨损检测 在刀具切削材料的过程中，切削刃会发生一定的磨损，导致工件余量不均匀，在关键工步难以保证加工精度，因此需要对刀具状态进行检测。若刀具磨损在一定范围内，直接更新刀具参数即可；若刀具磨损超出一定范围，则需要更换刀具。

(4) 管控环境温度：采用车间温度监测 车间环境温度波动过大时，机床自身的加工状态难以维持稳定，机床会产生热伸长，影响加工精度，因此需要对车间温度进行监测，以方便对车间环境温度进行调节。

2. 采用的关键技术

工步设计（由于本工件材料特殊，所以没有采用在机测量技术）。

针对此项目，建议使用 SurfMill 软件的工步设计技术，将辅助指令融入到切削 NC 程序中，实现机床端的一键启动。除此之外，借助工步设计的逻辑功能，保证加工连续性，并且在软件端实现防呆功能，保证加工过程的安全，在软件端将加工风险降到最低。

3.2.4 数字化精密加工编程

1. 搭建数字化制造系统

(1) 导入数字模型 打开 JDSoft-SurfMill 软件，新建曲面加工文档。在导航工作条中选择 3D 造型模块，然后选择“文件→输入→三维曲线曲面”，分别导入毛坯、夹具等模型，如图 3-2-10 所示。

名称	显	加	颜	属	对...
工件					1
导动面					1
毛坯					3
转接板					7
清洁型单零点快换（...					3

图 3-2-10 导入数字模型

(2) 设置数字机床 在导航工作条中选择加工模块，选择【项目设置】菜单栏下的【机床设置】命令，设置机床参数，如图 3-2-11 所示。

(3) 设置数字几何体 选择【项目向导】菜单栏下的【创建几何体】命令，设置几何体参数，如图 3-2-12 所示。

(4) 创建数字刀具表 在“当前刀具表”中添加刀具，设置刀具参数，如图 3-2-13 所示。

(5) 设置几何体安装 选择【项目设置】菜单栏下的【几何体安装】命令，将创建好的几何体安装在 JDGR200T（UP13EHE）机床上，如图 3-2-14 所示。

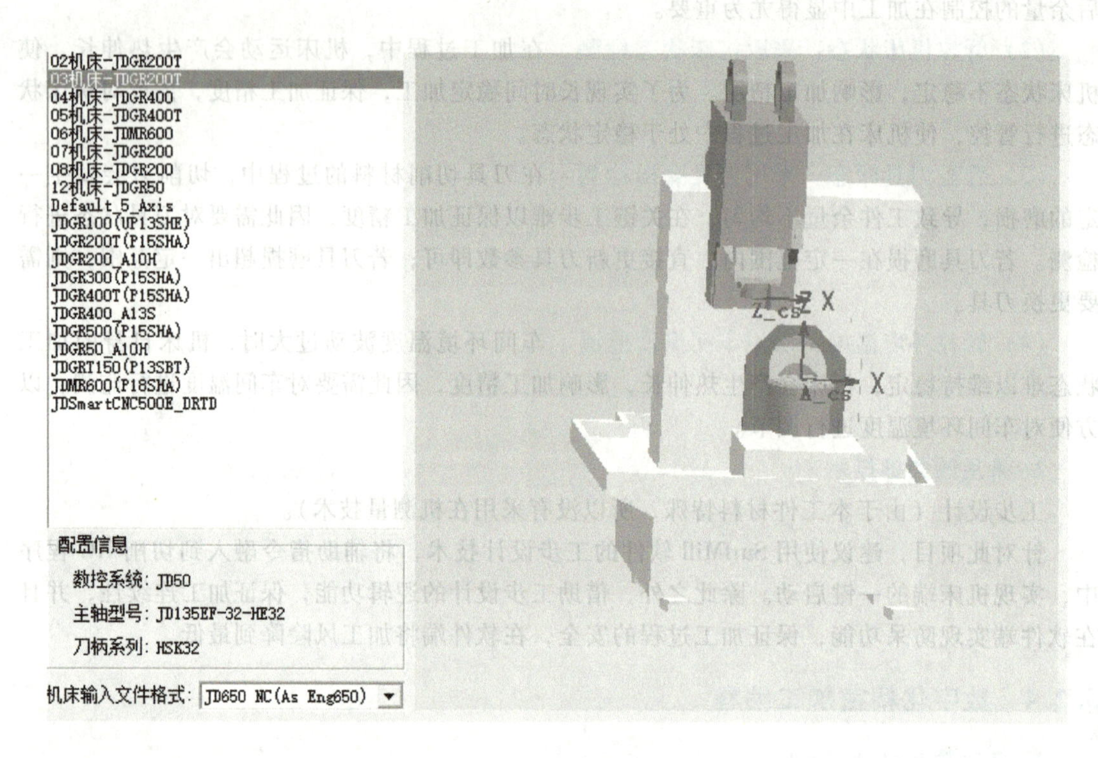

图 3-2-11 设置数字机床

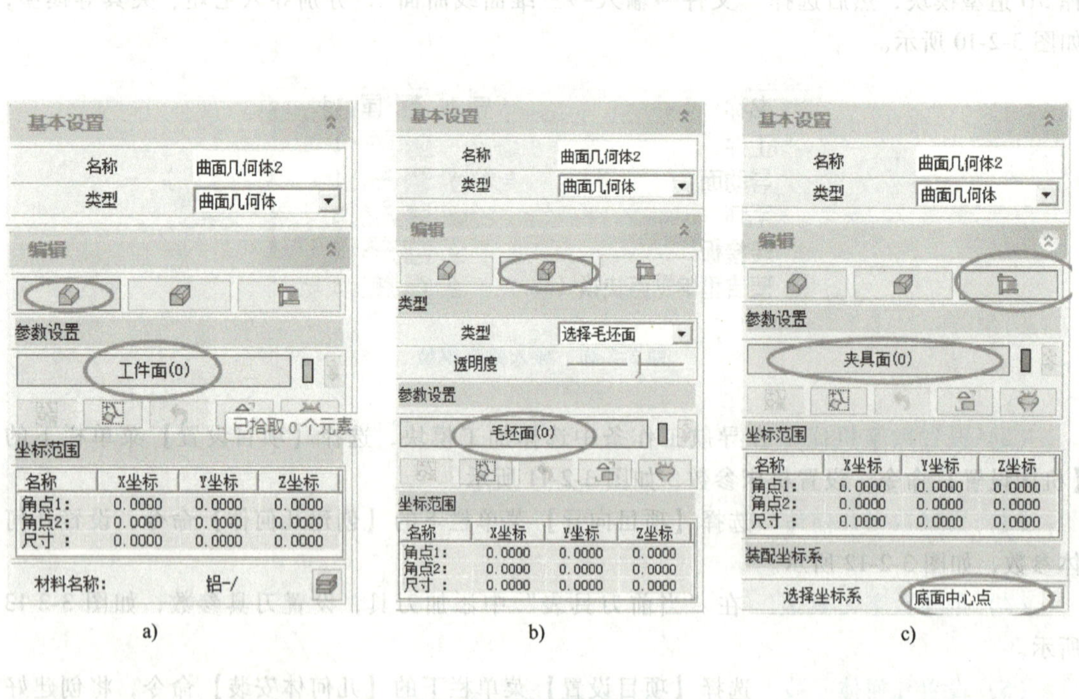

图 3-2-12 设置几何体参数

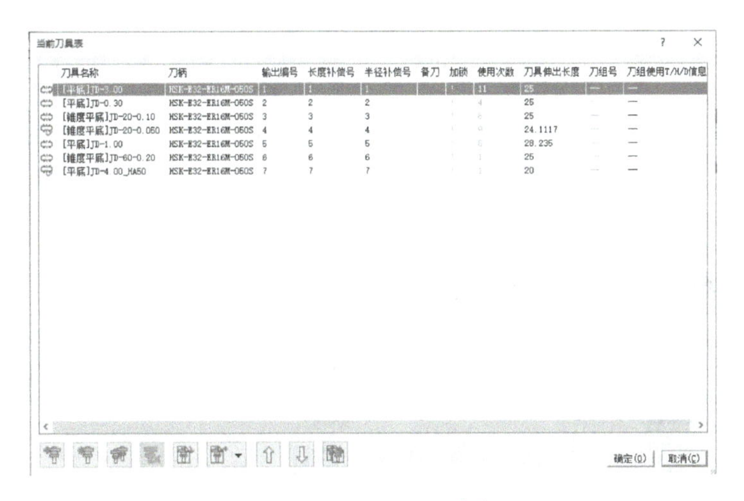

图 3-2-13　设置刀具参数

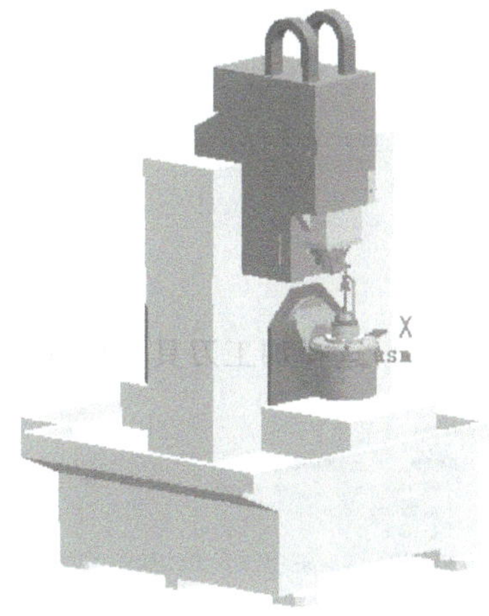

图 3-2-14　安装几何体

2. 数字化编程

(1) 粗加工　工件为轴类材料，粗加工只需在两侧面各开粗一半，需要创建前视图与后视图2个坐标系，使用5轴定位加工方式中的分层区域粗加工进行工件的粗加工，如图3-2-15所示。

由于材料为石墨，所以选择的加工刀具为0.3mm的平底刀，设置的路径间距为0.2mm，吃刀深度为0.5mm，主轴转速为8000r/min，进给速度为3000mm/min。

注意：加工前需要测量刀具振动，控制刀具振动在0.002mm以下。

(2) 导动面精加工　由于笔雕的曲面较为复杂，且表面质量要求很高，故选用5轴联动加工方式中的曲面投影加工指令进行工件的曲面加工，具体操作步骤如下。

1) 建立导动面。笔雕通体为椭圆柱体，根据导动面建立原则，要保证建立的导动面简单、单一且与工件外形相符，如图3-2-16所示。

图 3-2-15　粗加工

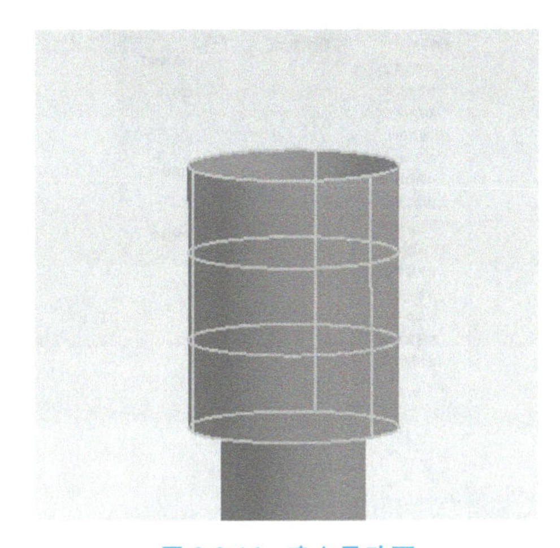

图 3-2-16　建立导动面

2) 选择曲面投影命令，如图3-2-17所示。

3) 选择加工面、导动面，设置加工余量，如图3-2-18所示。

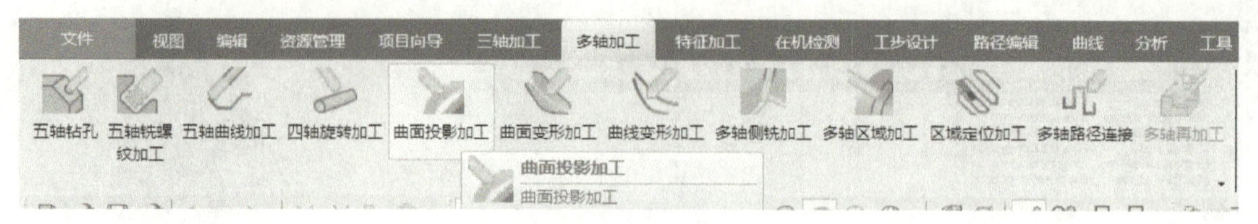

图 3-2-17　曲面投影命令

4）选择加工刀具，设置走刀参数，如图 3-2-19 所示。

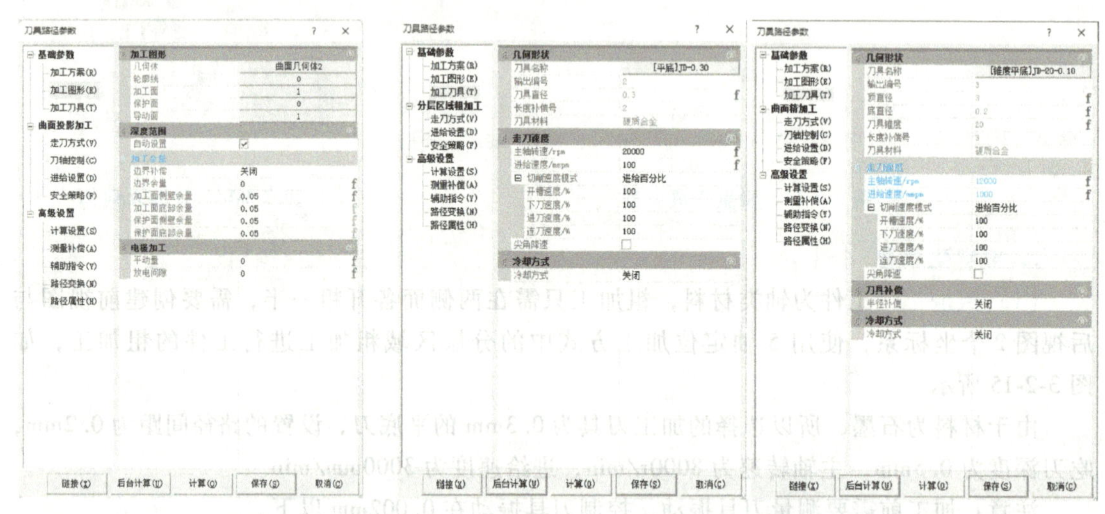

图 3-2-18　设置加工余量　　　　图 3-2-19　设置走刀参数

5）选择走刀方式，修改走刀方向为“螺旋”，如图 3-2-20 所示。

6）进行刀轴控制，如图 3-2-21 所示。

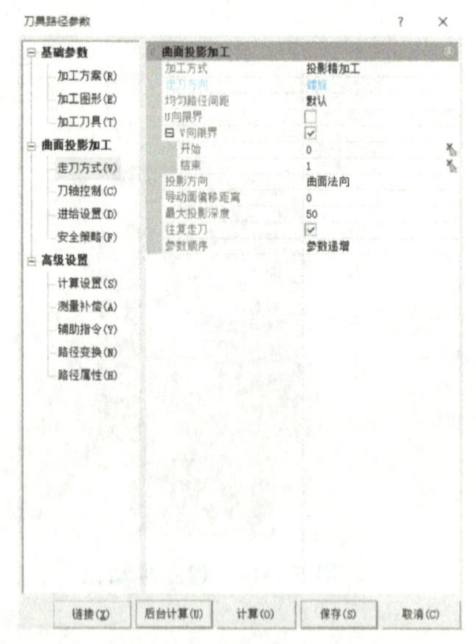

图 3-2-20　走刀方式

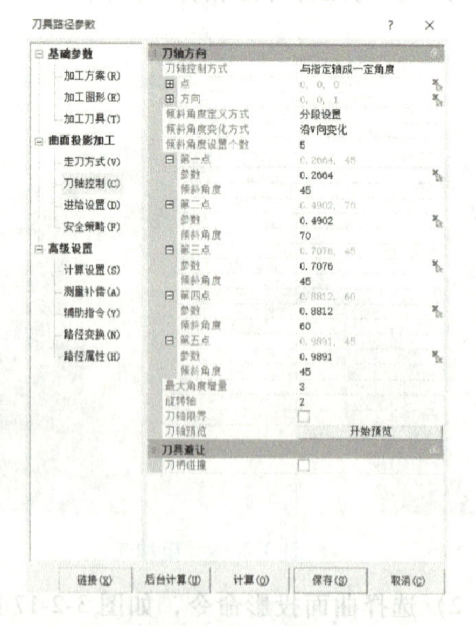

图 3-2-21　刀轴控制

7）修改进给，设置半精加工路径间距 0.2mm，精加工路径间距 0.1mm，如图 3-2-22 所示。

8）计算刀具路径，如图 3-2-23 所示。

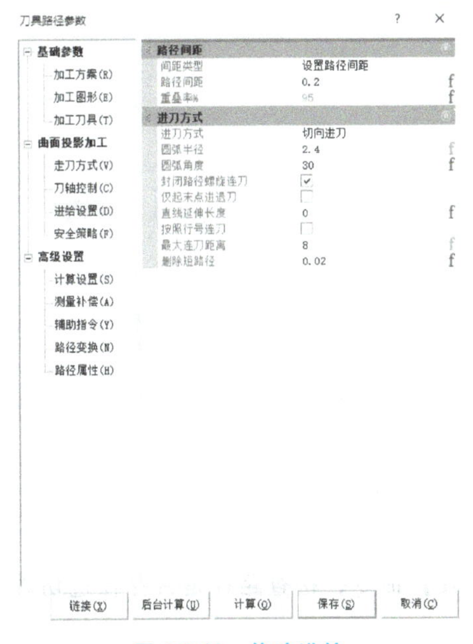

图 3-2-22　修改进给

图 3-2-23　计算刀具路径

3. 仿真验证

（1）线框模拟　在加工环境下，选择【线框模拟】命令，选择所有路径，以线框方式模拟加工过程，如图 3-2-24 所示。

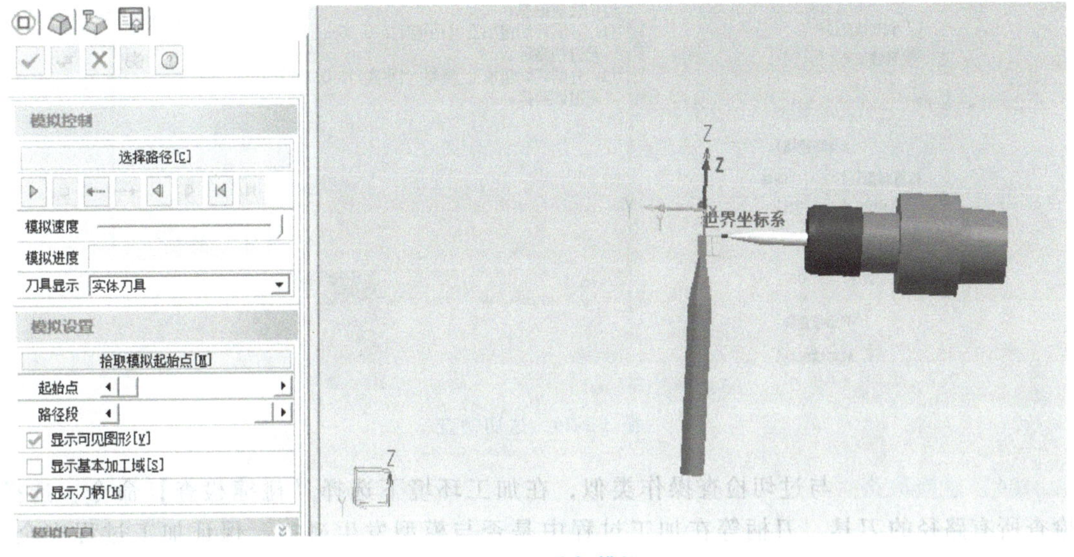

图 3-2-24　线框模拟

（2）实体模拟　在加工环境下，选择【实体模拟】命令，选择所有路径，以模拟刀具切削材料的方式模拟加工过程，如图 3-2-25 所示。模拟过程中编程人员应检查路径是否合理，是否存在安全隐患。

图 3-2-25　实体模拟

（3）过切检查　在加工环境下，选择【过切检查】命令，检查路径是否存在过切现象，如图 3-2-26 所示。

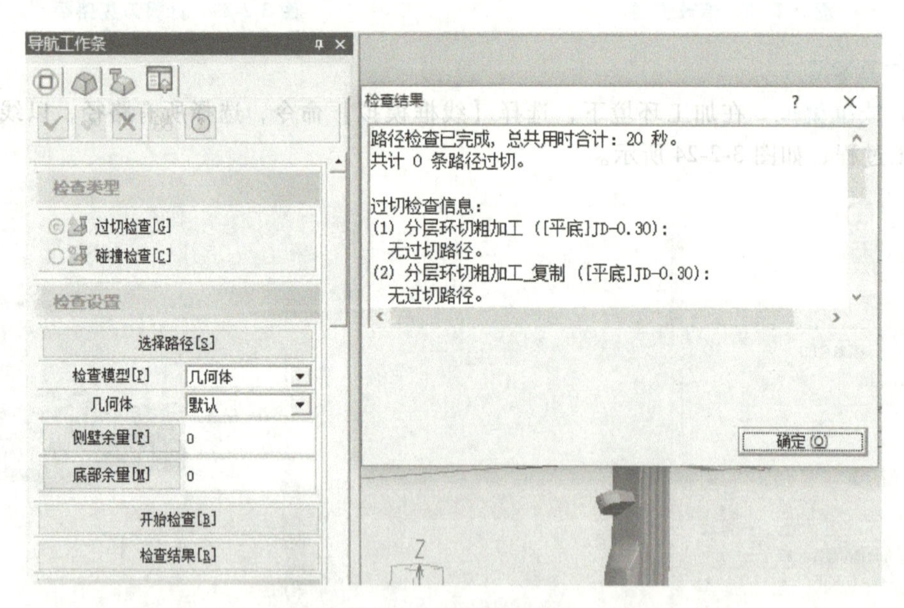

图 3-2-26　过切检查

（4）碰撞检查　与过切检查操作类似，在加工环境下选择【碰撞检查】命令，选择检查所有路径的刀具、刀柄等在加工过程中是否与模型发生碰撞，保证加工过程安全，并在弹出的检查结果中给出不发生碰撞的最短刀具伸出长度，以最优化备刀，如图 3-2-27 所示。

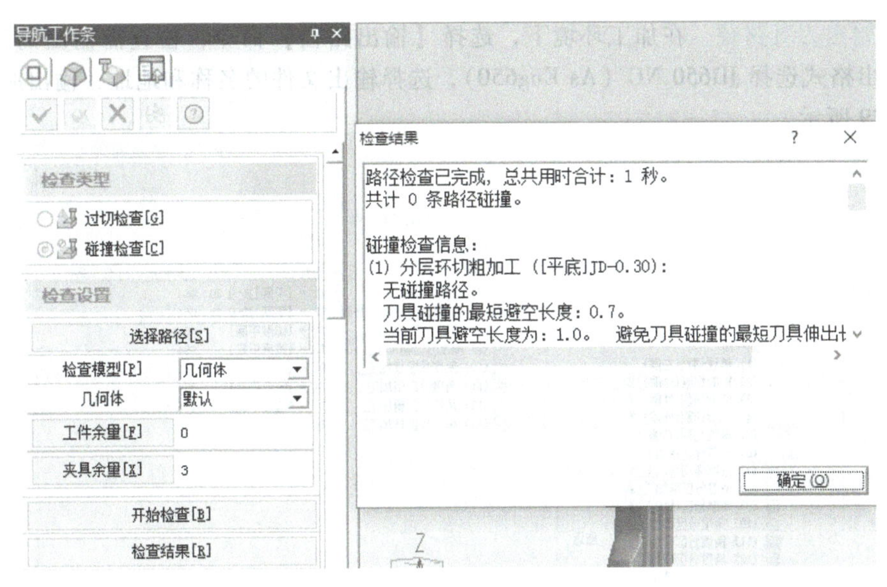

图 3-2-27　碰撞检查

（5）机床模拟　在加工环境下，选择【机床模拟】命令，检查运行所有路径时，机床各部件与工件、夹具之间是否存在干涉，各个运动轴是否有超程现象，如图 3-2-28a 所示。当路径的过切检查、碰撞检查和机床模拟都完成并正确时，“导航工作条”中的路径安全状态显示为绿色，如图 3-2-28b 所示。

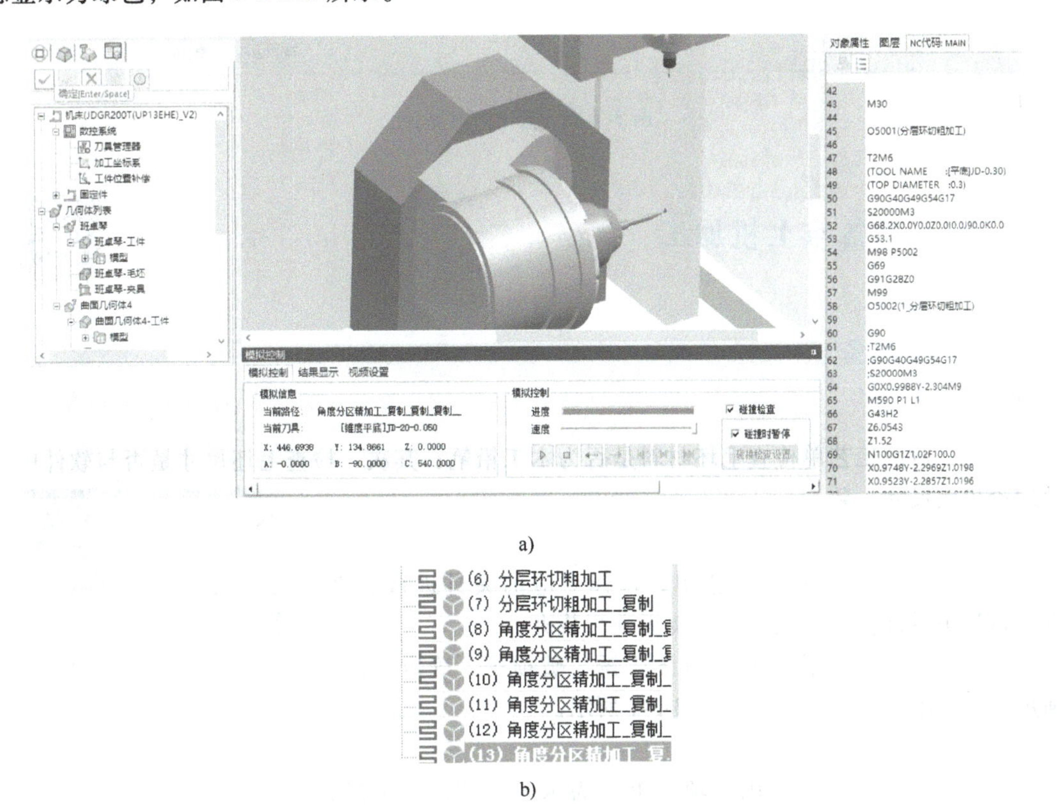

图 3-2-28　机床模拟

（6）输出刀具路径　在加工环境下，选择【输出路径】命令，检查需输出的路径有无疏漏，输出格式选择 JD650 NC（As Eng650），选择输出文件的名称和地址，输出所有路径，如图 3-2-29 所示。

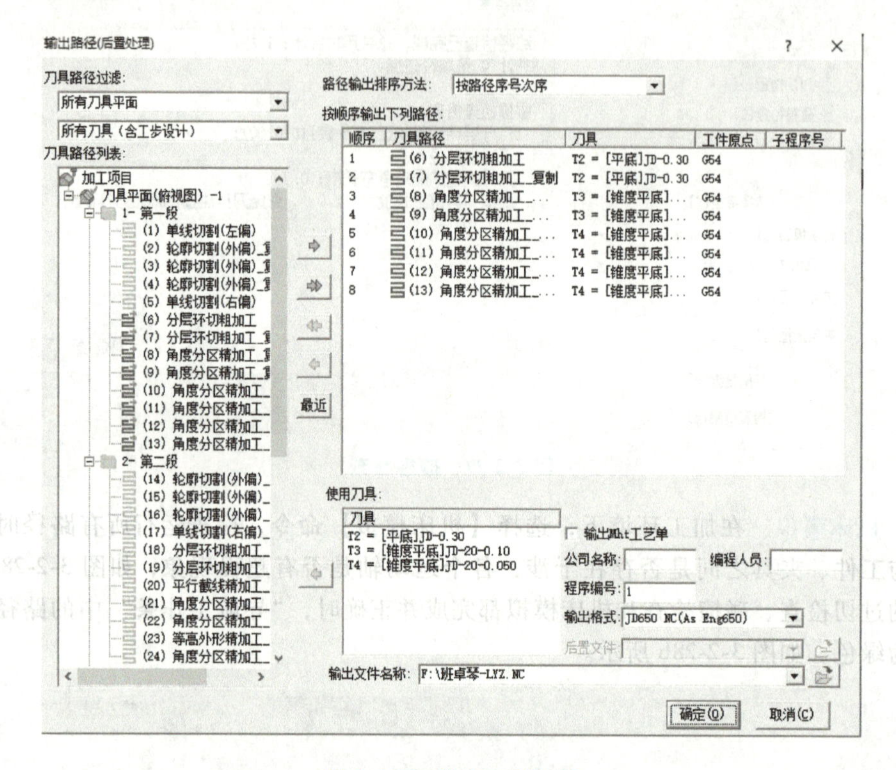

图 3-2-29　输出刀具路径

3.3　加工准备与上机加工

3.3.1　加工准备

1. 毛坯准备

首先，对照工艺单检查毛坯材料是否为木工铅笔；其次，检查毛坯尺寸是否与软件中所设理论模型尺寸一致。

2. 夹具准备

（1）夹具规格　对照工艺单，选择对应的夹具进行装夹。本项目选用零件快换系统配合吊装板进行装夹。

（2）夹具状态　检查夹具有无生锈、破损等，确定其能否满足加工要求，夹具状态，如图 3-3-1 所示。

图 3-3-1　夹具状态

3. 机床准备

（1）机床防护检查　因本项目毛坯为木工铅笔，加工过程中会产生木屑和石墨粉尘，所以不能采用喷切削液的方式进行冷却，建议采用风冷。为保证木屑和石墨粉尘不影响机床内部环境，应在机床工作台下方放置无尘布等，收集木屑和粉尘。

(2) 常规检查　观察主轴制冷机液位计，不低于 70 即可。

观察润滑油箱液位计，不低于 7 格即可。

检查机床加工区域内是否存留废屑，避免出现不同屑混合，影响后续清理和设备使用。

4. 刀具准备

(1) 刀具规格检查　根据工艺单，检查本项目加工中所需刀具规格，如图 3-3-2 所示。

刀具名称	刀柄	输出编号	长度补偿号	半径补偿号	备刀	加锁	使用次数	刀具伸出长度	刀组号	刀组使用T/H/D信息
[平底]JD-3.00	HSK-E32-ER16M-050S	1	1	1			11	25	—	—
[平底]JD-0.30	HSK-E32-ER16M-050S	2	2	2			4	25	—	—
[锥度平底]JD-20-0.10	HSK-E32-ER16M-050S	3	3	3			8	25	—	—
[锥度平底]JD-20-0.050	HSK-E32-ER16M-050S	4	4	4			9	24.1117	—	—
[平底]JD-1.00	HSK-E32-ER16M-050S	5	5	5			8	28.235	—	—
[锥度平底]JD-60-0.20	HSK-E32-ER16M-050S	6	6	6			1	25	—	—
[平底]JD-4.00_HA50	HSK-E32-ER16M-050S	7	7	7			1	20	—	—

图 3-3-2　刀具规格

(2) 刀具状态　检查刀具切削刃处是否存在磨损或破损，如图 3-3-3 所示。

(3) 装刀长度检查　对照工艺单中的建议装刀长度，使用钢直尺或游标卡尺等测量实际装刀长度，观察是否满足加工要求。检查过程如图 3-3-4 所示。

图 3-3-3　刀具状态

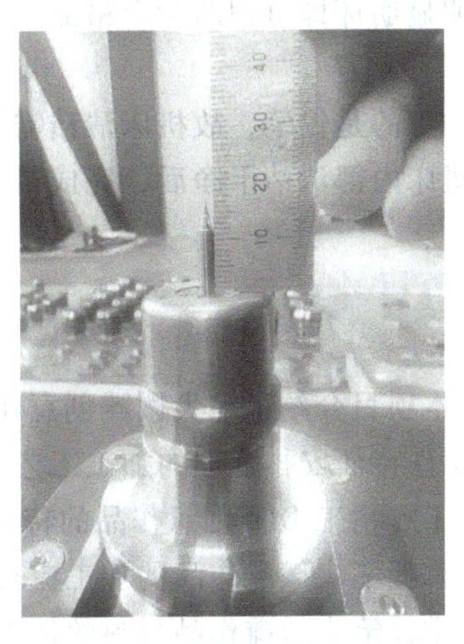

图 3-3-4　装刀长度检查

5. 环境准备

(1) 检查车间温度　用温度计检测车间温度波动，加工过程中的环境温度应尽量处于 (20±1.0)℃ (24h)，机床应避免安装在阳光直射位置或热源附近。

(2) 调节车间温度　建议通过中央空调调节车间温度，使车间温度达到稳定状态。

3.3.2　机床加工

1. 常规操作

(1) 机床操作　开启机床后，标定激光对刀仪与接触式对刀仪，确定初始工件坐标系，测头标定及校验轴心。

（2）装刀及刀具跳动管控　对照工艺单将刀具装在刀库对应刀号上，使用千分表（或激光对刀仪）检查半精加工和精加工刀具的跳动，刀具跳动控制在 0.002mm 以内；若刀具跳动不合格，则需将刀具退回刀具坊重新装夹。重复上述过程，完成所有刀具对刀工作。

（3）安装夹具与毛坯　对照工艺单安装毛坯，尽可能将零点快换系统安装在转台轴心位置，误差控制在 0.1mm 以内，使用千分表通过转动 C 轴，将夹具 X、Y 方向拉正。

（4）加工前调试　使用加工程序进行暖机（此处常规暖机即可）；使用测头根据工件外形特征调用对应分中程序分中。本项目使用的是微小刀具，为避免使用接触式对刀仪撞断刀具，使用激光对刀仪将所有刀长重新校验一遍，同时消除由于主轴热伸长引起的刀长误差。

（5）调入程序　检查并修改刀具编号、刀长补偿编号和工件坐标系等参数，然后单击【CF7 编译】键对程序进行编译，检查程序中是否存在错误，如程序出现编辑错误，进行编译时将会出现提示。

2. 试切及自动运行

（1）工件试切加工　先使用手轮试切，关闭自动冷却功能，观察加工程序是否正常，若正常关闭手轮试切功能，让程序自动运行。

（2）成品检验　因工件的特殊性，检查时主要通过观察工件特征和外观。特征加工到位，无明显崩坏即可判断为合格品。检查前注意使用气枪将工件清洁干净。

3. 清理机床

因加工的是铅笔，故机床清洁需使用吸尘器清除机床内废屑，注意清洁机床的隐蔽缝隙处。将机床内部清洁干净后，完成机床的日常维保工作。

3.4　项目小结

1）本项目介绍了笔尖微雕创意作品的加工方法和步骤，经过本项目的学习，应能够根据类似工件特征安排合理的加工工艺。

2）了解精工 DIY 创意作品的特点，熟悉精工 DIY 创意作品行业的现状和发展趋势。

3）掌握笔尖微雕作品的加工流程。

4）掌握笔尖微雕作品材料的加工特点。

5）掌握笔尖微雕作品加工的难点。

思考题

1. 讨论题

（1）笔尖微雕创意作品采用 3 轴加工还是 5 轴加工？为什么？

（2）石墨材料的加工特点有哪些？

（3）笔尖微雕创意作品结构复杂且尺寸精微，如何选择刀具？

（4）根据笔尖微雕创意作品的特点，如何确定过程管控方案？

（5）笔尖微雕创意作品数字化编程时，如何进行仿真验证？

(6) 为什么选择 JDGR200T 机床进行加工？

2. 判断题

(1) 由于笔雕的曲面较为复杂，且表面质量要求很高，故选用 5 轴联动加工方式中的曲面投影加工指令进行工件的曲面加工。(　　)

(2) 仿真模拟时，当路径的过切检查、碰撞检查和机床仿真都完成并正确时，“导航工作条”中的路径安全状态显示为绿色。(　　)

(3) 因本项目毛坯为木工铅笔，加工过程中会产生木屑和石墨粉尘，所以采取喷切削液的方式进行加工冷却。(　　)

(4) 用温度计检测车间温度波动，加工过程中的环境温度应尽量处于 (25±1.0)℃ (24h)。(　　)

(5) 安装夹具时，清洁工作台表面与工装夹具表面，将零点快换系统安装在转台轴心位置，误差控制在 0.1mm 以内，使用千分表，通过转动 C 轴将夹具 X、Y 方向找正。(　　)

项目4

精密模具零件——涡轮模具的加工

知识点

(1) 模具行业的加工特点。

(2) 涡轮模具的加工流程。

(3) 涡轮模具的工艺分析过程。

(4) 涡轮模具的编程要点。

(5) 涡轮模具加工过程管控技术和实施方法。

能力目标

(1) 会进行模具零件的工艺分析和工艺方案设计。

(2) 会规划模具零件的加工方案。

(3) 会进行模具零件的加工。

(4) 会进行机床状态管控。

(5) 会进行模具零件加工程序的编写。

(6) 会进行碰撞检查、过切检查、最小装刀长度计算。

(7) 会运用线框、实体模拟对刀具路径进行分析和优化。

(8) 完成工件实例产品的加工。

(9) 展示中国精密模具先进制造技术和先进国产关键装备，激发学生的民族自豪感和自信心。

4.1 项目背景介绍

4.1.1 模具概述

1. 模具介绍

模具是指工业生产上用注塑、吹塑、挤出、压铸或锻压成形、冶炼、冲压等方法得到所需产品的各种模子和工具。简而言之，模具是用来制作成形物品的工具，这种工具由各种零件构成，且不同的模具由不同的零件构成。它主要通过所成形材料物理状态的改变来实现物品外形的加工，素有“工业之母”的称号。

2. 模具的特点

（1）模具制造质量要求高　制造业的发展使得许多产品零件对模具质量的要求非常高，主要包括模具配件的尺寸精度、形状精度、加工精度和表面质量等，并且要求模具的使用寿命要长。

（2）模具制造材料硬度高　模具是用来制作成形物品的工具，对材料的硬度要求更高，一般均为淬火合金钢或硬质合金，采用非传统方法加工。

（3）模具制造加工难度高　模具一般由动、定模和型芯等组成，以二维或三维复杂曲面为主。而一般的切削加工方法只适合于加工几何形状简单的工件，所以模具的制造加工难度很高，精度也不容易保证。

（4）模具制造生产周期短　由于产品更新换代和市场竞争的加剧，模具制造必须缩短生产周期。采用快速成形技术生产模具比用传统方法可缩短 2/3 的时间。

（5）单件、成套性生产　因一套模具生产的制品具有复制性，故模具制造一般为单件生产。此外一个产品的各个零件往往需要使用多副模具来完成加工，即多副模具各自生产出的零件要经过装配最终形成完整的产品，这就使不同模具之间相互牵连，要考虑各套模具之间的衔接性。

3. 行业发展

模具工业是制造业产业升级和技术进步的重要保障，其设计和制造水平成为衡量一个国家综合制造能力的重要标志，同时也是一个国家的工业产品保持国际竞争力的重要保证之一。近年来，我国模具行业通过技术引进、消化吸收和再创新，实现了制造工艺快速提升，模具企业的专业化生产能力大幅增强，现代模具工业体系基本形成，行业得到了飞速发展。随着数字化、互联网/物联网、大数据分析和人工智能等创新技术的发展，模具产业结构和制造模式正不断重塑，数字化设计和精密加工这两大决定模具制造周期和质量的核心技术推动着中国模具制造业实现高质量发展。传统制模采用串行方式，制造过程中容易脱模，其质量依赖于人为因素，重复劳动多、再现能力差、加工周期长。与传统制模相比，现代模具采用并行方式，设计和制造基于共同的数学模型，可以在模具总体工艺方案指导下通过公共数据并行通信，相互协调，共享信息，其质量依赖于物化因素，再现能力强，整体水平容易控制，重复劳动少，加工周期短。

4.1.2　涡轮模具应用简介

涡轮模具应用于汽车零部件行业，用于涡轮增压器核心零件——涡轮的生产，如图 4-1-1 所示。涡轮模具的工作原理：10 组镶块通过基座连接组装后，移动至如图 4-1-2 所示

图 4-1-1　涡轮产品

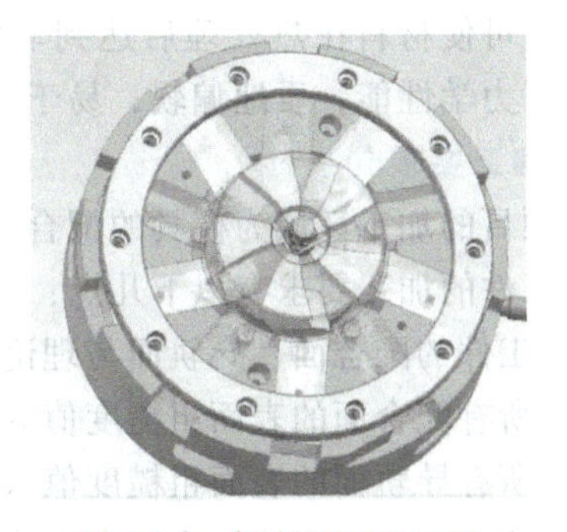

图 4-1-2　涡轮模具装配体

位置，然后将熔化的蜡注入模具装配体中，等蜡完全凝固后，退出模具，取出蜡芯，通过蜡芯进行精密铸造，形成壳体，然后向壳体中注入熔化的金属液体，待其彻底凝固后，形成最终产品——涡轮。

4.2 工艺分析与编程仿真

4.2.1 产品分析

1. 特征分析

本项目的产品为涡轮模具的模仁（即镶块）部分，有配合面、导轨面、孔等，如图 4-2-1 所示。涡轮模具由 10 件相同的模仁组成，如图 4-2-2 所示。模仁的尺寸规格为 42.5mm×41mm×101.6mm，模仁中最小圆角为 0.2mm；模仁上有一个沉孔、两个螺纹孔，其中沉孔直径为 ϕ10mm，螺纹孔尺寸为 M6。

2. 毛坯分析

本项目的来料毛坯为圆棒料粗毛坯，其尺寸规格为 ϕ80mm×138mm，如图 4-2-3 所示。

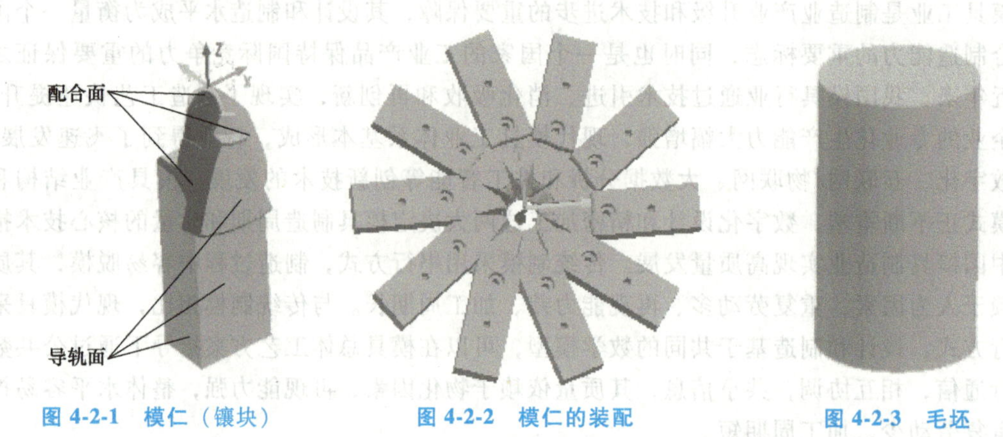

图 4-2-1 模仁（镶块） 图 4-2-2 模仁的装配 图 4-2-3 毛坯

3. 材料分析

本项目毛坯的材料为 7075 铝合金，是 7 系铝合金中一种常用的合金。常用的铝合金中强度最好的就是 7075 铝合金，普遍用于 CNC 切削制造的零部件，适用于飞机构架及高强度配件。7 系铝合金含有锌和镁元素，且锌是主要合金元素，所以其耐蚀性非常好，加上少许镁合金，可使材料在热处理后达到非常高的强度。7075 铝合金属于高强度可热处理合金，具有良好力学性能，质地偏软，易于加工，耐磨性好，是用于高压结构零件的高强度材料。

4. 加工要求分析

本项目的加工区域为模具的配合面、导轨面以及孔等，如图 4-2-4 所示。

该工件的加工要求有以下几点：

1）工件的配合面、导轨面与理论模型的偏差为-0.02~0mm。

2）所有配合面的表面粗糙度值 $Ra\leq0.8\mu m$。

3）所有导轨面的表面粗糙度值 $Ra\leq1.6\mu m$。

4）所有配合面相接处不能有刀痕。

5）表面不允许有任何磕碰、划伤、毛刺等缺陷。

5. 加工难点分析

（1）模仁的一致性　本项目中需要加工 10 件相同的模仁，其配合面与理论模型的偏差为-0.02~0mm，10 件模仁的配合面精度需保证在 5μm 以内，其一致性难以保证。

（2）配合面的圆角　本项目中模仁配合面的最小圆角为 0.2mm，使用 R1 球头刀半精加工完成后，圆角处残料过多，使用 R0.15 球头刀进行精加工时加工后余量不均匀，刀具会严重磨损甚至断裂，使配合面的加工精度难以保证。

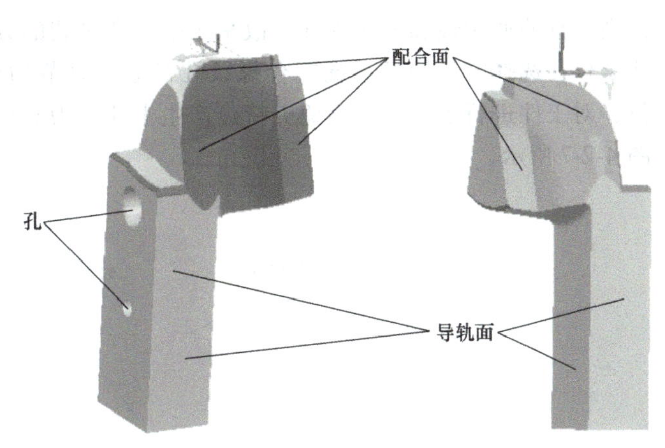

图 4-2-4　加工区域

4.2.2　确定加工方案

1. 选择加工方式

通过图 4-2-5 所示俯视图观察模仁，发现模仁加工特征存在多个负角面，如图 4-2-6 所示，如果选用 3 轴加工，需要进行多次装夹，加工接刀痕难以控制，而且需要制作专用工装进行装夹，成本高昂；多工序流转过程中，易对工件造成划伤等损害；对于配合面清根加工，刀具的伸出长度过大，刀具刚性减弱，加工质量降低。选择 5 轴加工可以进行工序合并，无须进行多次装夹，可有效降低夹具成本，有效控制不同工步的接刀痕，并减少工序流转中对工件的磕碰；且 5 轴加工可以任意调整刀轴角度，缩短刀具的伸出长度，提高刀具刚性，减少刀具磨损，提高工件的加工精度与表面质量。此外，该模仁局部特征不存在需要 5 轴联动加工的复杂曲面，综合考虑，推荐采用 5 轴定位加工方法。

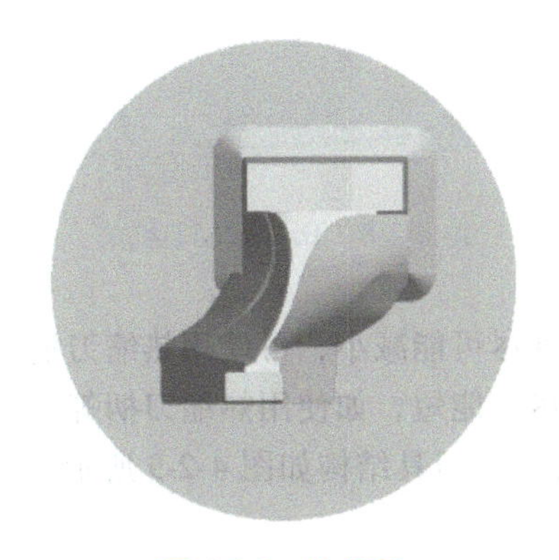

图 4-2-5　俯视图

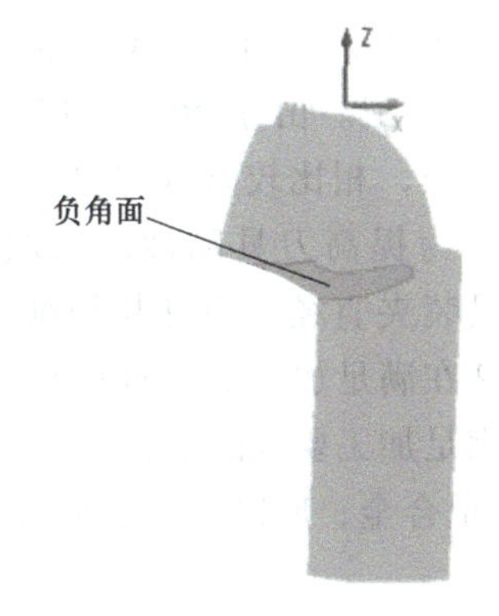

图 4-2-6　负角面分析

2. 选择装夹方式

本项目毛坯为 ϕ80mm×138mm（较成品高度要高）的粗坯，毛坯装夹一方面要考虑避免 5 轴加工的碰撞问题，另一方面要有效控制工件变形。本次生产为小批量加工（10 件），要提高夹具的通用性和夹持刚性，故采用螺纹孔吊装的方式：在螺纹孔吊装的同时增加定位销孔定位；选择零点快换系统配合螺纹孔吊装，以节约加工成本。另外，在工件中设计避空位，对工件进行了避空，避免夹持位产生干涉。为提高模具刚性，将避空位设计成锥面，如图 4-2-7 所示。

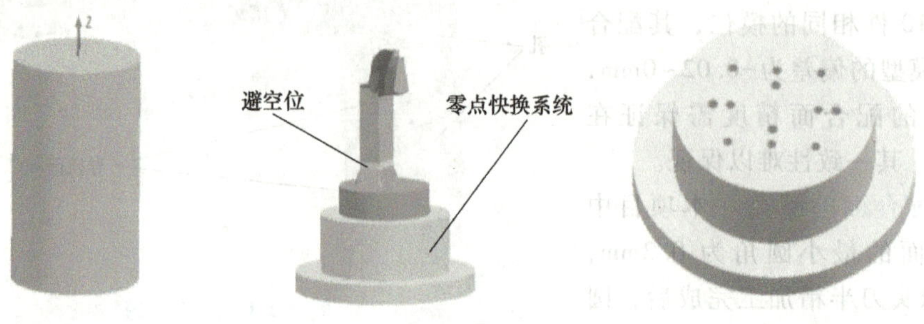

图 4-2-7　工装夹具

3. 选择加工设备

本项目使用 5 轴定位的加工方式，需选择 5 轴加工设备。工件的加工精度与表面质量要求较高，选择北京精雕集团全闭环 5 轴高速加工中心；毛坯的尺寸为 ϕ80mm×138mm，加上工装夹具的尺寸，整体尺寸符合 JDGR200T 机床行程，所以选择 JDGR200T 5 轴机床进行加工；开粗过程中吃刀深度较大，对于主轴刚性要求较高，选择 JD150S-20-HA50/C 型号的电主轴；工件的配合面、导轨面与理论模型的偏差为-0.02~0mm，为保证加工稳定性，并践行绿色制造，机床需配备在机检测（含激光对刀仪）、油雾分离器等附件。综上，选择 JDGR200T（P15SHA）机床进行加工，如图 4-2-8 所示。

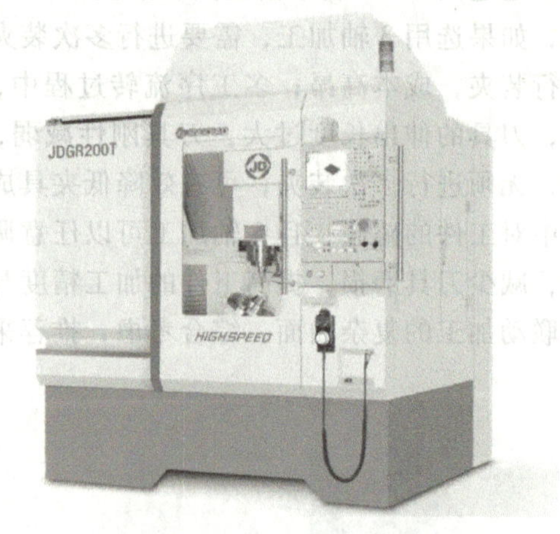

图 4-2-8　JDGR200T 机床

4. 选择关键刀具

本项目中最小圆角为 0.2mm，若使用 R0.2 球头刀进行加工，会出现过切，故使用 R0.15 球头刀进行加工。由于 R0.15 球头刀直径较小，刚性较弱，相比较常规刀具，极易发生断裂，因此，为提高刀具刚性，采取如下措施：①增大刀具装夹直径，刀杆与切削刃连接处增加锥度；②在满足加工要求的前提下，刀具的有效长度尽可能减小，可使用热缩刀柄进行装夹；③在满足加工要求的前提下，刀具的装夹长度要尽可能短，如使用热缩刀柄等。工件材料为 7075 铝合金，所以刀具必须为不带涂层的锋利刀具。刀具结构如图 4-2-9 所示。

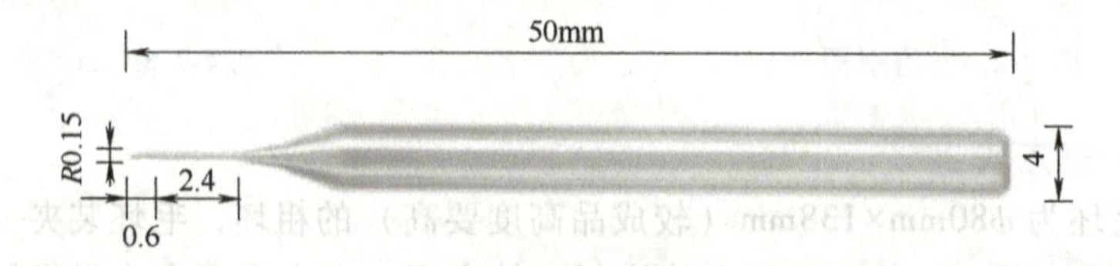

图 4-2-9　刀具结构

5. 规划工步

经过分析，本项目产品通过一道工序可完成加工，但需要多个工步。在精加工之前的所有工步有一个共同的目标：留给精加工的余量是均匀的。加工工步路线如图 4-2-10 所示。

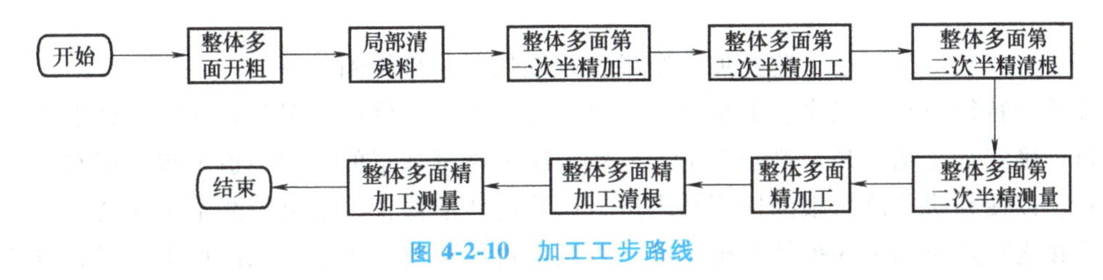

图 4-2-10　加工工步路线

4.2.3　确定管控方案

1. 管控方案分析

本项目工件精度要求较高。为保证加工质量，提高小批量生产的一致性，需要对涡轮模具加工过程进行管控。具体管控方案如图 4-2-11 所示。

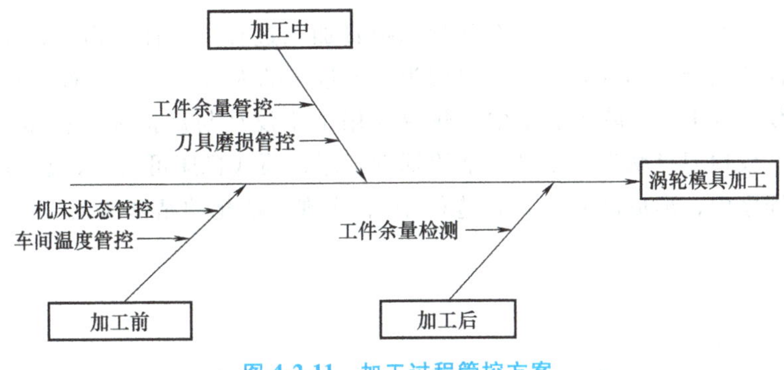

图 4-2-11　加工过程管控方案

(1) 加工前管控措施

1) 管控环境温度：采用车间温度监测。车间环境温度波动过大时，机床自身的状态难以维持稳定，机床会产生微量热变形，影响加工精度，因此需要对车间温度进行监测，从而对车间环境温度进行调节，尽可能保证加工过程中车间温度恒定。建议车间环境温度 A 为 18℃<A<24℃，A±2.0℃；机床空间温度梯度为 0.5℃/m；温度波动范围为<1.0℃/60min。

2) 管控机床状态：采取机床状态检测。在加工过程中，机床运动会产生大量的热量，机床内部温度变化会导致机床状态改变，影响加工精度。为了实现长时间稳定加工，保证加工精度，需要对机床状态进行管控，即进行充分暖机，使机床在加工过程中处于稳定状态。

(2) 加工中管控措施

1) 管控关键工步：采取工件余量测量。在精密加工过程中，为了保证加工精度，加工后余量通常是重点关注的问题。模具类产品加工具有加工时间长、工序环节多和使用刀具数量多等特点，余量的控制显得尤为重要，因此需要在关键工步之前，对上一工步所留余量进行检测。

2) 管控刀具状态：模具加工过程中，模芯的单个零件加工时间一般都比较长，要特别关注刀具磨损。如果在加工过程中，刀具发生一定的磨损，会导致加工精度降低，因此在模具加工的过程中，需要选用耐磨性较好的刀具，同时在工艺方面要想办法（调整工艺参数、选择优质的切削液等）降低刀具磨损。要特别关注刀具状态，借助先进技术监控刀具磨损量。若刀具磨损在一定范围内，应及时调整工艺参数；若刀具磨损超出一定范围，要及时更换刀具。

（3）加工后管控措施　监控加工结果：采取加工结果检测与评价。

在单一特征或整个工序加工结束后，可以在不拆卸工件的情况下，对加工结果进行检测和评价，确定加工结果是否符合要求。一般情况下精密加工的最后一道工步会留有公差允许的余量，以便在机检测后根据检测结果进行后续的智能修正。如果检测结果在公差允许范围内，直接进行后续加工或拆件下机即可；否则应根据检测结果进行二次加工，提高成品率。

2. 采用的关键技术

（1）在机检测　此项目中需要利用在机检测技术针对机床、工件和刀具三个方面进行智能修正。针对机床状态，主要利用在机检测智能修正机床原点漂移；针对工件状态，主要利用在机检测智能修正工件装夹存在的位置误差、监控余量分布状态、检测尺寸精度与几何精度，针对刀具状态，重点检测刀具实际状态，包括切削前的刀具精度、状态，切削后的磨损量等。

（2）工步设计与虚拟加工技术　在常规的模具加工过程中，往往需要诸多的人为干预，以保证加工过程的安全性和准确性，但也因为引入过多的人为干预，从而引入了人为误差和导致加工不连续。因此，在模具加工中，建议采用工步设计与虚拟加工技术，通过 SurfMill 软件，将暖机、校检刀具状态、工件清洁等辅助工序编写成机床可自主识别的程序，并融合到常规的加工程序中，形成高质量“智造程序”，实现智能化的精密加工。

4.2.4　数字化工艺设计与编程

1. 搭建数字化制造系统

（1）导入数字模型　打开 JDSoft-SurfMill 软件，新建曲面加工文档。在导航工作条中选择 3D 造型模块，然后选择“文件→输入→三维曲线曲面”，分别导入毛坯、夹具等模型，如图 4-2-12 所示。

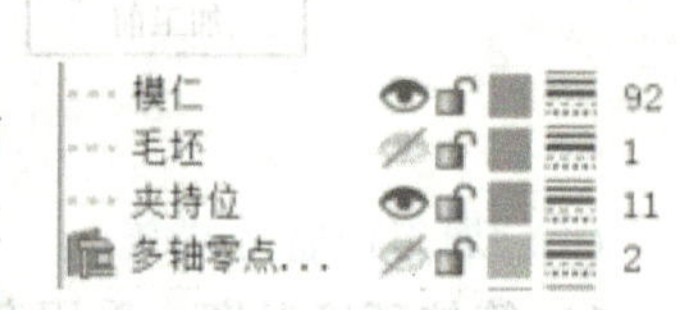

图 4-2-12　图层列表

（2）设置数字机床　在导航工作条中选择加工模块，选择【项目设置】菜单栏下的【机床设置】命令，选择 JDGR200T（P15SHA）机床，设置参数，如图 4-2-13 所示。

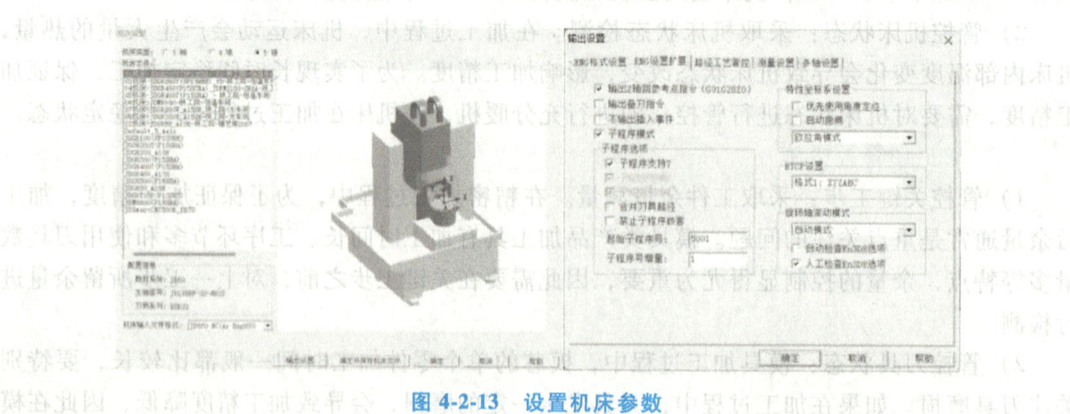

图 4-2-13　设置机床参数

（3）设置数字几何体　选择【项目向导】菜单栏下的【创建几何体】命令，设置几何体参数，如图 4-2-14 所示。

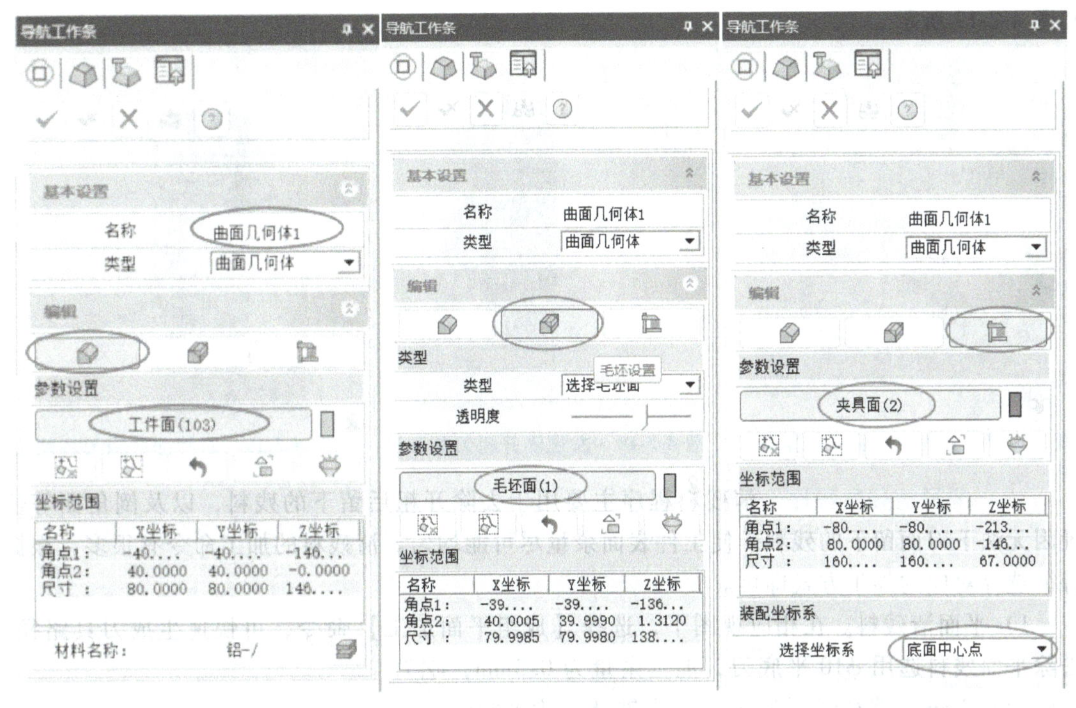

图 4-2-14　设置几何体参数

（4）创建数字刀具表　在“当前刀具表”中添加刀具，并设置刀具参数，如图 4-2-15 所示。

（5）设置几何体安装　选择【项目设置】菜单栏下的【几何体安装】命令，将创建好的几何体安装在 JDGR200T（P15SHA）机床上，如图 4-2-16 所示。

（6）完成数字化平台搭建　完成数字化平台搭建，如图 4-2-17 所示。

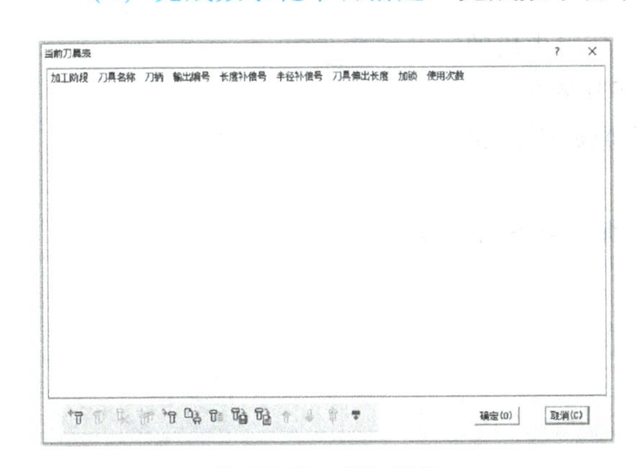

图 4-2-15　添加刀具

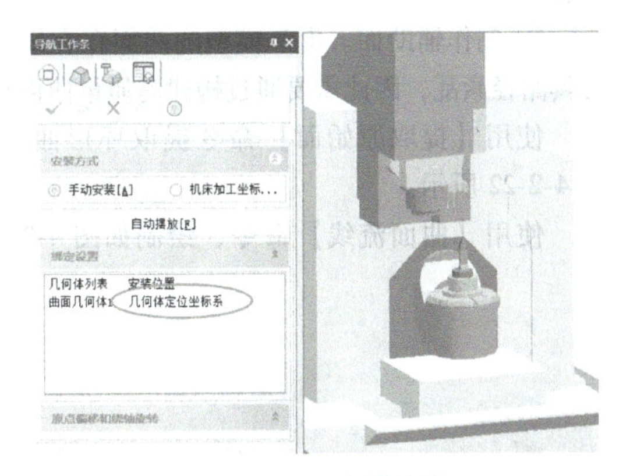

图 4-2-16　几何体安装

2. 编写数字化程序

（1）编写开粗程序　通过模型分析，使用【分层区域粗加工】命令，局部坐标系分别选择左视图和右视图进行开粗时，刀具的装夹长度更短，刀具刚性更好，切削效率更高，而且模型的负角面更少，开粗效果更好。刀具为 ϕ10-R0.5 牛鼻刀，加工余量为 0.3mm，吃刀深度为 0.8mm，主轴转速为 8000r/min，进给速度 3000mm/min。开粗刀具路径如图 4-2-18 和图 4-2-19 所示。

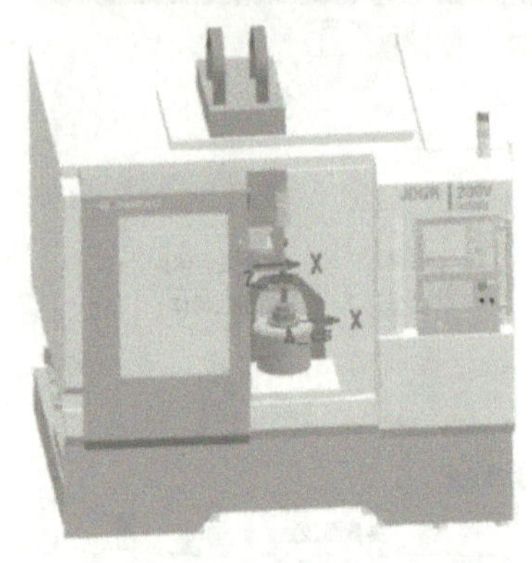

图 4-2-17　完成数字化平台搭建

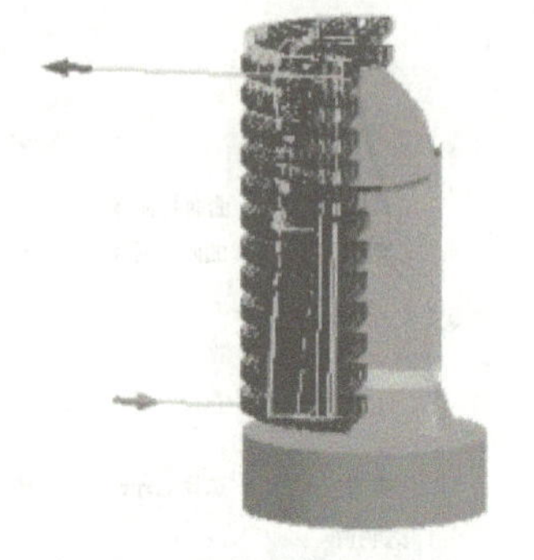

图 4-2-18　左视图开粗刀具路径

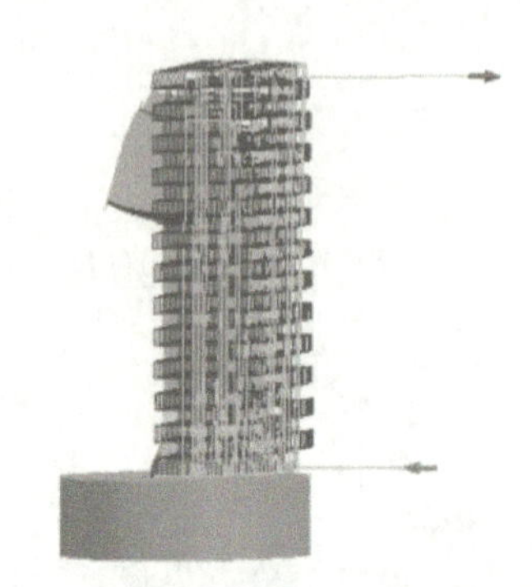

图 4-2-19　右视图开粗刀具路径

（2）编写清残料程序　清残料程序主要用于去除开粗后留下的残料，以及倒角面等位置因无法下刀而留下的残料，使工件表面余量尽可能均匀。清残料的加工命令有很多，根据特征选择对应的加工方式即可。

1）平面清残料。在相应视图下，选择【成组平面加工】命令，可快速生成刀具路径。去除平面残料选用 ϕ10 平底刀，加工余量为 0.3mm，吃刀深度为 0.3mm，路径间距为 5mm，主轴转速为 8000r/min，进给速度为 2000mm/min，如图 4-2-20 所示。

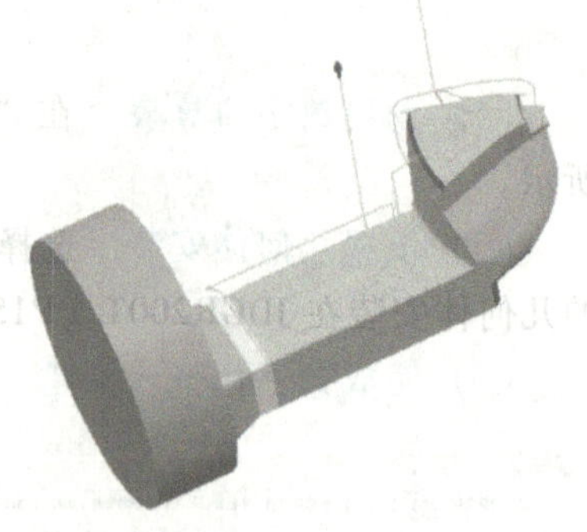

图 4-2-20　成组平面清残料

2）无负角旋转曲面清残料。旋转曲面如图 4-2-21 所示，无负角，其圆角半径为 2mm，因此可采用【等高外形】命令进行加工。若采用球头刀进行加工，刀具的伸出过长，刚性不足，加工效果难以保证，因此选择 ϕ10-R0.5 牛鼻刀加工。

① 制作辅助面。由于模型的曲面存在缺陷，使得生成的刀具路径紊乱，因此需要通过构建高质量曲面提高刀路质量。

使用【提取原始面】命令提取环形曲面为原始面，如图 4-2-22 所示。

使用【曲面流线】命令，绘制如图 4-2-23 所示两条辅助线。

图 4-2-21　旋转曲面　　图 4-2-22　提取原始面　　图 4-2-23　提取曲面流线

使用【线面裁剪】命令，用刚绘制的两条线将原始面裁剪成两段，删除多余曲面，如图 4-2-24 和图 4-2-25 所示。

辅助面制作完成。

② 在相应视图下，选择【等高外形精加工】命令，用 ϕ10-R0.5 牛鼻刀去除曲面残料，加工余量为 0.3mm，吃刀深度为 0.1mm，主轴转速为 8000r/min，进给速度为 2000mm/min，如图 4-2-26 所示。

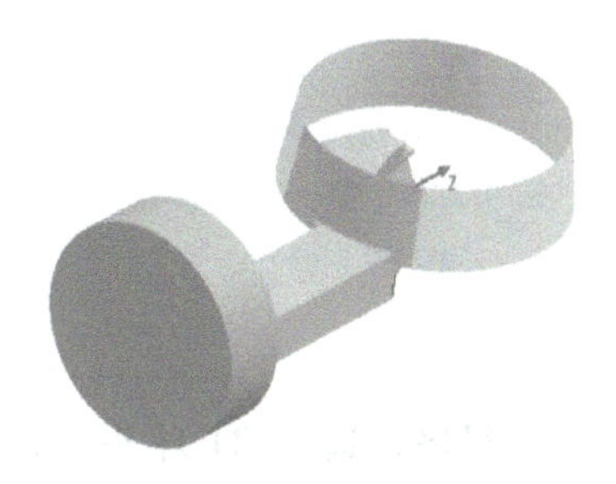

图 4-2-24　裁剪原始面

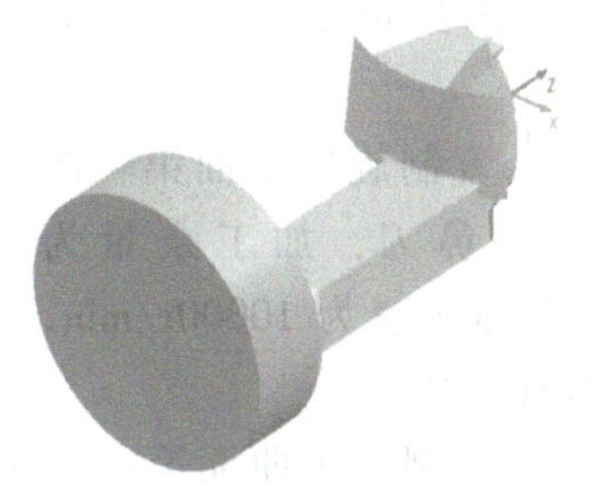

图 4-2-25　原始面结果

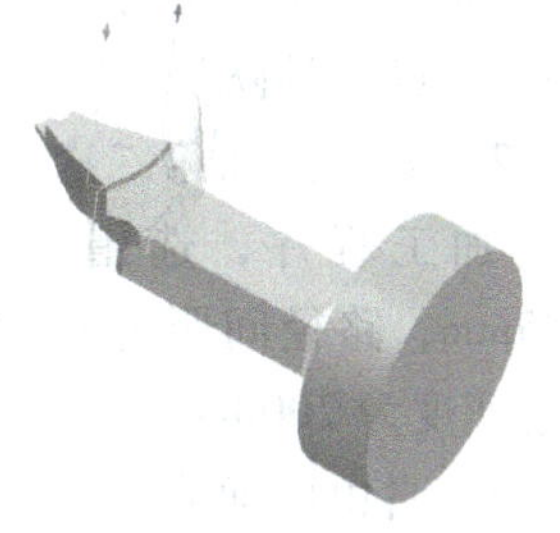

图 4-2-26　等高外形清残料

3）自由曲面清残料。如图 4-2-27 所示，该特征为较平坦的复杂曲面，而且毛坯开粗完成后，已经接近工件形状，因此可以使用【平行截线】命令加工该特征，另外需要建立局部坐标系，避免用刀尖切削，影响加工表面质量。

选择合适的角度，建立局部坐标系，选择【平行截线】命令，用 R1.5 球头刀去除曲面残料，加工余量为 0.3mm，路径间距为 0.2mm，主轴转速为 12000r/min，进给速度为 2000mm/min，如图 4-2-28 所示。

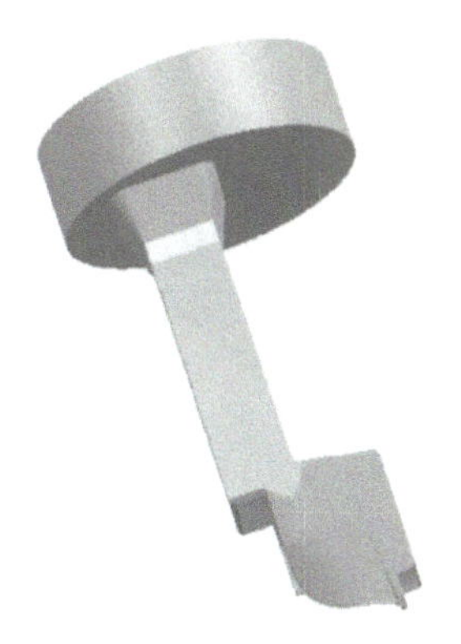

图 4-2-27　自由曲面

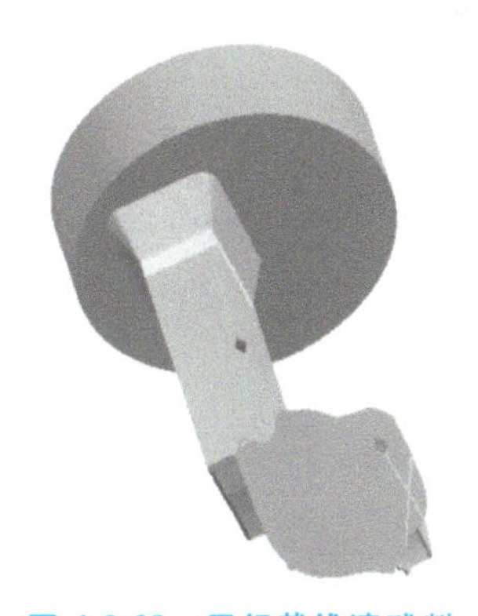

图 4-2-28　平行截线清残料

（3）编写第一次半精加工程序

1）平面第一次半精加工。复制清残料平面加工程序，选用 ϕ10 平底刀，加工余量为 0.15mm，路径间距为 5mm，主轴转速为 12000r/min，进给速度为 2000mm/min，生成刀具路径。

2）旋转曲面第一次半精加工。复制清残料旋转曲面程序，选用 ϕ10-R0.5 牛鼻刀，加工余量为 0.15mm，路径间距为 1mm，主轴转速为 10000r/min，进给速度为 2000mm/min，生成刀具路径。

3）自由曲面第一次半精加工。复制清残料自由曲面程序，选用 R1.5 球头刀，加工余量为0.15mm，路径间距为0.15mm，主轴转速为12000r/min，进给速度为2000mm/min，生成刀具路径。

第一次半精加工刀具路径如图4-2-29所示。

图4-2-29 第一次半精加工刀具路径

(4) 编写第二次半精加工程序

1）平面第二次半精加工。复制平面第一次半精加工程序，选用ϕ10平底刀，加工余量为0.05mm，路径间距为5mm，主轴转速为10000r/min，进给速度为2000mm/min，生成刀具路径。

2）旋转曲面第二次半精加工。复制旋转曲面第一次半精加工程序，选用ϕ10-R0.5牛鼻刀，加工余量为0.05mm，路径间距为0.05mm，主轴转速为10000r/min，进给速度为2000mm/min，生成刀具路径。

3）自由曲面第二次半精加工。复制自由曲面第一次半精加工程序，选用R1球头刀，加工余量为0.05mm，路径间距为0.06mm，主轴转速为12000r/min，进给速度为2000mm/min，生成刀具路径。

第二次半精加工刀具路径如图4-2-30所示。

(5) 编写半精加工清根程序 如图4-2-31所示，该特征处最小圆角半径为0.2mm，若使用小刀具加工曲面，圆角也能加工到位，但是加工效率太低；若使用大刀具加工曲面，圆角处会存在大量残料，无法加工到位，造成加工后尺寸余量不均匀，加速刀具磨损，加工精度难以保证。因此，需要对圆角单独使用小刀具进行加工，保证加工后尺寸余量均匀，也能提高加工效率。

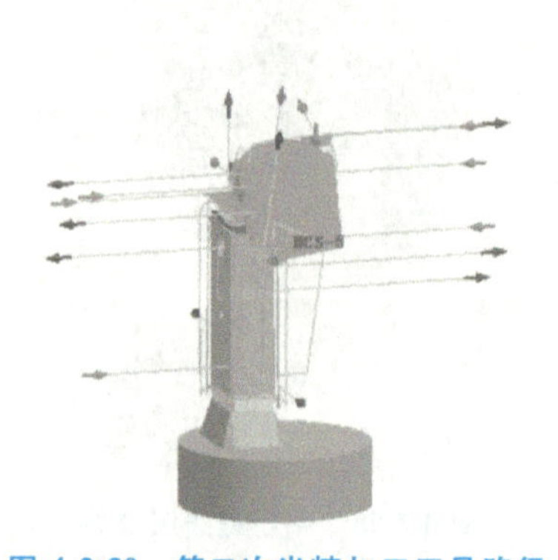

图4-2-30 第二次半精加工刀具路径

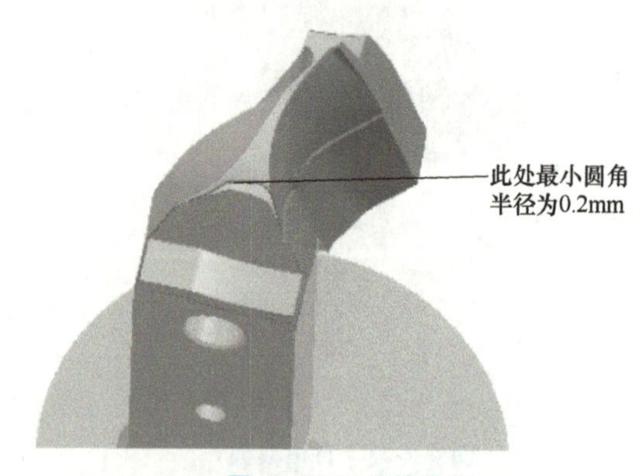

图4-2-31 工件特征

1）创建辅助线。大部分的清根路径不需要创建辅助线，极少数特殊情况则需创建辅助线，通过辅助线约束刀具路径。这一步将创建曲面清根路径所需的辅助线，并将其放入对应的图层中。

首先，在加工环境下将工件转到合适的角度下（要求能目测到加工特征的所有面），通过“与视平面一致”的方式建立局部坐标系，将坐标系名称改为“清根-1”，如图4-2-32步骤所示。

然后按图4-2-33所示进行操作。

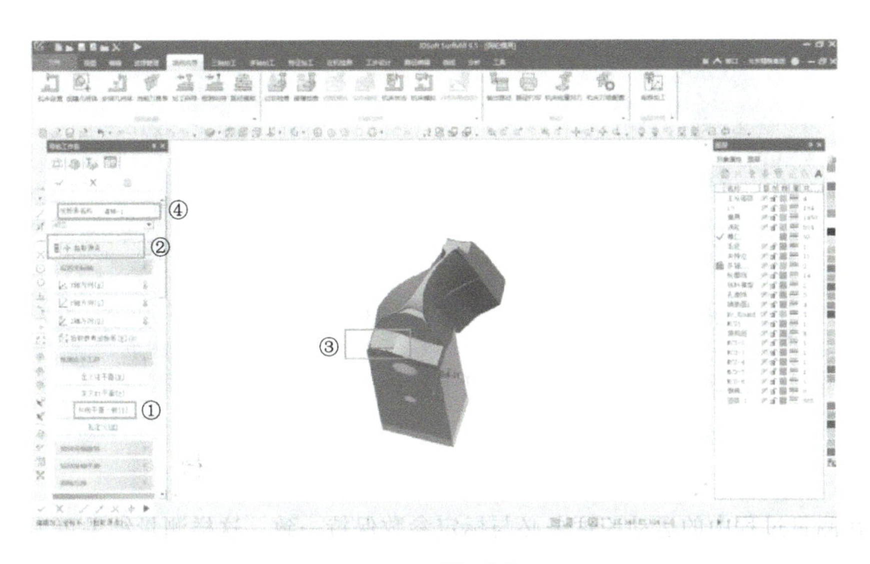

图 4-2-32　清根步骤一

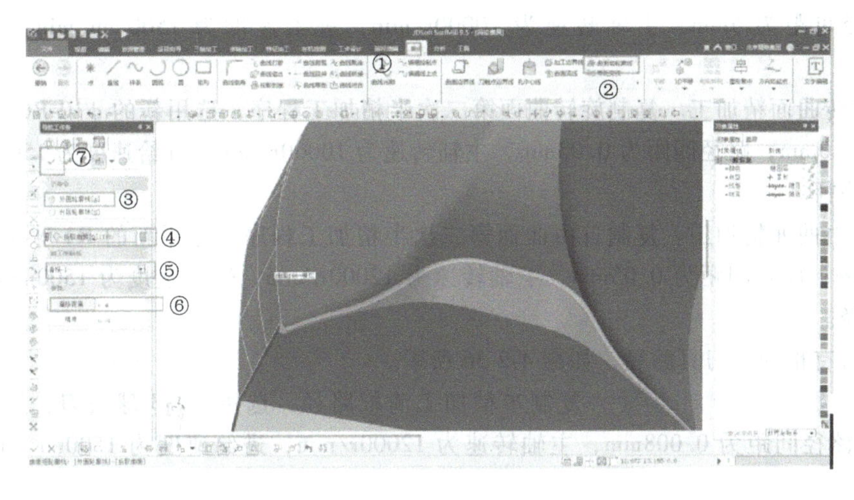

图 4-2-33　清根步骤二

注意：

① 第④步需要选中圆角及其周边所有相邻的面。

② 偏移距离小于刀具半径即可。偏移距离过大，会加工到不需要加工的面，造成其他面的划伤；偏移距离过小，会干涉刀具路径的生成，一些细小的区域无法生成刀具路径。

最后，将生成的辅助线放入对应图层中。

2）编写清根加工程序。单击【曲面清根加工】命令，生成清根刀具路径，选用 R0.5 球头刀，加工余量为 0.05mm，路径间距为 0.02mm，主轴转速为 12000r/min，进给速度为 1500mm/min，如图 4-2-34 所示。

（6）编写半精加工测量程序　选择合适的角度，建立局部坐标系，选择【点组】命令，设置测量域，选择 5mm 测针，数据输出类型设置为数据及公差，测头首次触碰速度改为 300mm/min，生成测量路径如图 4-2-35 所示。

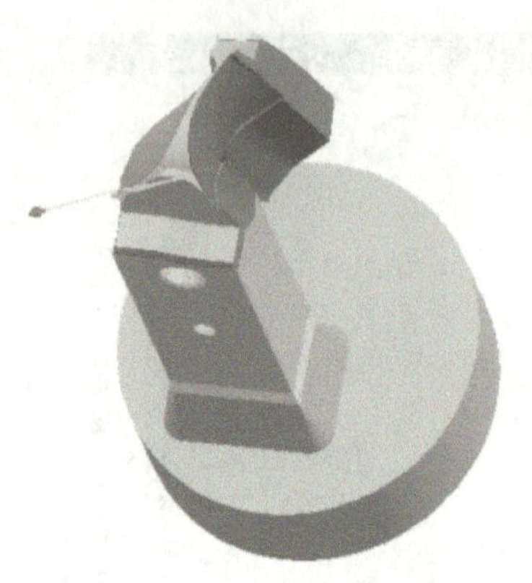

图 4-2-34 清根刀具路径

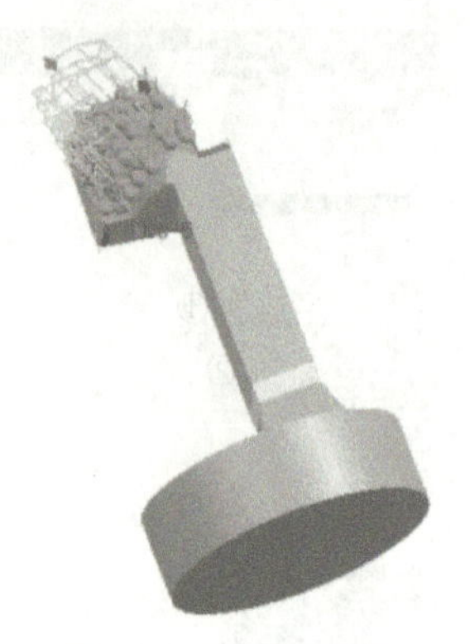

图 4-2-35 测量路径

注意：

测头在测量过程中的运动速度务必与标定参数保持一致，这样测量结果更为准确。

(7) 编写精加工程序

1）平面精加工。复制平面第二次半精加工程序，选用新的 ϕ10 平底刀，加工余量为 0mm，路径间距为 5mm，主轴转速为 10000r/min，进给速度为 1500mm/min，生成刀具路径。

2）旋转曲面精加工。复制旋转曲面第二次半精加工程序，选用新的 ϕ10-R0.5 牛鼻刀，加工余量为 0mm，路径间距为 0.03mm，主轴转速为 10000r/min，进给速度为 1500mm/min，生成刀具路径。

3）自由曲面精加工。复制自由曲面第二次半精加工程序，选用新的 R1 球头刀，加工余量为 0mm，路径间距为 0.05mm，主轴转速为 12000r/min，进给速度为 1500mm/min，生成刀具路径。

生成所有精加工刀具路径，如图 4-2-36 所示。

(8) 编写精加工清根程序　复制半精加工清根路径，选用 R0.3 球头刀，加工余量为 0.02mm，路径间距为 0.008mm，主轴转速为 12000r/min，进给速度为 1500mm/min，生成刀具路径。

复制上一步清根加工路径，选用 R0.15 球头刀，加工余量为 0mm，路径间距为 0.004mm，主轴转速为 12000r/min，进给速度为 1500mm/min，生成刀具路径，如图 4-2-37 所示。

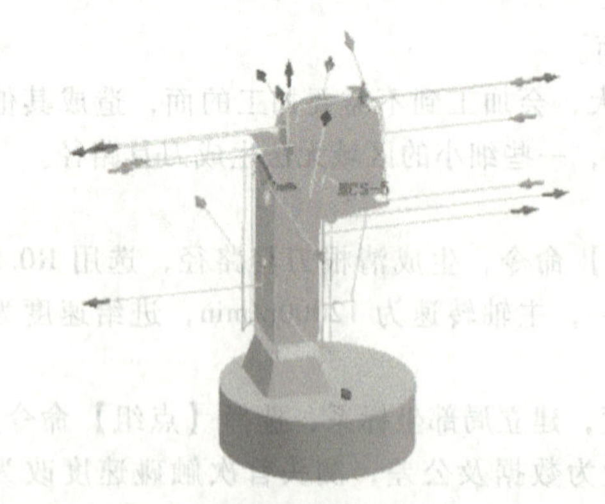

图 4-2-36 精加工刀具路径

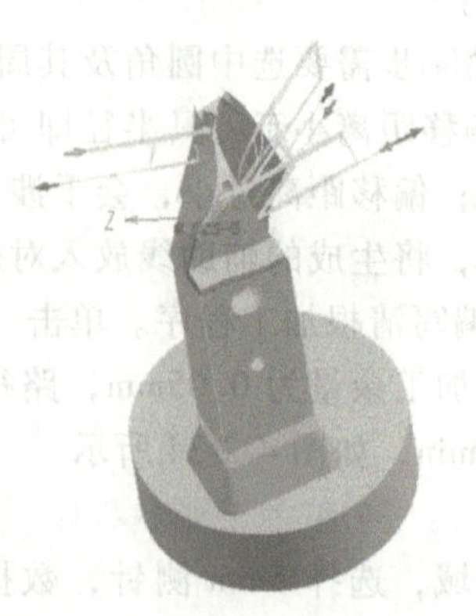

图 4-2-37 精加工清根刀具路径

使用小刀具清根时，必须采用层层递进的方式进行清根，如：对于半径为 0.2mm 的圆角，半精加工采用 R2 球头刀进行加工，则清根时，先使用 R1 球头刀清根，再使用 R0.5 球头刀清根，然后使用 R0.3 球头刀清根，最后使用 R0.15 球头刀清根。若直接使用 R0.15 球头刀清根，由于圆角残料过多，会导致清根刀具直接断裂。

(9) 编写倒角程序　模型中的倒角分为两种：①未标注倒角，这类倒角采用倒角刀去毛刺即可；②已标注的倒角，这类倒角尺寸一般较大，需采用球头刀加工。

1）未注倒角编程。选择合适角度作为局部坐标系，采用【单线切割】命令，使用倒角刀进行加工，设置参数，生成刀具路径，如图 4-2-38 所示。

2）已标注倒角编程。选择合适角度作为局部坐标系，采用【等高外形精加工】命令，使用球头刀进行加工，设置参数，生成刀具路径，如图 4-2-39 所示。

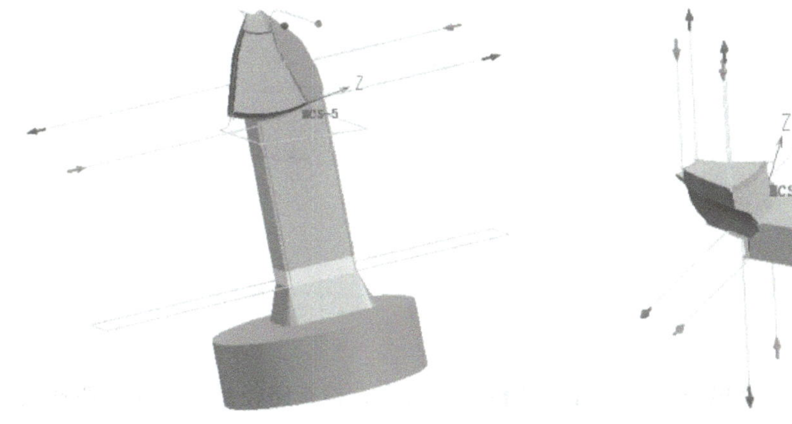

图 4-2-38　未注倒角刀具路径

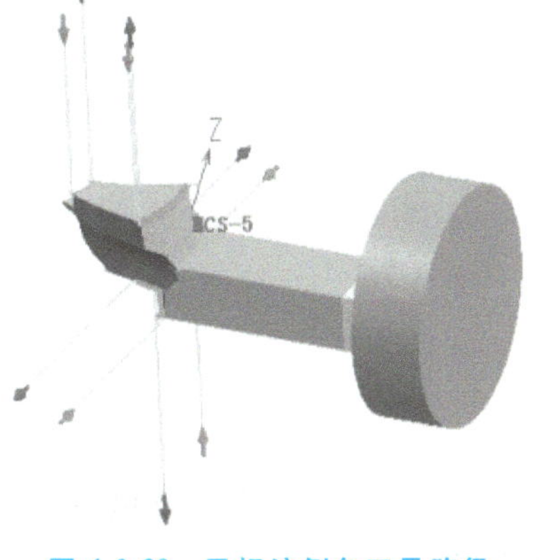

图 4-2-39　已标注倒角刀具路径

3. 虚拟仿真加工验证

(1) 线框模拟　在加工环境下，选择【线框模拟】命令，选择所有刀具路径，以线框方式模拟路径加工过程，如图 4-2-40 所示。

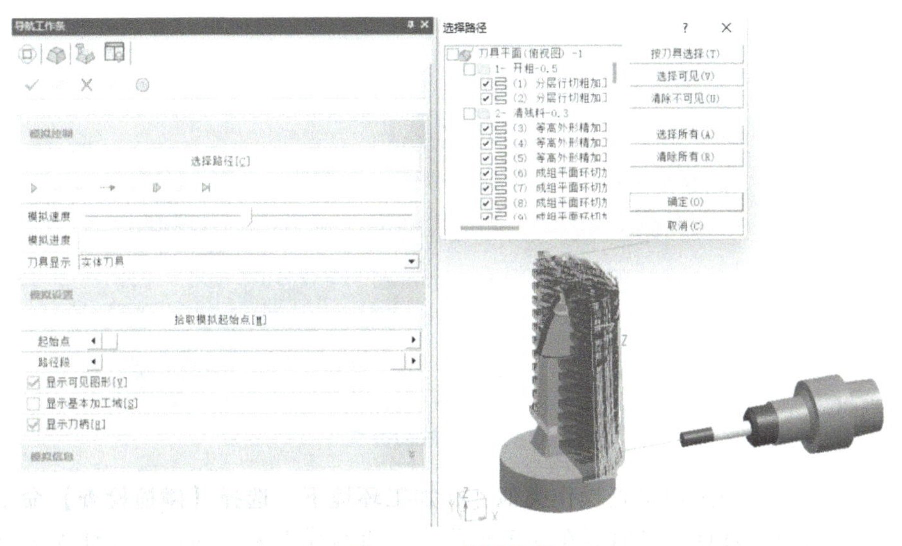

图 4-2-40　线框模拟

（2）实体模拟　在加工环境下，选择【实体模拟】命令，选择所有刀具路径，模拟刀具切削材料的方式模拟加工过程，如图 4-2-41 所示。模拟过程中编程人员应检查路径是否合理，是否存在安全隐患。

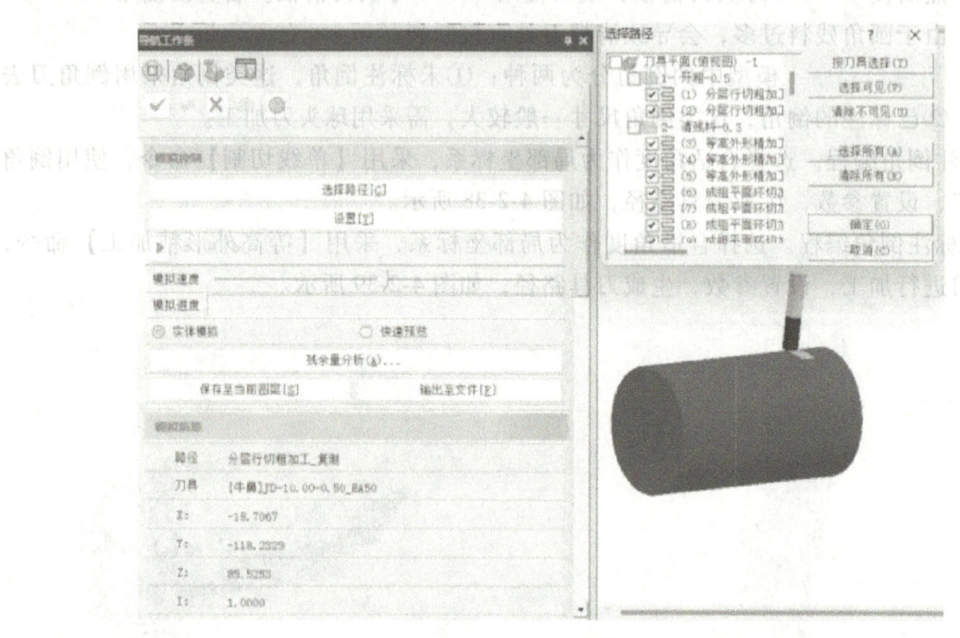

图 4-2-41　实体模拟

（3）过切检查　在加工环境下，选择【过切检查】命令，检查路径是否存在过切现象，如图 4-2-42 所示。

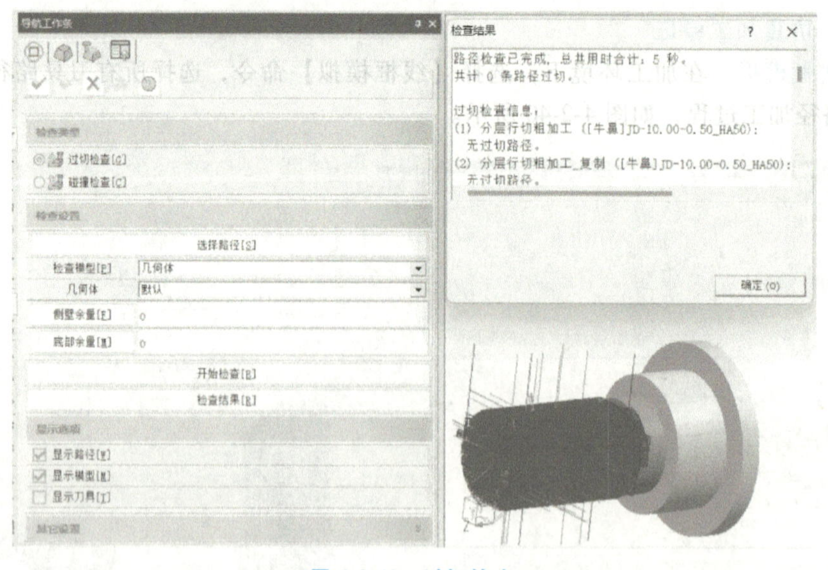

图 4-2-42　过切检查

（4）碰撞检查　与过切检查操作类似，在加工环境下，选择【碰撞检查】命令，选择检查所有刀具路径的刀具、刀柄等在加工过程中是否与模型发生碰撞，保证加工过程的安全，并在弹出的检查结果中显示不发生碰撞的最短刀具伸出长度，以最优化备刀，如图 4-2-43 所示。

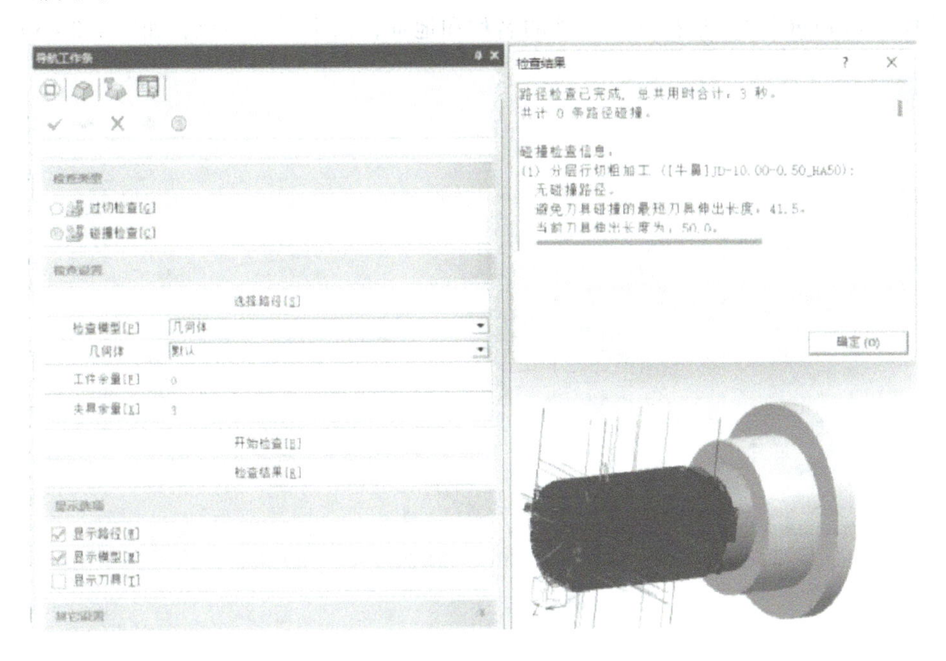

图 4-2-43　碰撞检查

（5）机床模拟　在加工环境下，选择【机床模拟】命令，检查运行所有路径时，机床各部件与工件、夹具之间是否存在干涉以及各运动轴是否有超程现象，如图 4-2-44 所示。当路径的过切检查、碰撞检查和机床模拟都完成并正确时，“导航工作条”中的路径安全状态显示为绿色，如图 4-2-45 所示。

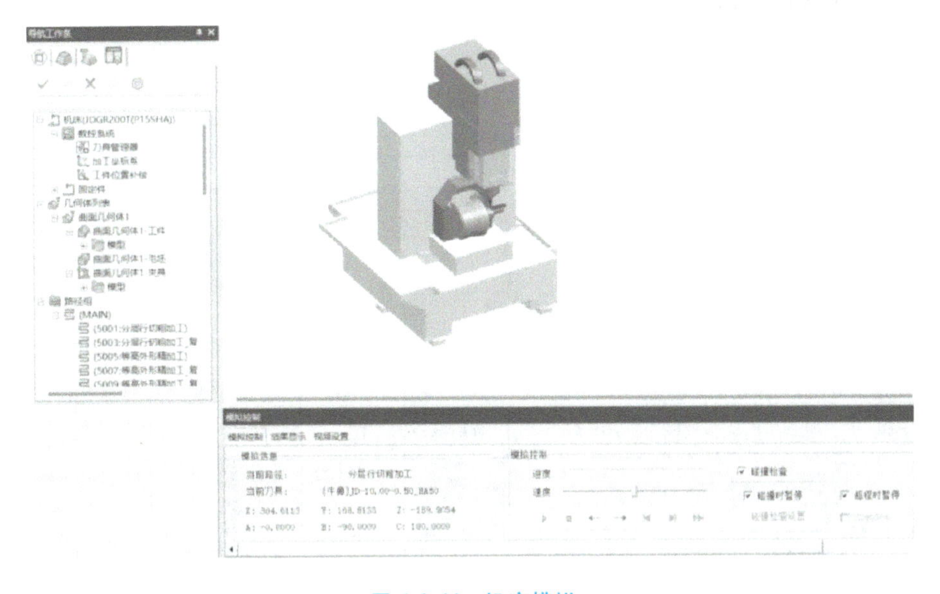

图 4-2-44　机床模拟

4. 输出刀具路径

在加工环境下，选择【输出路径】命令，检查需输出的路径有无疏漏，输出格式选择JD650 NC（As Eng650），选择输出文件的名称和地址，输出所有路径，如图 4-2-46 所示。

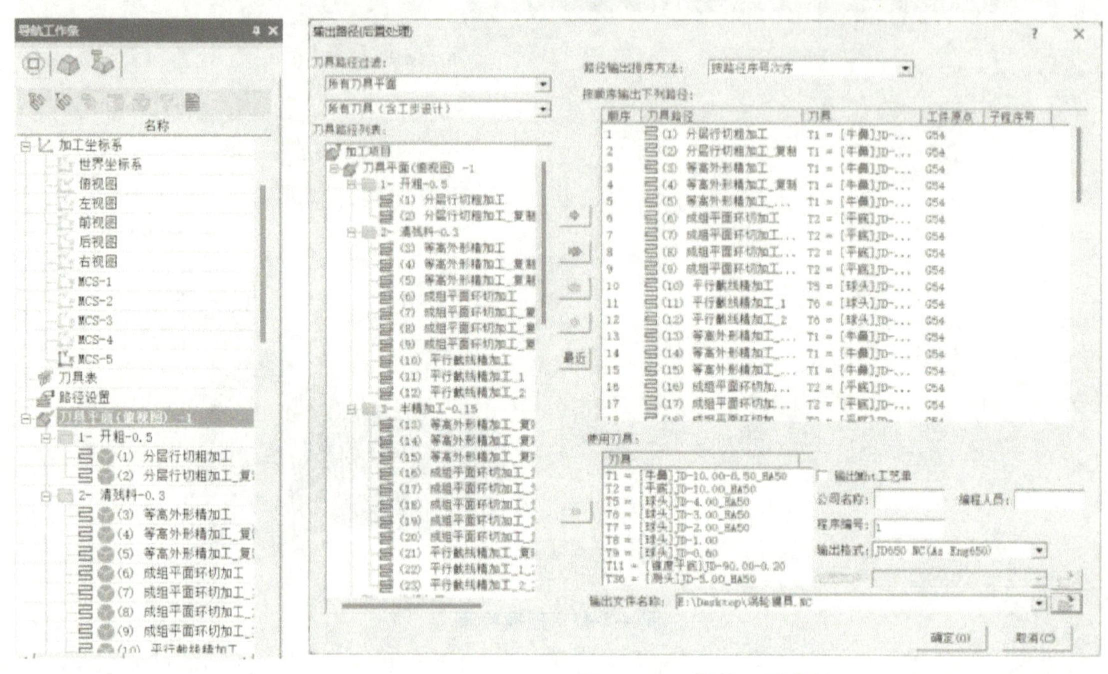

图 4-2-45 路径显示　　图 4-2-46 输出刀具路径

5. 输出程序单

在加工环境下，选择【路径打印】命令，选择所有刀具路径，选择程序单以及竖向模式，输出程序单文件，如图 4-2-47 所示。

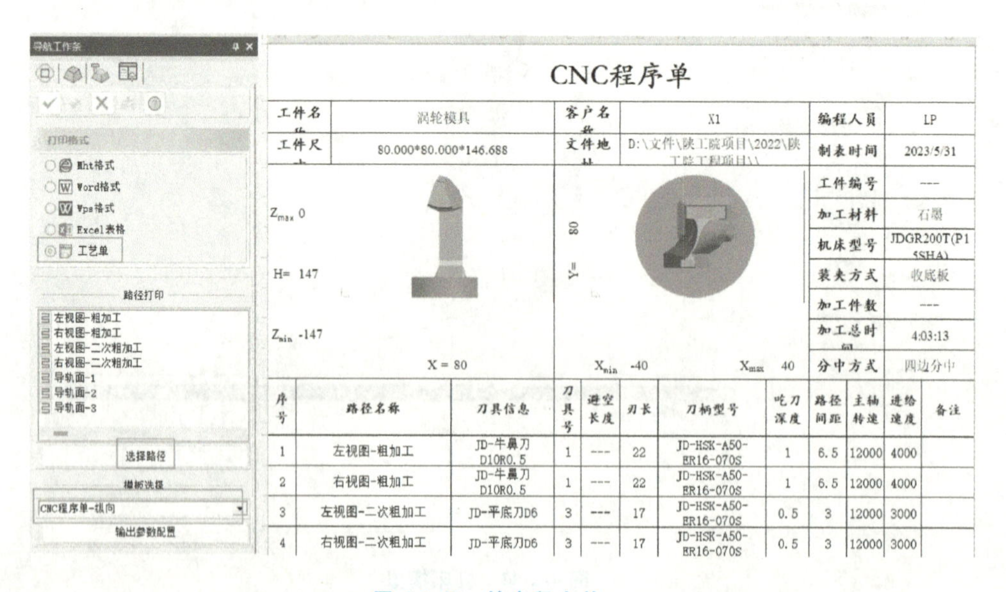

序号	路径名称	刀具信息	刀具号	避空长度	刃长	刀柄型号	吃刀深度	路径间距	主轴转速	进给速度	备注
1	左视图-粗加工	JD-牛鼻刀 D10R0.5	1	---	22	JD-HSK-A50-ER16-070S	1	6.5	12000	4000	
2	右视图-粗加工	JD-牛鼻刀 D10R0.5	1	---	22	JD-HSK-A50-ER16-070S	1	6.5	12000	4000	
3	左视图-二次粗加工	JD-平底刀D6	3	---	17	JD-HSK-A50-ER16-070S	0.5	3	12000	3000	
4	右视图-二次粗加工	JD-平底刀D6	3	---	17	JD-HSK-A50-ER16-070S	0.5	3	12000	3000	

图 4-2-47 输出程序单

4.3　加工准备与上机加工

4.3.1　生产准备

1. 毛坯准备

首先，对照工艺单检查毛坯材料是否为 7075 铝合金；其次，检查毛坯尺寸是否与软件中所设理论模型尺寸 ϕ80mm×138mm 一致；另外，检查毛坯的吊装孔位置及螺纹孔尺寸是否正确；最后，检查毛坯外形与热处理情况，判断是否影响后续加工。毛坯如图 4-3-1 所示。

图 4-3-1　毛坯

2. 夹具准备

（1）夹具规格　对照工艺单，选择对应的夹具进行装夹。本项目选用零件快换系统配合吊装板进行装夹。

（2）夹具状态　检查夹具状态，确定其能否满足加工要求，重点检查零点快换系统的拉钉和定位面是否正常。

3. 机床准备

（1）切削液浓度检查　使用折光仪检测切削液浓度是否为 5%~8%。折光仪如图 4-3-2 所示。

（2）水箱液位检查　观察液位计示数，一般保证液位处于 7~8 格之间即可。液位计如图 4-3-3 所示。

（3）排屑器滤网检查　观察刮板排屑器滤网是否发生堵塞，若发生堵塞，需进行清理或更换。排屑器滤网如图 4-3-4 所示。

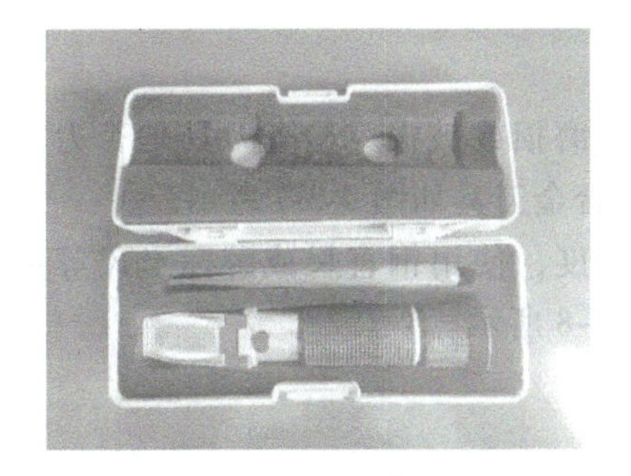

图 4-3-2　折光仪

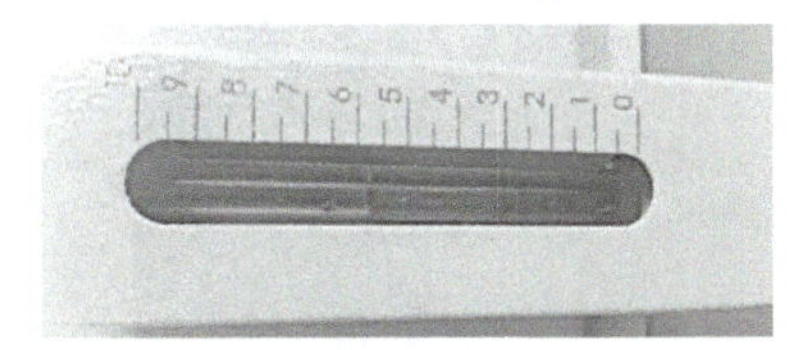

图 4-3-3　液位计

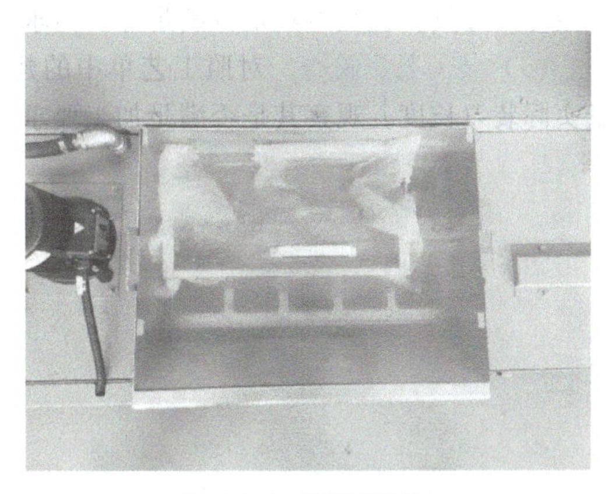

图 4-3-4　排屑器滤网

（4）集屑槽检查　清理机床切削液箱处的集屑槽，保证切削液循环顺畅，切屑无堆积。集屑槽如图 4-3-5 所示。

图 4-3-5 集屑槽

4. 刀具准备

(1) 刀具规格检查 根据工艺单，检查加工中所需刀具规格，如图 4-3-6 所示。

当前刀具表

刀具名称	刀柄	输出编号	长度补偿号	半径补偿号	备刀	加锁	使用次数	刀具伸出长度	长径比	刀组号
[牛鼻]JD-10.00-0.50_HA50	HSK-A50-ER16-070S	1	1	1			14	50	5:1	--
[平底]JD-10.00_HA50	HSK-A50-ER16-070S	2	2	2			19	40	4:1	--
[球头]JD-4.00_HA50	HSK-A50-ER16-070S	5	5	5			1	20	5:1	--
[球头]JD-3.00_HA50	A50-SLRA4-75-M22	6	6	6			5	20	1.7:1	--
[球头]JD-2.00_HA50	A50-SLRA4-75-M22	7	7	7			19	18	2.5:1	--
[球头]JD-1.00	A50-SLRA4-75-M22	8	8	8			4	15	5:1	--
[球头]JD-0.60	A50-SLRA4-95-M42	9	9	9			8	12	5:1	--
[球头]JD-0.30	HSK-A50-ER25-080S	10	10	10			4	34.0454	5:1	--
[锥度平底]JD-90.00-0.20	A50-SLSA4-95-M42	11	11	11			3	25.95	6.5:1	--
[测头]JD-5.00_HA50	HSK-A50-RENISHAW	36	36	36			1	30	--	--

图 4-3-6 刀具规格

(2) 刀具状态检查 检查刀具切削刃处是否存在磨损或破损；检查刀具是否为加工铝合金专用刀具；检查刀具是否满足加工需求。加工铝合金刀具如图 4-3-7 所示。

(3) 装刀长度检查 对照工艺单中的建议装刀长度，使用钢直尺或游标卡尺等量具测量实际装刀长度，观察其是否满足加工要求，如图 4-3-8 所示。

图 4-3-7 加工铝合金刀具

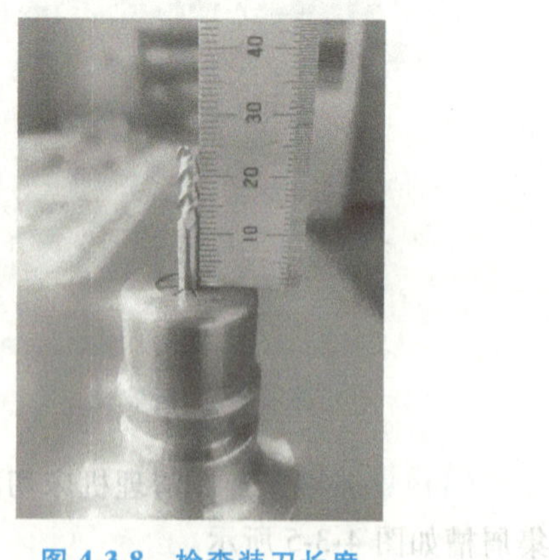

图 4-3-8 检查装刀长度

5. 环境准备

（1）确保加工过程中车间温度恒定　鉴于此产品的精度要求和生产周期较长，建议选择在恒温车间进行加工，以确保加工过程的稳定，减少因环境温度变化过大对加工精度的影响。

（2）确保机床加工过程中无明显振动　精密模具加工过程中，要确保机床附近无明显振动源，以保证工件不会因振动出现加工误差。必要时可按设备厂商的方案建设机床地基，并设置隔振沟。

4.3.2　机床加工

1. 加工前常规准备

1）开启机床。

2）标定激光对刀仪与接触式对刀仪。

3）确定初始工件坐标系。

4）标定测头及校验轴心。

5）装刀及管控刀具跳动。

6）安装夹具与毛坯。

7）程序暖机（可选择使用加工程序进行暖机）。

8）校验工件坐标系。

9）校验刀长。

2. 调入程序

导入 NC 程序；对照工艺单，检查并修改刀具编号、刀长补偿编号和工件坐标系等参数；编译程序，检查程序中是否存在错误，如程序出现编辑错误，进行编译时将会出现提示。

3. 试切及自动运行

（1）工件试切加工　正式加工开始时，务必使用手轮进行试切，以确保加工的安全性。在手轮试切过程中，监视刀具下刀位置、刀具和工件相对坐标数值的变化。试切正常后方可自动加工。

（2）工件自动加工　开启主轴喷淋功能，开启自动冷却功能，关闭手轮试切功能，程序自动运行。

（3）成品检验　加工结束后，要严格运行前面设置的检测程序，并严格检查测量结果。若测量结果合格，则直接可以下机；若测量结果不合格，则需视情况进行处理。

4. 清理机床

拆卸工件后，要及时清理机床，并完成机床的日常维保工作。

4.4　项目小结

1）本项目介绍了涡轮模具的加工方法和步骤，经过本项目的学习，应能够根据零件特征安排合理的加工工艺。

2）了解模具的分类，熟悉模具行业的现状，了解模具的基本情况。
3）熟练掌握涡轮模具清根程序的编制方法。
4）掌握涡轮模具的加工流程。
5）具备凝练数字化精密加工解决方案的能力。

思 考 题

1. 讨论题

（1）涡轮模具采用3轴加工还是5轴加工？
（2）清根选用锥度球头刀还是球头刀？
（3）涡轮模具的配合面是自由曲面还是规则曲面？
（4）涡轮模具清根刀具路径需要创建辅助线吗？
（5）留给涡轮模具精加工的尺寸余量为多少？
（6）未进行机床模拟，可以直接进行程序输出吗？
（7）涡轮模具的加工方式有几种？分别是什么？
（8）涡轮模具清根刀具有什么特点？
（9）为什么选择零点快换系统装夹工件？
（10）为什么选择JDGR200T（P15SHA）机床进行加工？

2. 单项选择题

（1）加工涡轮模具时工件坐标系在（　　）。
A. 上表面中心　　B. 中间面　　C. 底面中心　　D. 侧面
（2）模具的特点有（　　）个。
A. 1　　B. 2　　C. 3　　D. 4
（3）涡轮模具采用（　　）加工方式。
A. 2.5轴加工　　B. 3轴加工　　C. 5轴定位加工　　D. 5轴联动加工
（4）加工涡轮模具时定位基准的选择主要符合（　　）原则。
A. 基准重合　　B. 基准统一　　C. 自为基准　　D. 互为基准
（5）进行涡轮模具编程加工时，影响刀具转速的因素主要有（　　）。
A. 工件材料　　B. 刀具材料　　C. 刀具形状　　D. 机床性能
（6）涡轮模具辅助线的类型为（　　）。
A. 组合曲线　　B. 样条曲线　　C. 直线　　D. 圆弧

3. 判断题

（1）涡轮模具的自由曲面采用牛鼻刀进行加工。（　　）
（2）涡轮模具加工前不需要校验轴心。（　　）
（3）涡轮模具加工前先标定接触式对刀仪，再标定激光对刀仪。（　　）
（4）涡轮模具标定测头前暖机主轴有转速。（　　）

项目5

复杂多轴结构件——变速器轴承端盖的加工

知识点

（1）产品结构件行业背景及特点。
（2）结构件的工艺试制过程。
（3）研发试制类结构件的工艺设计及编程要点。
（4）研发试制类结构件的加工过程管控技术和实施方法。

能力目标

（1）会进行典型5轴加工零件的工艺分析和工艺方案设计。
（2）会编写工艺文件，选择合适的设备、工具、参数等。
（3）会进行编程前加工准备，包括几何体设置、刀具表设置、安装几何体等。
（4）会进行碰撞检查、干涉检查、最小装刀长度计算。
（5）会运用线框、实体、机床模拟等对刀具路径进行分析和优化。
（6）会进行3轴、5轴定位加工和编程。
（7）能完成工件实例产品的加工。
（8）展示中国复杂多轴结构件的先进制造技术和先进国产关键装备，激发学生崇尚科学的意识，培养学生积极投身国家战略制造技术发展行列来报效祖国的情怀。

5.1 项目背景介绍

5.1.1 复杂多轴结构件

1. 复杂多轴结构件介绍

结构件是从应用的角度定义的工件类别，可以理解为支撑某种装置的骨架，是产品安全的第一道保障。结构件的实例有机器的底座、电器产品的外壳及内部的支架、飞机内部的骨架、家具的框架、电子元器件的安装座等。复杂多轴结构件是随着制造技术的不断进步而衍生出来的结构特征复杂、加工精度要求较高、需采用多轴设备加工的结构件。

2. 复杂多轴结构件的特点

复杂多轴结构件用途广泛，主要用于安装、支撑精密元器件或设备，其具有如下特点：

1）具有一定形状结构，并能够承受载荷的作用，如支架、框架等。

2）通常具有几何精度高、壁薄、结构复杂等特点，许多结构件装在主体结构的节点上，并与其他构件连接，形成抗变形的高强度框架。

3）此类产品的整体需求量一般较大。

3. 行业发展

近年来，随着汽车产业、航空航天产业、智能夹具产业的快速发展，作为产品重要组成部分的关键结构件行业也取得了较快的发展。关键产品结构件作为相关产业发展的基础，为相关领域的发展提供了良好的机遇。下面以汽车领域的关键产品结构件为例进行介绍。

我国汽车产品结构件行业发展大体可以划分为三个阶段：第一阶段为中华人民共和国成立后到 1978 年，这一时期的主要特点是以整车带动零部件发展。该阶段绝大多数产品结构件企业生产水平很低，生产规模很小，几乎无产品开发和更新能力，从而导致产品结构件企业的产品质量较差、价格较高，通常只能与规定厂家配套，不能任意销售至其他整车企业。

第二阶段为 1978 年到 20 世纪 90 年代中期，这一时期产品结构件发展的主要特点仍然是围绕整车配套为主，供不应求的局面和支柱产业的发展前景吸引了各地政府投资进入汽车零部件生产领域，由此涌现出一大批汽车产品结构件企业，但这些企业规模较小、技术力量薄弱、生产设备简陋，整车厂的排他性采购使得部分汽车产品结构件企业依附其生存。

第三阶段为 20 世纪 90 年代中期到现在，这一时期的主要特点是产品结构件生产技术水平迅速提升，我国汽车产品结构件工业无论从生产能力、产品品种上，还是从管理与技术水平、技术创新能力上都取得了长足进步。在一系列优惠政策的鼓励下，国内诞生了一批优质汽车产品结构件生产企业，部分产品结构件企业基本形成了自主开发能力，重点产品结构件企业基本具备了与整车厂商同步开发的能力。

我国汽车零部件行业产业基础、市场规模、劳动力成本、制造业整体能力及上游相关产业能力等方面有自己的优势，再加上国际上汽车行业开始实行零部件“全球化采购”策略、国际跨国汽车企业推行本土化策略，国内市场出现了巨大的产品结构件缺口，我国汽车产品结构件工业面临着巨大的商机和发展空间。

5.1.2 变速器轴承端盖简介

变速器轴承端盖主要应用于汽车变速器的轴承支撑和防护，实际产品多为铸件。本项目的产品（图 5-1-1）为研发部门的实验用产品，单次生产为小批量加工（每批次数量为 10 套+），不适合采取铸造方式（单批次数量不够，会导致单件铸造成本过高，且无法满足实验快速响应需求）。所以，此产品采取 5 轴精密加工方式进行整体化加工，以降低单件的生产成本，提升实验响应速度。

图 5-1-1 变速器轴承端盖实例

5.2　工艺分析与编程仿真

5.2.1　工艺分析

1. 特征分析

变速器轴承端盖零件剖视图如图 5-2-1 所示。工件尺寸为 184.938mm×188.166mm×81.2mm，形状较为复杂，特征多。本产品的加工区域为所有特征面，如图 5-2-2 所示。该产品包含孔、螺纹孔、曲面、油沟槽以及平面等多个特征，且存在多个负角面，3 轴加工需要进行多次装夹才能加工到位，而且需要准备多套专用夹具，生产周期长，成本高，因此选择 5 轴加工。为便于加工时区分加工位置，规定了产品的正面、背面。

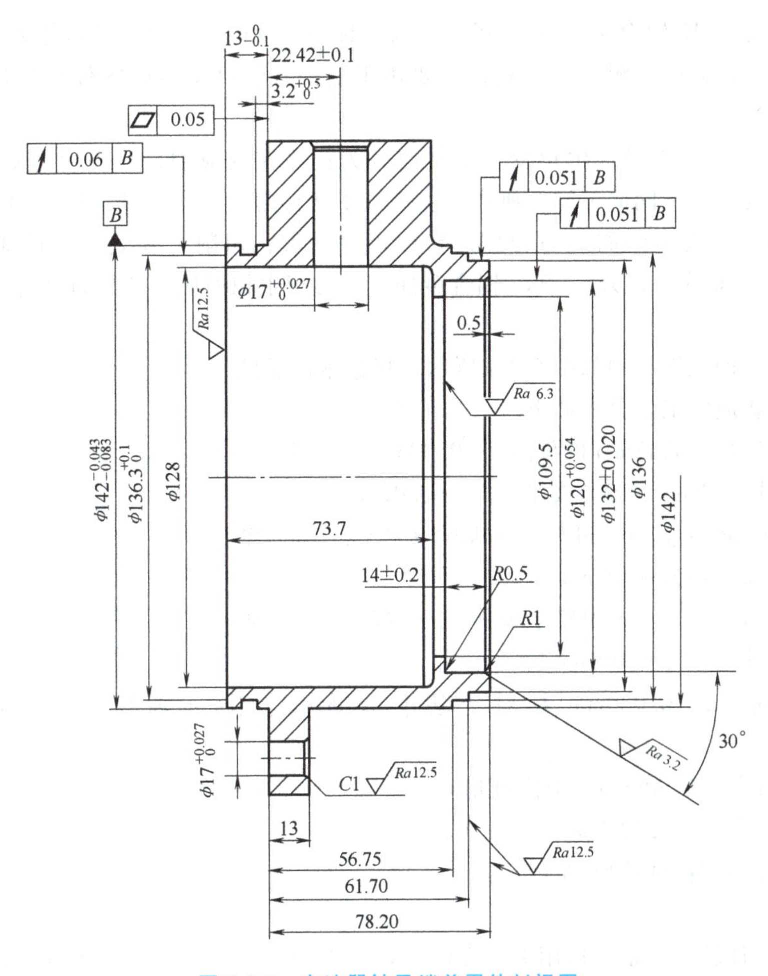

图 5-2-1　变速器轴承端盖零件剖视图

2. 毛坯分析

根据本项目产品的特点，毛坯选择圆柱粗棒料，如图 5-2-3 所示，尺寸规格为 ϕ220mm×87mm。

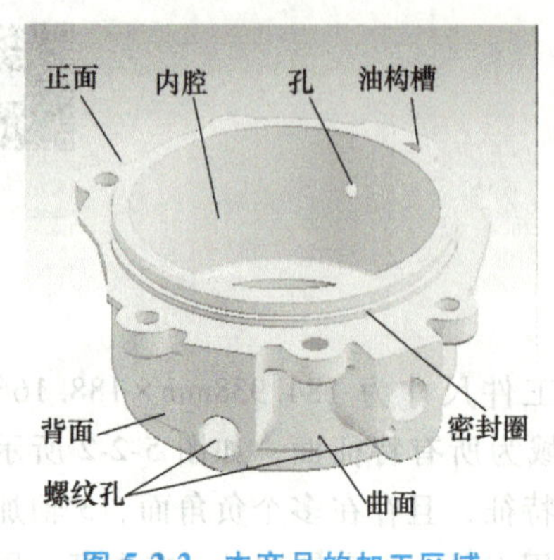

图 5-2-2　本产品的加工区域

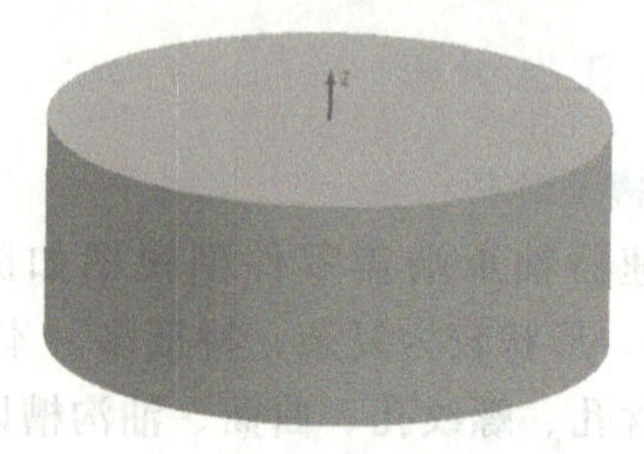
图 5-2-3　圆柱粗棒料毛坯

3. 材料分析

产品材料为2A12铝合金。2A12铝合金为一种高强度硬铝，可以进行热处理强化，在冷作硬化后可加工性尚好，耐蚀性不高，主要用于制作各种高负荷的零件和构件（但不包括冲压件、锻件）。

2A12在加工过程中易产生形变，主要原因为：存在内应力，且内应力随材料的状态、硬度、抗拉强度等的不同而不同，所以会出现加工变形的情况；在铣、钻等加工过程中，会产生大量的热，造成不同的应力释放，导致出现变形；切削力和装夹力的影响也会导致2A12铝的变形量增大。此外，2A12铝合金加工容易产生积屑瘤，选择刀具时也需要注意。

4. 加工要求分析

本项目产品的三维模型如图5-2-4所示。根据本产品的外形结构进行相应的工艺分析如下。

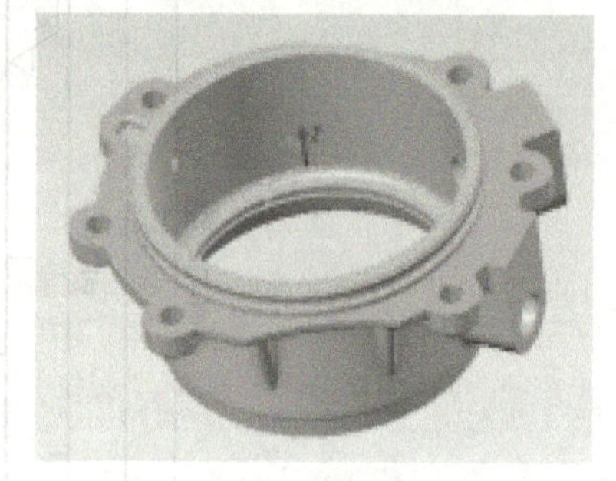
图 5-2-4　本项目产品的三维模型

1）要求基准圆 $\phi142$mm 的偏差为-0.083～-0.043mm。

2）侧壁孔 $\phi17$mm 的偏差要求为0～+0.027mm。

3）内圆 $\phi136.3^{+0.1}_{0}$mm 相对于基准圆 $\phi142^{-0.043}_{-0.083}$mm 轴线的径向圆跳动公差为0.06mm。

4）内圆 $\phi120^{+0.054}_{0}$mm 相对于基准圆 $\phi142^{-0.043}_{-0.083}$mm 轴线的径向圆跳动公差为0.051mm。

5）外圆 $\phi132\pm0.020$mm 相对于基准圆 $\phi142^{-0.043}_{-0.083}$mm 轴线的径向圆跳动公差为0.051mm。

6）未注圆角 $R2$～$R5$mm，未注倒角 $C1$。

7）表面不允许有飞边毛刺。

8）未注表面粗糙度按照 $Ra12.5\mu m$。

5. 加工难点分析

1）零件特征较为复杂。通用夹具无法满足加工需求，故设计专用夹具进行装夹。由于毛坯直径较大，故工序二开粗及精加工采用零点快换吊装的方式进行装夹；由于工序二已经精加工到位，为防止损伤工序二表面，设计工序三专用夹具。

2）产品尺寸、几何精度要求较高。内圆 $\phi136.3^{+0.1}_{0}$mm 相对于基准圆 $\phi142^{-0.043}_{-0.083}$mm 轴线的径向圆跳动公差为0.06mm、内圆 $\phi120^{+0.054}_{0}$mm 相对于基准圆 $\phi142^{-0.043}_{-0.083}$mm 轴线的径向

圆跳动公差为 0.051mm、外圆 $\phi132\pm0.020$mm 相对于基准圆 $\phi142_{-0.083}^{-0.043}$mm 轴线的径向圆跳动公差为 0.051mm，要求较高，在工艺设计和实际加工中应特别注意。

3）因需响应厂家产品研发部的实验需求，需要一周内加工完成 10 件产品。

5.2.2　编程准备

1. 选择加工方式

由产品的俯视图角度观察产品，发现存在多个负角面，使用 3 轴加工无法保证一次装夹加工到位，且不能有磕碰，对操作人员的基本操作技能要求较高，多次装夹则会导致误差累积，因此采用 5 轴定位进行加工，以有效集中工序，减少装夹次数。

2. 选择装夹方式

本项目产品来料为棒料，毛坯尺寸直径为 ϕ220mm，高度为 87mm，如图 5-2-5a 所示。零件特征较为复杂，通用夹具无法满足加工需求，故需设计专用夹具，如图 5-2-5b 所示。毛坯为圆柱，使用单动卡盘装夹，工序一打吊装孔与螺纹孔配合工序二加工。其中，4 个螺纹孔用于锁紧，2 个定位孔用于定位。

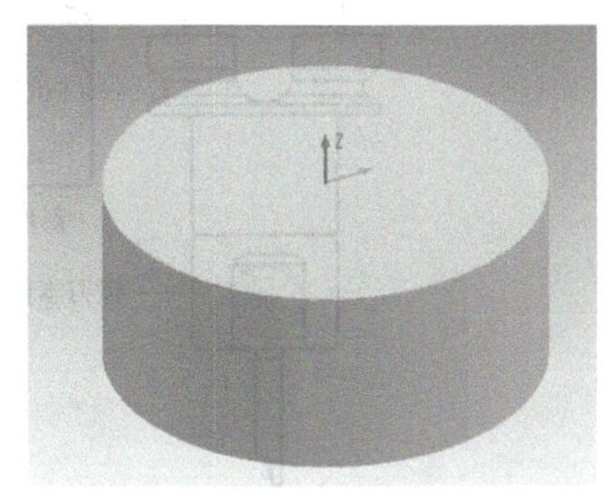

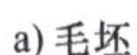

a) 毛坯

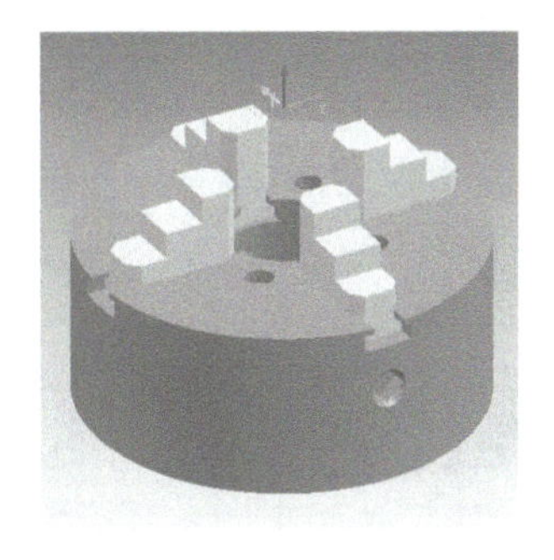

b) 专用夹具

图 5-2-5　结构模型

工序二使用零点快换转接板，配合预先打的螺纹孔和吊装孔进行锁紧定位，如图 5-2-6 所示。毛坯为回转体，因此对方向角度没有要求，在工序二中需要预先打 2 个 ϕ6mm 定位孔和 4 个 M6 螺纹孔用于工序三锁紧定位。

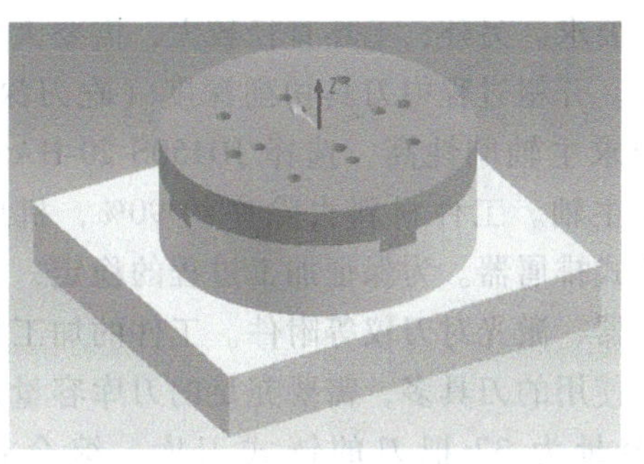

图 5-2-6　工序二夹具体

工序三使用专用夹具，夹具上端面预留仿形，便于分辨工序三的装夹方向与位置。专用夹具上有预留的平面，便于确定基准平面，使用工序二中预先加工的 2 个 ϕ6mm 定位孔和 4 个 M6 螺纹孔锁紧定位，夹具上有预留平面便于找正，槽直径大于工件直径，可避免划伤夹具体，如图 5-2-7 所示。

工序四使用专用夹具，特征基本加工完成。专用夹具底部设置仿形，底部夹具预加工螺纹孔，配合上板上的螺钉进行装夹，预留孔确定装夹方向，如图 5-2-8 所示。

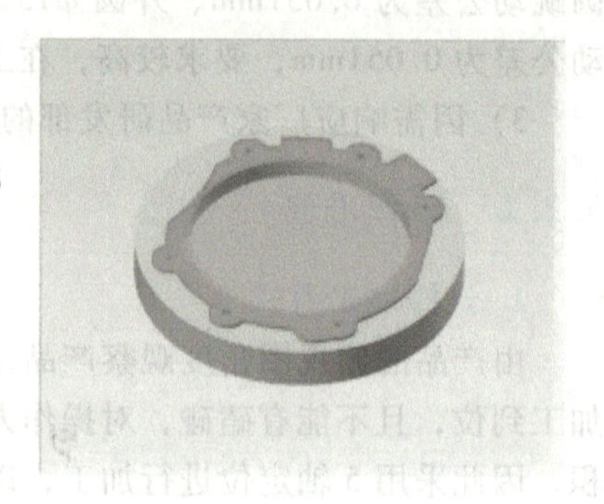

图 5-2-7 工序三夹具体

3. 选择关键刀具

本项目中 ϕ17mm 的孔的偏差要求为 0～+0.027mm，精度要求较高。另外，需要保证加工效率，因此需使用镗刀进行加工。镗刀结构如图 5-2-9 所示，选择的刀杆型号为 BJ1616-68，其加工范围为 ϕ16-ϕ21mm。

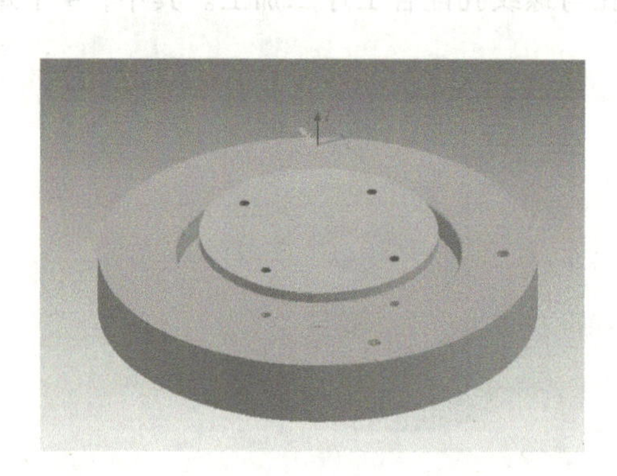

图 5-2-8 工序四夹具体

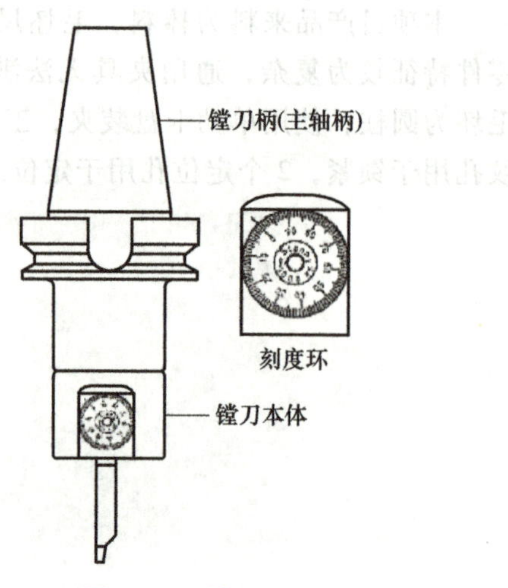

图 5-2-9 镗刀结构

4. 选择加工设备

本项目产品选择 5 轴加工方式，所以需要 5 轴机床；由于工件的精度以及表面质量要求较高，考虑选用高精度的精雕自产全闭环高速加工中心。毛坯尺寸为 ϕ220mm×87mm，材料为 2A12 铝合金，毛坯的自重加上零点快换夹持系统，其总质量为 20kg 左右，对机床承载能力有一定要求。另外，毛坯直径较大，需要大转台，所以选择北京精雕 JDGR400T 5 轴高速加工中心。开粗过程中刀具切削深度（吃刀深度）较大，要求主轴刚性高，选择 JD150S-20-HA50/C 型号的电主轴。工件材料去除率约 90%，机床需配备刮板式排屑器。为保证加工过程的稳定，需要油雾分离器、激光对刀仪等附件。工件的加工特征多，因此使用的刀具多，需要充足的刀库容量，所以选择容量为 37 把刀的链式刀库。综合选择 JDGR400 机床进行加工，机床主轴直径为 150mm，工作台直径为 400mm，配备刮板式排屑器、油雾分离器、激光对刀仪等附件和 37 把刀的链式刀库，如图 5-2-10 所示。

图 5-2-10 JDGR400T 机床

5. 工序规划

来料毛坯 2A12 的圆棒料，加工面为所有特征面，该产品通过 4 道工序、使用 3 轴机床与 5 轴机床进行加工，具体工序如下：

工序一：使用 3 轴机床 JDVT600T，使用单动卡盘装夹，进行毛坯圆柱面粗加工、半精加工、精加工。加工特征有平面、定位孔、螺纹孔等。

工序二：使用 JDGR400T 5 轴机床，使用零点快换转接板装夹，进行整体开粗、正面半精加工、精加工。加工特征有曲面、油沟槽、密封槽、孔、内腔、外圆、平面等。

工序三：使用 JDGR400T 5 轴机床，使用专用夹具装夹，进行背面半精加工与精加工。加工特征有曲面、外圆、内圆、平面等。

工序四：使用 JDGR400T 5 轴机床，使用专用夹具装夹，进行正面孔半精加工、精加工。

6. 管控方案分析

为保证结构件的加工质量，提高小批量生产的一致性，需要对结构件加工过程进行管控，具体的流程如图 5-2-11 所示。

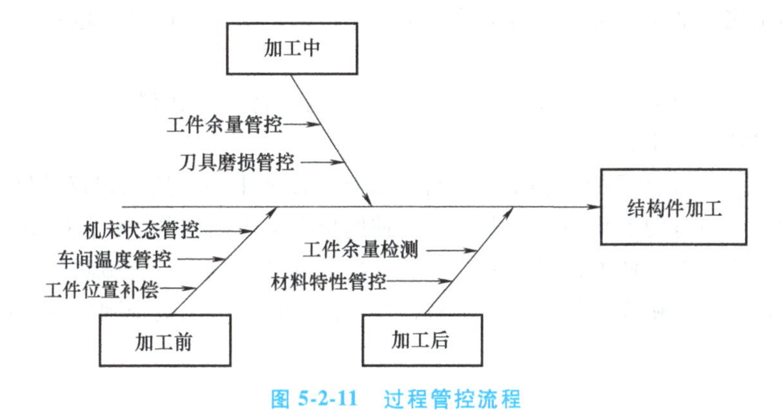

图 5-2-11 过程管控流程

(1) 加工前

1）管控工件位置：工件位置补偿。

在精加工之前，需要在机床上确定工件的相对位置。传统的拉平找正费时费力，而且在批量加工的情况下，存在加工效率变低，加工质量变差等情况；使用数控系统的“工件位置补偿功能”，通过计算实际位置与理论位置的偏差，可实现工件位置的智能补偿和找正。

2）管控机床状态：采取机床状态检测。

在加工过程中，机床会产生热伸长，影响加工精度。为了实现长时间稳定加工，保证加工精度，需要对机床状态进行管控，使机床在加工过程中处于稳定状态。

3）管控环境温度：采用车间温度监测。

车间环境温度波动过大时，机床自身的状态难以维持稳定，影响加工精度，因此需要对车间温度进行监测，从而方便对车间环境温度进行调节。

(2) 加工中

1）管控关键工步：采取工件余量测量。

此项目中的零件，其关键尺寸精度要求较高，且考虑到此零件为试制件，所以建议严格管控关键工步余量（要借助在机测量技术），尽可能保证还有可加工余量的前提下，满足工件的精度要求，以实现首件测试即是成品，并保证100%合格率。

2）管控刀具状态：关键参数控制和采用刀具磨损检测及补偿。

鉴于此项目中的零件材料为2A12铝合金，故加工选用的刀具为非涂层刀具（耐磨性较弱），且此零件的加工面积较大，加工过程中刀具会出现较为明显的磨损。为了保证刀具磨损不对加工结果造成较大影响，一方面需要通过调整工艺参数尽可能减少刀具磨损，一方面需要采用激光对刀仪及时检测刀具磨损量，并将磨损量及时补偿到机床数控系统的刀具参数中。

（3）加工后

1）管控材料特性：采用时效处理。

本产品材料为2A12铝合金，为了减小使用中尺寸、形状的变化，采用时效处理，以消除内应力。

2）管控关键工步：采取工件余量测量。

在精密加工过程中，为了保证工件精度，加工余量的控制通常是重点关注的问题。因此，需要在加工完成准备下机前，对工件余量进行检测，防止工件尺寸超差。

7. 管控技术

（1）在机检测　此项目中，鉴于毛坯和产品结构的特点，建议借助在机检测技术提升产品一次加工成功的概率。

（2）工步设计　此产品的结构复杂，特征多且精度要求高，所以建议借助SurfMill软件的工步设计功能，通过图形化的方式操作，将辅助指令融入到切削NC程序中，减少人为干预，避免引入人为误差。此外，可借助工步设计提供的逻辑功能，实施测量后补加工，保证加工连续性。此外要严格在软件端进行防呆，在软件端将加工风险降到最低，保证加工过程的安全。

5.2.3　仿真设置与编程

1. 搭建数字化制造系统

（1）导入数字模型　打开JDSoft-SurfMill软件，新建曲面加工文档。在导航工作条中选择3D造型模块，然后选择“文件→输入→三维曲线曲面”，在图层列表中将相应的图层重新命名为“工件”“毛坯”，如图5-2-12所示。

图层显示“工件”，其余显示关闭，利用【图形聚中】命令调整工件的图形位置，如图5-2-13所示。最终设置为工件朝上，X轴方向与Y轴方向中心聚中、Z轴方向顶部聚中。

利用【变换】菜单下的【图形翻转】命令和【图形聚中】命令调整图形位置，使相对关系明确，毛坯底部与夹具的顶面对齐，毛坯完全包裹工件，如图5-2-14所示。

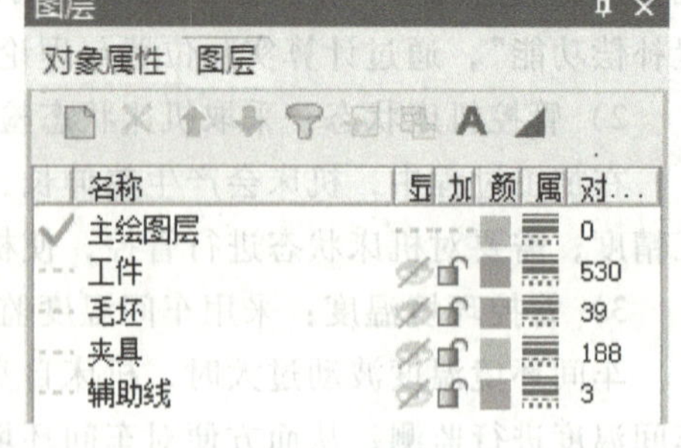

图5-2-12　图层列表

（2）设置数字机床　选择机床，机床文件选择JDG4000T（工序一选择VT600T），如图5-2-15所示。

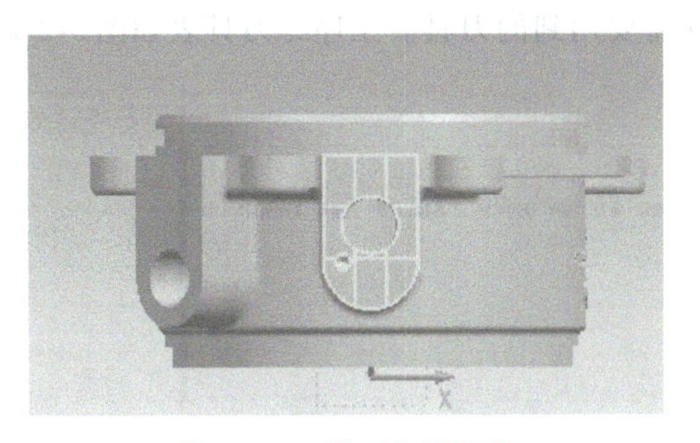

图 5-2-13　图形位置调整

图 5-2-14　工件、毛坯、夹具位置关系

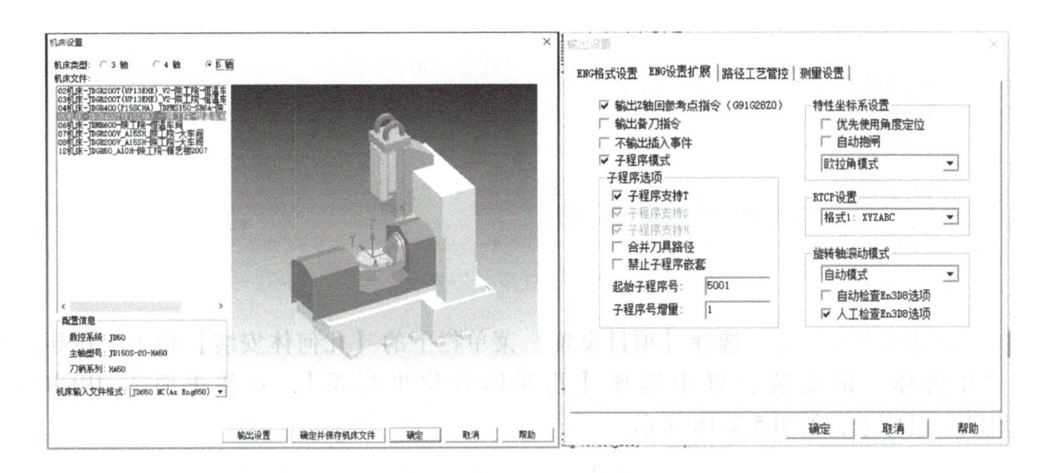

图 5-2-15　设置数字机床

(3) 设置数字几何体　在导航工作条中设置名称为“正面”，然后根据图层“工件”“毛坯”“夹具”，依次设置“工件面”“毛坯面”“夹具面”，如图 5-2-16 所示。

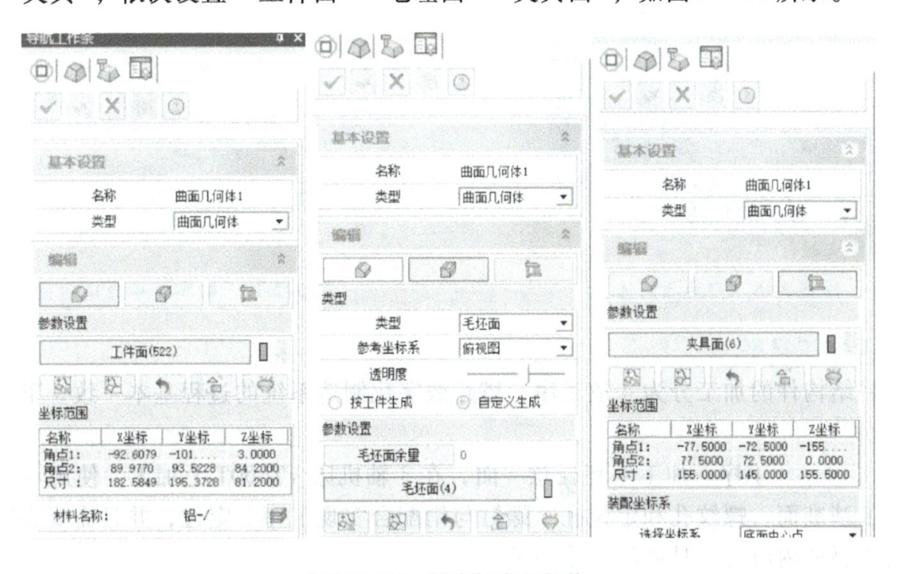

图 5-2-16　创建数字几何体

（4）创建数字刀具表　根据工艺思路，建立需要用到的刀具。工序二刀具表如图 5-2-17 所示。

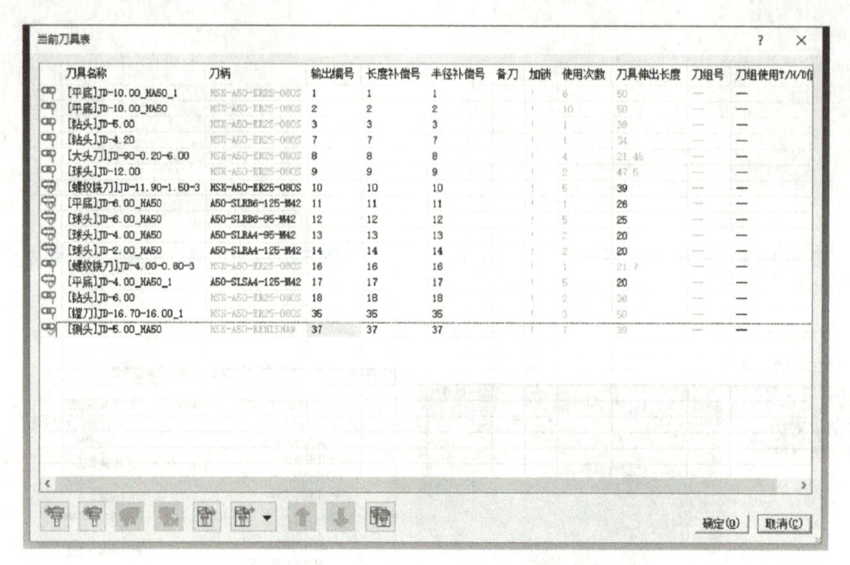
当前刀具表

刀具名称	刀柄	输出编号	长度补偿号	半径补偿号	备刀	加锁	使用次数	刀具伸出长度	刀组号	刀组使用T/H/D信
[平底]JD-10.00_HA50_1	HSK-A50-ER25-080S	1	1	1			6	50	—	—
[平底]JD-10.00_HA50	HSK-A50-ER25-080S	2	2	2			10	50	—	—
[钻头]JD-5.00	HSK-A50-ER25-080S	3	3	3			1	39	—	—
[钻头]JD-4.20	HSK-A50-ER25-080S	7	7	7			1	34	—	—
[大头刀]JD-90-0.20-6.00	HSK-A50-ER25-080S	8	8	8			4	21.45	—	—
[球头]JD-12.00	HSK-A50-ER25-080S	9	9	9			2	47.5	—	—
[螺纹铣刀]JD-11.90-1.50-3	HSK-A50-ER25-080S	10	10	10			5	39	—	—
[平底]JD-6.00_HA50	A50-SLRB6-125-M42	11	11	11			1	26	—	—
[球头]JD-6.00_HA50	A50-SLRB6-95-M42	12	12	12			5	25	—	—
[球头]JD-4.00_HA50	A50-SLRA4-95-M42	13	13	13			2	20	—	—
[球头]JD-2.00_HA50	A50-SLRA4-125-M42	14	14	14			2	20	—	—
[螺纹铣刀]JD-4.00-0.80-3	HSK-A50-ER25-080S	16	16	16			1	21.7	—	—
[平底]JD-4.00_HA50_1	A50-SLSA4-125-M42	17	17	17			5	20	—	—
[钻头]JD-6.00	HSK-A50-ER25-080S	18	18	18			2	36	—	—
[镗刀]JD-16.70-16.00_1	HSK-A50-ER25-080S	35	35	35			3	50	—	—
[测头]JD-5.00_HA50	HSK-A50-RENISHAW	37	37	37			7	30	—	—

确定(O)　取消(C)

图 5-2-17　工序二刀具表

（5）设置安装几何体　选择【项目设置】菜单栏下的【几何体安装】指令，在导航工作条“几何体”的安装设置中选择【几何体定位坐标系】，安装正面于 JDGR400T（P15SHA）机床上，如图 5-2-18 所示。

（6）完成数字化平台搭建　完成数字化平台搭建，如图 5-2-19 所示。

图 5-2-18　安装几何体

图 5-2-19　数字化平台搭建完成

2. 编写加工程序

本项目结构件的加工分为 4 道工序，搭建数字化制造系统的过程基本一致。下面具体介绍各工序。

（1）工序一　工序一加工毛坯任意一面，在 3 轴机床 VT600T 上加工，使用单动卡盘装夹，需加工基准面、螺纹孔和定位孔。螺钉与销配合实现工序二定位，并且需要去除一定的材料以便于释放内应力，具体的工步如下。

1）光面。加工之前确定基准面，根据毛坯表面的凹凸性判断加工深度，在保证后续加工余量的情况下尽可能多地去除余料。光面加工的线框图如图 5-2-20 所示。

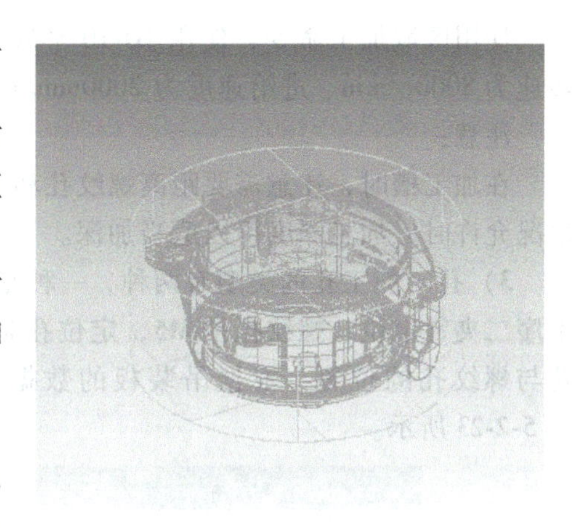
图 5-2-20 光面加工的线框图

结合现场可提供的面铣刀 JD-80，在加工之前需要创建辅助线，绘制一个 300mm×220mm 的矩形包裹毛坯，如图 5-2-21 所示。

使用区域加工命令，选择 JD-80 面铣刀进行加工，吃刀深度为 0mm、路径间距为 40mm、主轴转速为 2000r/min、进给速度为 600mm/min。

注意事项：

使用面铣刀加工，需要注意下刀点在毛坯以外，避免由于轴向吃刀深度过大而导致刀具损坏；要想得到表面光滑且一致的表面，需要将光面分为粗加工与精加工两道程序，保证留给精加工的尺寸余量相对均匀；由于毛坯表面的凹凸性不确定，导致分中的 Z 值不确定是否在最低点，因此需要先设定 0 位，在加工过程中发生光面不全时，可以通过调整 Z 值补加工；加工完成之后使用测头或千分表检测平面度，避免由于平面度不合格而导致后续加工精度丢失。

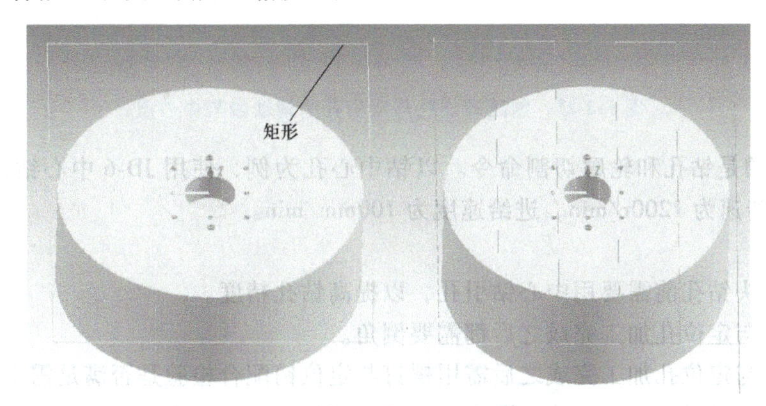

图 5-2-21 辅助线示意图

2）槽。加工槽的目的是去除材料余量，消除零件后端（工序三加工）的部分内应力。避开需要后续加工的螺纹孔与定位孔，以原点为中心绘制一个 35mm×35mm 的圆作为加工辅助线，如图 5-2-22 所示。

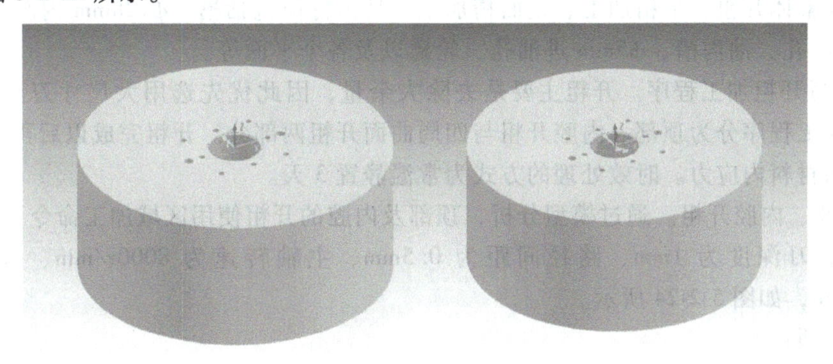
图 5-2-22 绘制辅助线

使用区域加工命令，使用 JD-10 平底刀，吃刀深度为 0.5mm、路径间距为 5mm、主轴转速为 8000r/min、进给速度为 2000mm/min。

注意：

在加工槽时，注意需要距离螺纹孔和定位孔一些距离。由于零件内部镂空，在现场加工情况允许时，加工深度可以适当加深。

3）孔。加工孔的类型有两种，一种是螺纹孔，一种是定位孔，需要螺钉与销配合实现工序二夹紧定位，螺纹孔是 M5，定位孔是 ϕ6mm。根据现场使用的吊装板型号来确定定位孔与螺纹孔的位置，根据吊装板的数据值创建螺纹孔与定位孔的辅助线与中心点，如图 5-2-23 所示。

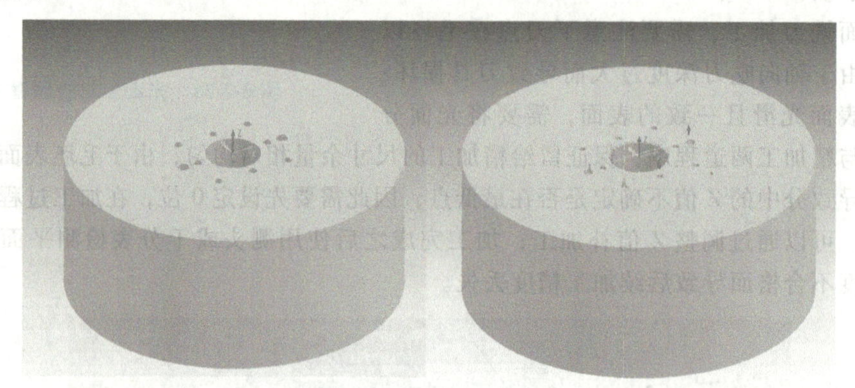

图 5-2-23 创建螺纹孔与定位孔的辅助线与中心点

此处使用的是钻孔和轮廓切割命令。以钻中心孔为例，使用 JD-6 中心钻，吃刀深度为 0.5mm、主轴转速为 1200r/min、进给速度为 100mm/min。

注意：

① 使用钻头钻孔前需要用中心钻引孔，以提高钻孔精度。

② 螺纹孔与定位孔加工完成之后都需要倒角。

③ 螺纹孔与定位孔加工完成之后需用螺钉与定位销配合检验是否满足需求。

④ 由于是小批量加工，定位孔要求精度高，定位孔的加工需要分两步或三步来完成。

（2）工序二　工序二在 JDGR400T 机床上加工，使用零点快换吊装板装夹。装夹之后会发现机床的避空不够，机床主轴与工作台发生干涉，因此需要垫高零点快换系统，从而提高避空。在完成各部分开粗后需要进行时效处理，以释放内应力，使后续加工中材料变形小。工序二完成整体开粗、半精加工、正面精加工，具体特征包括槽、ϕ128mm 内腔、M18 螺纹孔、M5 螺纹孔、油沟槽、ϕ5mm 进油孔、轮廓以及各个平面等。

1）编写开粗加工程序。开粗主要是去除大余量，因此优先选用大尺寸刀具进行开粗。编写开粗加工程序分为顶部、内腔开粗与四周曲面开粗两部分。开粗完成以后再进行时效处理，以消除材料内应力。时效处理的方式为常温静置 3 天。

① 顶部、内腔开粗。通过模型分析，顶部及内腔的开粗使用区域加工命令，使用 JD-10 平底刀，吃刀深度为 1mm、路径间距为 0.5mm、主轴转速为 8000r/min、进给速度为 2000mm/min，如图 5-2-24 所示。

注意事项：

粗加工需要留一定余量，便于后续时效处理与精加工。

② 四周曲面开粗。选择“分层区域粗加工”命令，通过5轴定位的方式进行开粗，使用JD-16平底刀，吃刀深度为1mm、路径间距为8mm、主轴转速为8000r/min、进给速度为2000mm/min，如图5-2-25所示。

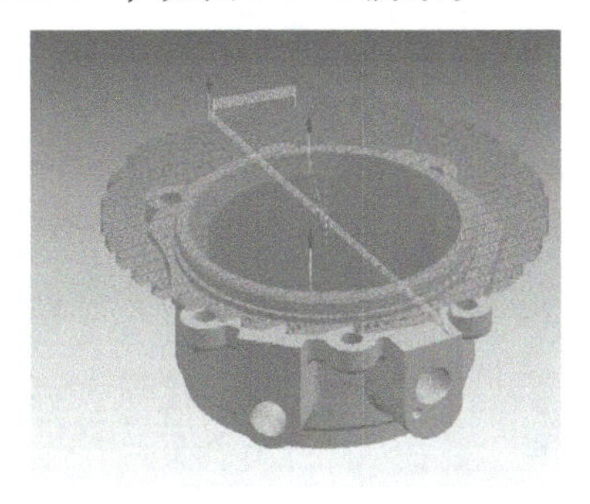

图5-2-24　顶部、内腔开粗

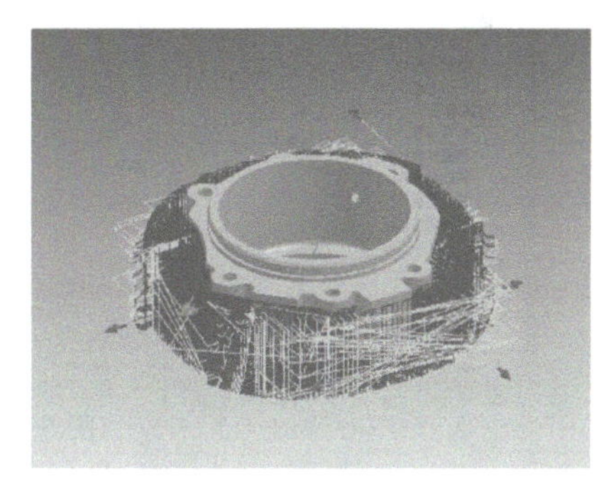

图5-2-25　四周曲面开粗

注意：

局部坐标系选择前视图、后视图、左视图、右视图或者新建坐标系时，可根据检测结果更改刀具的装夹长度。刀具装夹长度短，刀具刚性好，切削效率高。

③ 油沟槽开粗。观察模型可知，油沟槽需要使用小尺寸刀具开粗，使用分层行切粗加工命令，选择JD-4平底刀加工。设置路径间距为2mm、吃刀深度为0.08mm、主轴转速为10000r/min、进给速度为2000mm/min，如图5-2-26所示。

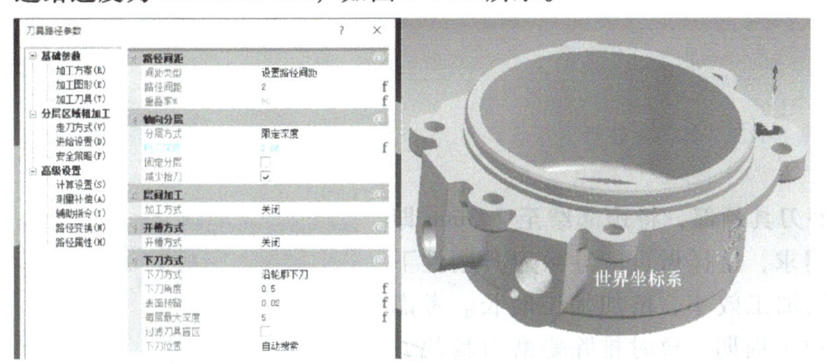

图5-2-26　油沟槽开粗

④ 孔开粗。观察模型可知存在多处孔，且大小不一。优先使用钻头进行粗加工，将工件中ϕ10mm的通孔预先打ϕ6mm的通孔，采用螺纹孔与定位孔用于工序三锁紧和定位。以端面M5螺纹底孔为例，使用钻孔命令，使用JD-4.2钻头加工，设置吃刀深度1mm、主轴转速2000r/min、进给速度100mm/min，如图5-2-27所示。

其他孔开粗程序参考M5螺纹底孔加工程序进行编写，如图5-2-28所示。

2）编写半精加工程序　工序二半精加工具体特征包括密封槽、ϕ128mm内腔、M18螺纹孔、M5螺纹孔、油沟槽、ϕ5mm进油孔、轮廓以及各个平面等。

① 密封槽。结合图样与模型可知密封槽距端面深度单边为2.85mm，高度为5mm，距上端面高度为4.8mm，距下端面3.2mm，现场的槽铣刀底直径为8mm，刀颈直径为4mm，则单边可加工最大深度为2mm，小于加工深度3.35mm，如图5-2-29所示。可采用两种解决办法：修磨刀具或改变加工方法。

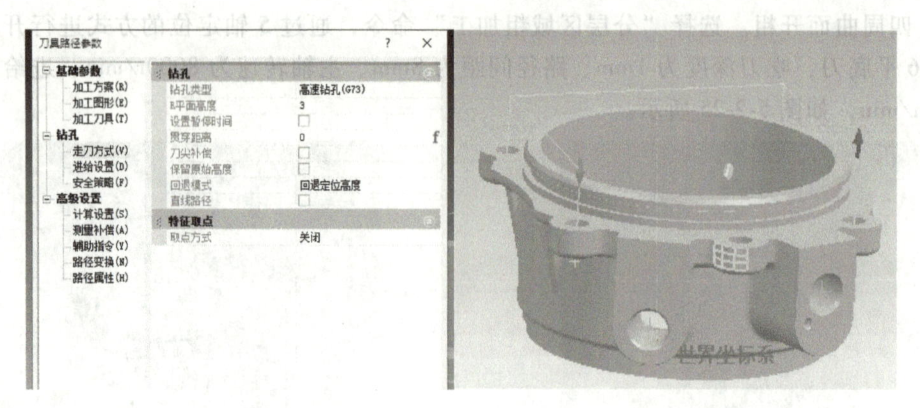

图 5-2-27　螺纹底孔开粗

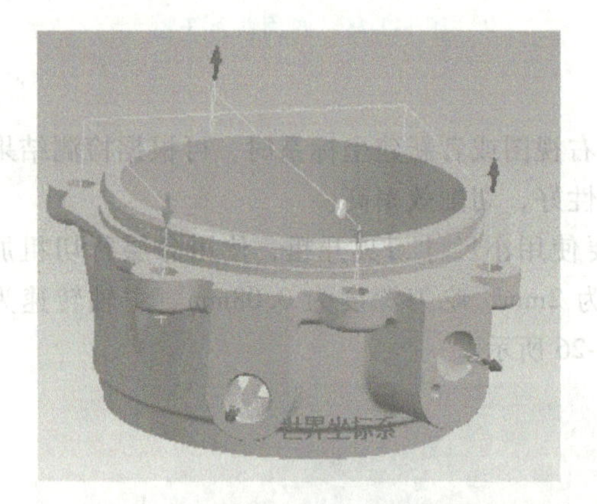

图 5-2-28　其他孔开粗

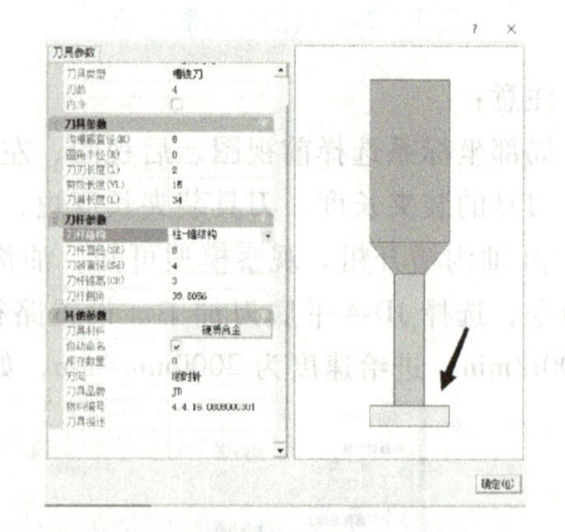

图 5-2-29　槽铣刀参数设置

如果修磨刀具颈部，将颈部磨至 2.3mm 即可满足加工需求，这样做可能导致刀具刚性下降，从而降低加工效率，增加加工时长。考虑经济因素和加工周期，暂时排除修磨刀具的方案，采用更换走刀方式来进行加工。

如果更换走刀方式，则从槽的径向加工，根据槽的宽度选用 JD-4 平底刀加工。为保证加工不干涉，刀具最短伸长约 35mm，装刀长径比为 8.75∶1，大于 7∶1。经过思考，决定更换装夹刀柄，改用热缩刀柄装夹刀具，以减小装刀长度。密封槽加工示意图如图 5-2-30 所示。

图 5-2-30　密封槽加工示意图

确定好加工刀具以及加工形式，接下来就可以进行程序编制了。使用的命令为 5 轴曲线加工，加工之前需要绘制两条 5 轴曲线控制刀轴（选用刀具直径 4mm，槽宽度 5mm）。5 轴曲线的绘制过程不再赘述，刀轴方向垂直于加工槽面即可，具体编程操作如下：

使用 5 轴曲线加工命令，JD-4 平底刀进行加工，吃刀深度为 0.08mm、主轴转速为 10000r/min、进给速度为 1000mm/min，如图 5-2-31 所示。

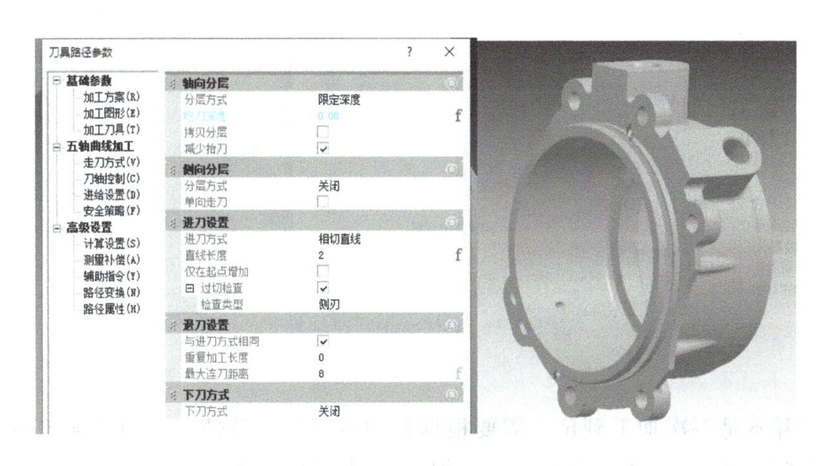

图 5-2-31　密封槽精加工

注意：

选择刀柄时一定要注意刀柄的型号，确保程序中的型号与实际使用的型号一致。务必使用运动模拟仿真进行模拟，以排除碰撞风险。热缩刀柄参数如图 5-2-32 所示。

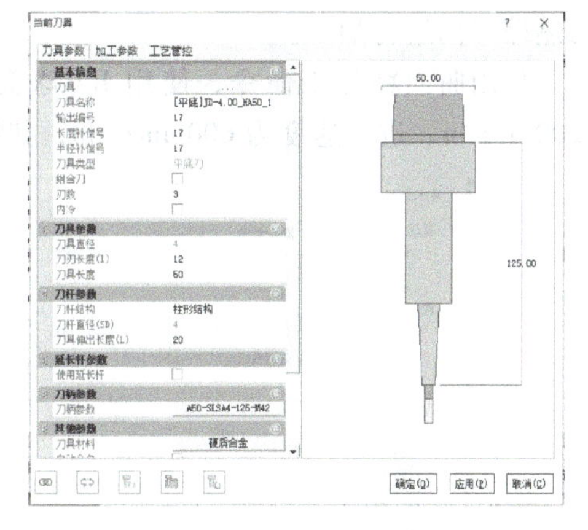

图 5-2-32　热缩刀柄参数

② ϕ128mm 内腔加工。内腔加工使用的命令是轮廓切割，使用 JD-10 平底刀，吃刀深度为 3mm、主轴转速为 8000r/min、进给速度为 2000mm/min，如图 5-2-33 所示。

③ ϕ17mm 孔镗削加工。ϕ17mm 孔的精度较高且深度深，在加工过程中易产生变形，精度难以保证，使用镗刀加工可避免这种情况发生。镗 ϕ17mm 孔所使用的命令是钻孔命令，如图 5-2-34 所示，使用 JD-16 镗刀进行加工，吃刀深度为 0.1mm，主轴转速为 1000r/min、进给速度为 25mm/min。

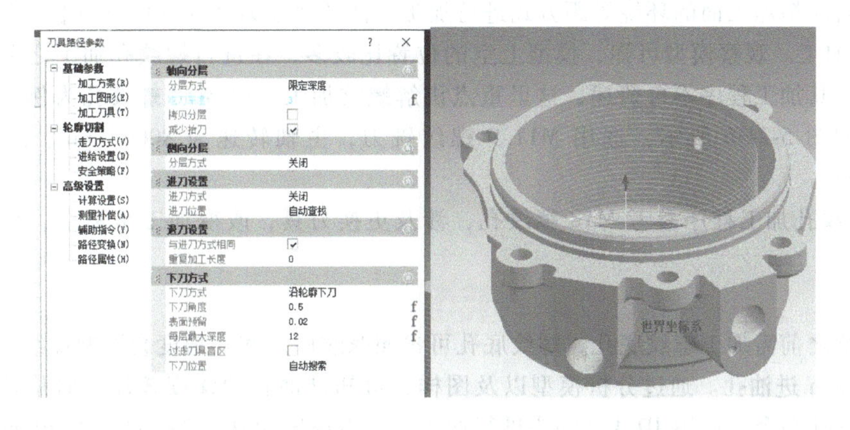

图 5-2-33　ϕ128mm 内腔加工

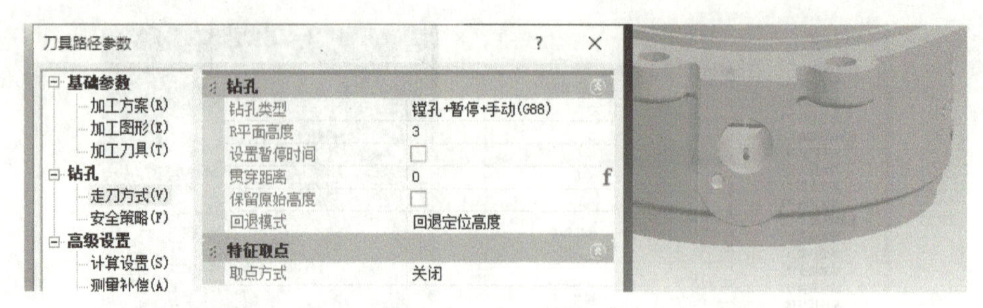

图 5-2-34　ϕ17mm 孔镗削加工

注意：

镗孔加工并不是一次加工到位，需要根据孔的直径再调整镗刀，因此加工路径只需要编写一个。需要配上 ϕ17mm 孔的测量程序，加工中配合调整加工。

④ 油沟槽。油沟槽位于正面端面上，最小曲率半径是 2mm，且无负角，可使用传统的 3 轴命令加工。由于其距表面有一定的高度，为减少刀具装夹长度，提高刀具刚性，依然使用热缩刀柄进行加工。

使用曲面精加工命令，使用 R2 球头刀进行加工，路径间距为 0.04mm、主轴转速为 12000r/min、进给速度为 600mm/min，如图 5-2-35 所示。

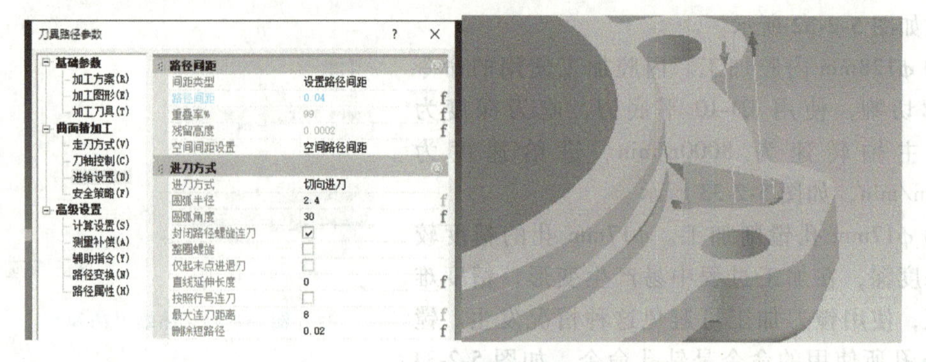

图 5-2-35　油沟槽半精加工

注意：

使用曲面精加工面的环绕等距方式进行加工。注意热缩刀柄的选取以及装夹长度。

⑤ 孔加工。观察模型可知，模型上空的位置比较多，在进行螺纹孔加工之前需要加工螺纹底孔，其加工程序不再赘述，这里重点讲解螺纹加工。以 M18 螺纹孔为例，使用铣螺纹命令，如图 5-2-36 所示，选用 M11.9 螺纹铣刀，主轴转速为 8000r/min、进给速度为 1000mm/min。

M5 螺纹孔加工程序参考 M18 螺纹孔，涉及更换刀具，改变加工坐标系、加工位置等操作。

注意：

铣螺纹之前需加工螺纹底孔，螺纹底孔可参照螺纹库。底孔精度会影响螺纹的精度。

⑥ ϕ5mm 进油孔。通过分析模型以及图样，可知进油孔的深度较深，但是精度要求不高。使用钻孔命令，使用 JD-4.2 钻头进行加工，吃刀深度为 0、路径间距为 40mm、主轴转速为 2000r/min、进给速度为 100mm/min，如图 5-2-37 所示。

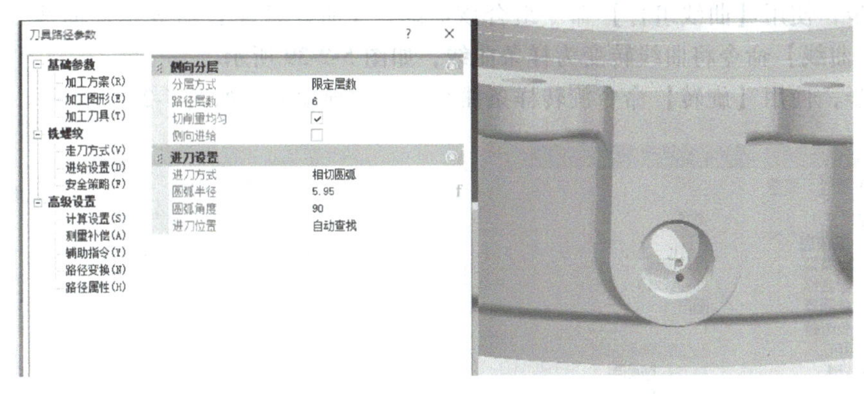

图 5-2-36　M18 螺纹孔加工

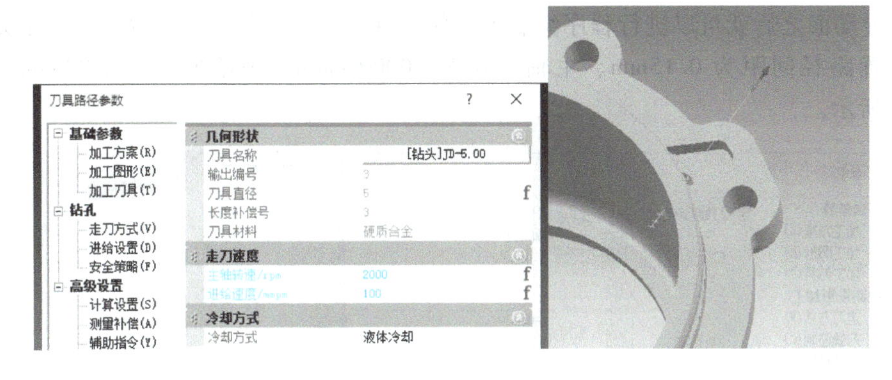

图 5-2-37　进油孔加工

注意：

使用钻头加工孔之前需要先引孔，以提高精度，然后再进行进油口的钻铣加工。

3）编写精加工程序　工序二精加工需要完成正面的特征加工，并且有相对应的检测程序。下面对部分内容进行系统讲解，其余部分的精加工程序编写参考半精加工程序编写。

① 内腔。观察图样可知，工件内腔直径为 ϕ128mm，高度是 67.3mm，存在曲面，曲面的最小曲率半径为 4mm。如果使用传统的 3 轴命令定轴加工内腔，最大加工刀具为 ϕ4mm 球头刀，最短伸长 63.7mm，暂不考虑刀具总长因素，装刀长径比达 16∶1，超过了极限长径比 7∶1。刀具装夹过长，刀具的刚性非常差，同时也会影响刀具寿命以及加工质量，因此需要配合热缩刀柄使用 5 轴联动命令来加工内腔。5 轴加工中刀轴方向很重要，选用曲面投影命令可以控制刀轴实现加工。

使用一般的 3 轴加工命令之前需要绘制辅助线，而使用曲面投影命令之前需要创建导动面。导动面是一个常见的加工区域元素，用来控制刀轴方向，是用来辅助生成刀具路径的面。导动面的创建过程如下。

第一步，根据内腔提取辅助线（内腔流线），如图 5-2-38 所示。

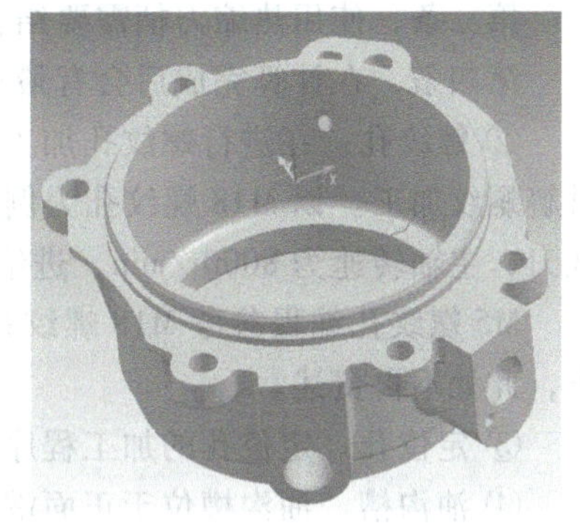

图 5-2-38　提取辅助线

第二步，使用【曲线组合】命令组合该曲线，【曲线延伸】命令延伸曲线，然后使用【转为样条曲线】命令将曲线转变为样条曲线，如图 5-2-39 所示。

第三步，使用【旋转】命令旋转样条曲线，得到导动面，如图 5-2-40 所示。

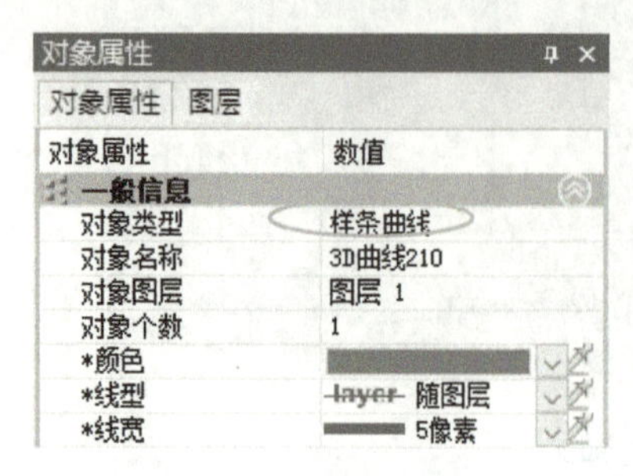

图 5-2-39 转变为样条曲线

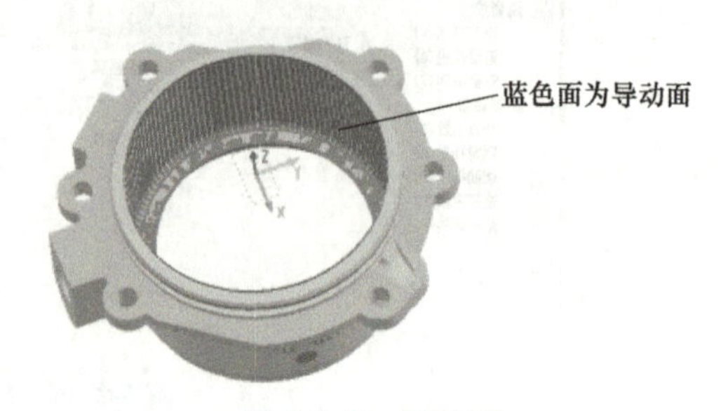

图 5-2-40 导动面

得到导动面之后就可以进行程序编制了。使用【曲面投影】命令，选择 R3 球头刀进行加工，设置路径间距为 0.15mm、主轴转速为 10000r/min、进给速度为 2000mm/min，如图 5-2-41 所示。

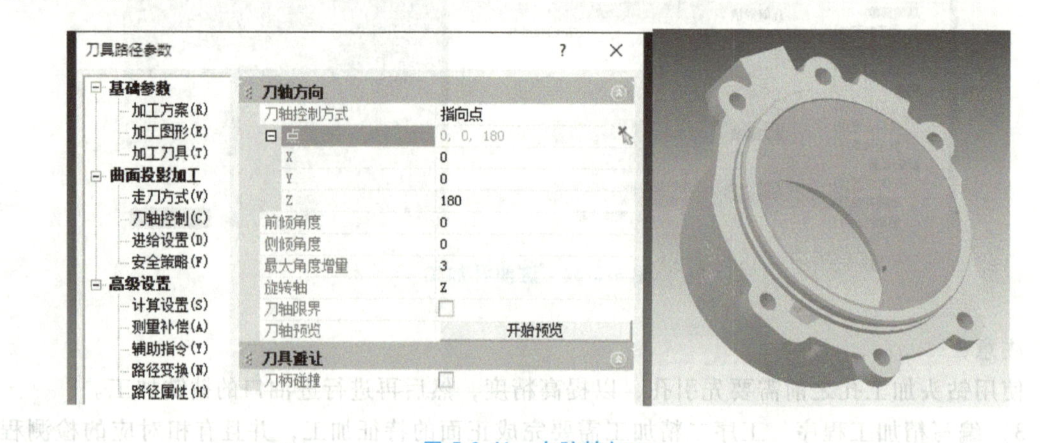

图 5-2-41 内腔精加工

注意：

第一条，内腔精加工路径使用 5 轴联动命令，半精加工依然采用区域加工去除余量。

第二条，注意刀轴的控制方式与控制点，避免加工过程中的干涉或碰撞。

第三条，使用热缩刀柄需要结合现场情况进行确定，确保刀柄型号统一。

第四条，在计算完成后会有最小装刀长度计算，调整装刀长度可提高刚性。

② 螺纹孔。在进行螺纹孔加工之前需要加工螺纹底孔，加工底孔程序不再赘述，重点讲解螺纹加工。以 M18 螺纹孔为例，使用铣螺纹命令，如图 5-2-42 所示，使用 M11.9 螺纹铣刀，主轴转速为 8000r/min，进给速度为 1000mm/min。

M5 螺纹孔编程参考 M18 螺纹孔进行，涉及更换刀具、改变加工坐标系和加工位置等操作，此处不再赘述。

③ 定位孔。定位孔的加工程序请参考其他孔的加工程序。

④ 油沟槽。油沟槽位于正面端面上，最小曲率半径为 2mm，且无负角，可使用传统的 3 轴命令加工。由于距表面有一定的高度，为减少刀具装夹长度，提高刀具刚性，使用热缩

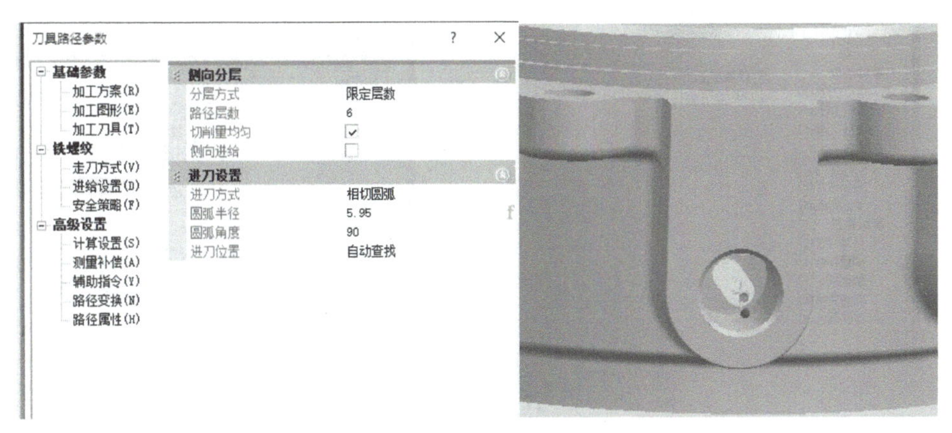

图 5-2-42　螺纹孔精加工

刀柄进行加工。

使用曲面精加工命令，选择 R2 球头刀进行加工，设置路径间距为 0.04mm、主轴转速为 2000r/min、进给速度为 600mm/min。油沟槽精加工工艺参数设置和加工结果如图 5-2-43 所示。

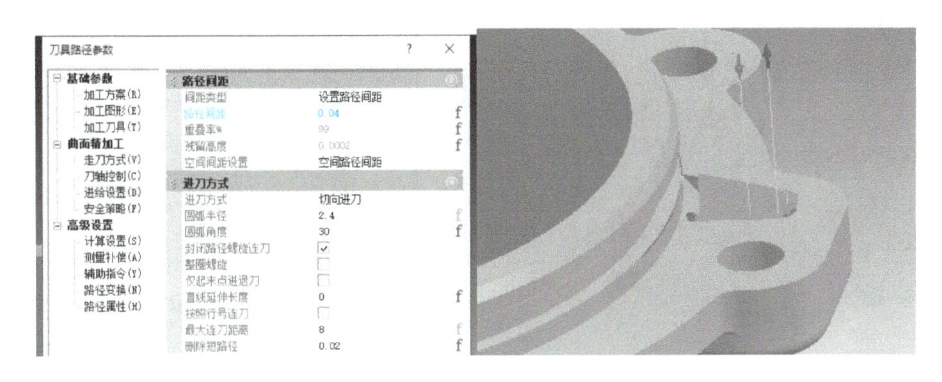

图 5-2-43　油沟槽精加工

注意：

使用曲面精加工面的环绕等距方式进行加工。注意热缩刀柄的选取以及装夹长度。

(3) 工序三　工序三在 GR400T 机床上加工，使用专用夹具进行装夹，进行粗加工、半精加工以及精加工，主要加工特征分为曲面、平面、内腔等。

1）编写开粗加工程序。工件背面部分开粗已经在工序二中完成，只需要对内腔以及外圆进行开粗即可。

内腔开粗使用的命令是区域加工和轮廓切割，使用的是 JD-10 平底刀，吃刀深度为 1mm、路径间距为 0.5mm、主轴转速为 8000r/min、进给速度为 2000mm/min，结果如图 5-2-44 所示。

其余加工部分，如铣上表面、铣外圆轮廓、铣内圆轮廓等参考背面内腔开粗程序，此处不再赘述。背面内腔开粗如图 5-2-45 所示。

2）编写半精加工程序。工序三半精加工特征为其余所有特征，具体分为各个曲面轮

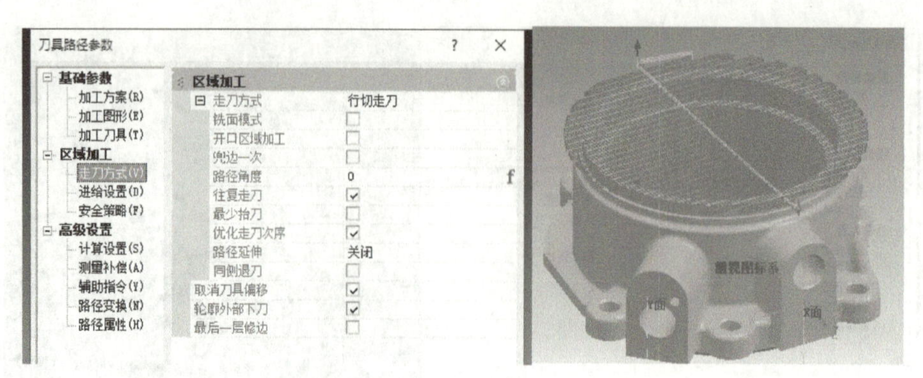

图 5-2-44　内腔开粗

廓、外圆、轮廓等。

① 曲面半精加工。由于加工的曲面沿着工件转一圈，使用 5 轴联动加工方法要求刀具伸出长度长，加工周期长，加工效率低，因此使用 5 轴定位的加工方式加工曲面。

在加工曲面之前需要提取各个面的加工辅助线。加工辅助线使用曲面边界线提取，如图 5-2-46 所示。

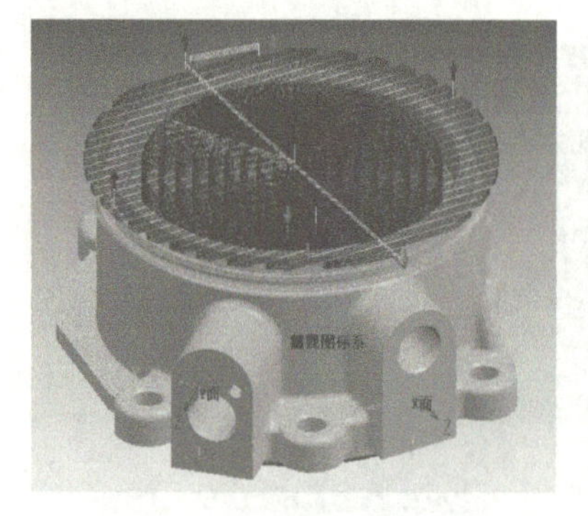
图 5-2-45　背面内腔开粗

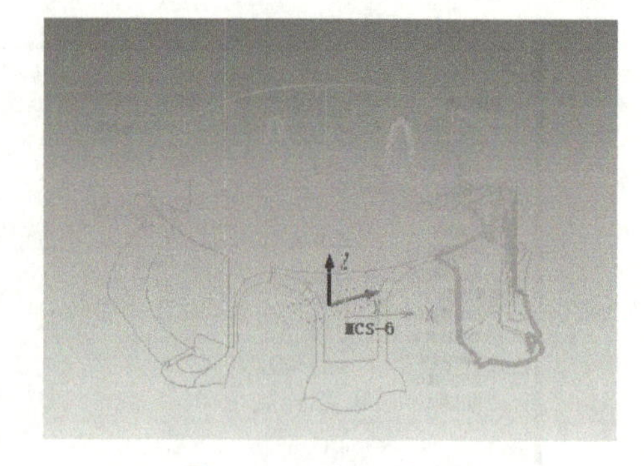

图 5-2-46　加工辅助线

新建坐标系，Z 轴正方向绕着 XOY 平面向上偏移合适度数即可，新建的坐标系需要根据加工路径进行调整，如图 5-2-47 所示。

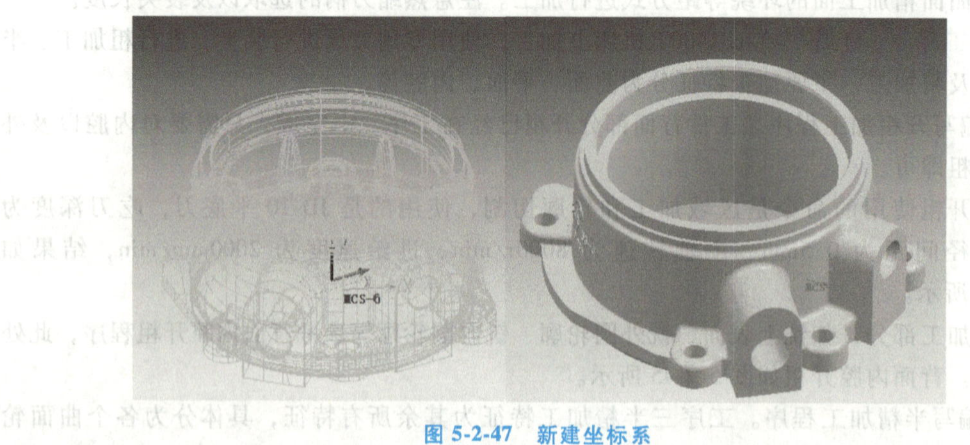

图 5-2-47　新建坐标系

使用曲面半精加工命令，使用 R4 球头刀进行加工，设置路径间距为 0.5mm、主轴转速为 12000r/min、进给速度为 4000mm/min，结果如图 5-2-48 所示。

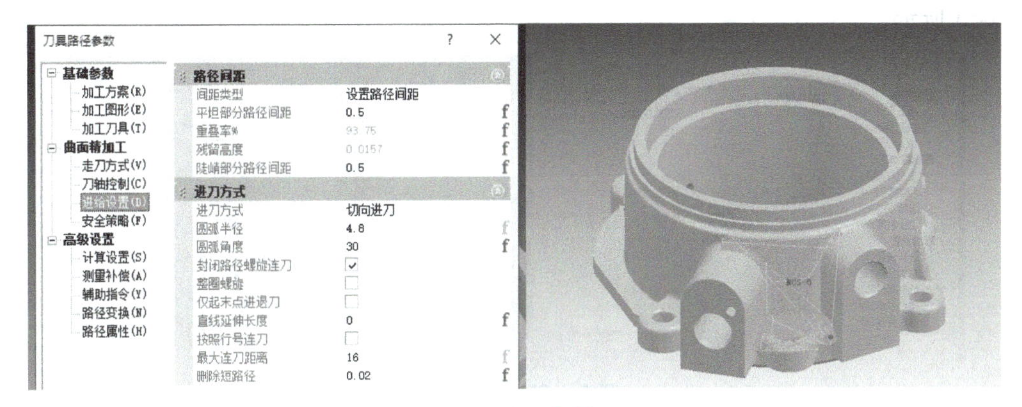

图 5-2-48　曲面半精加工

其他曲面的加工程序，参考本程序编写，如图 5-2-49 所示。

② 铣外圆、内腔、平面。铣外圆、内腔、平面等特征的加工程序，参考其他特征的加工程序，仿真结果如图 5-2-50 所示。

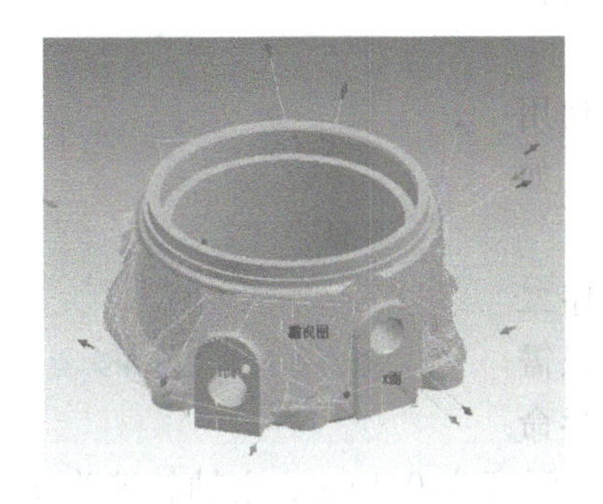

图 5-2-49　工序三曲面加工

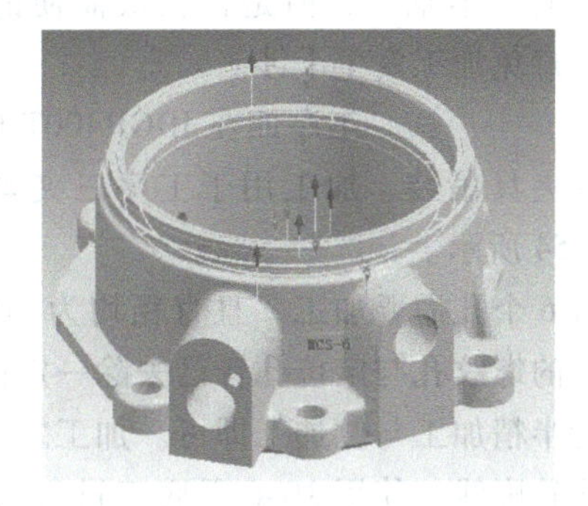

图 5-2-50　其他特征的加工仿真

3）编写精加工程序

① 曲面精加工。曲面精加工程序，参考半精加工程序，结果如图 5-2-51 所示。

② 曲面清根。由于加工的曲面曲率小，需要对曲面的根部进行清根处理。加工前提取辅助线，如图 5-2-52 所示。

图 5-2-51　曲面精加工

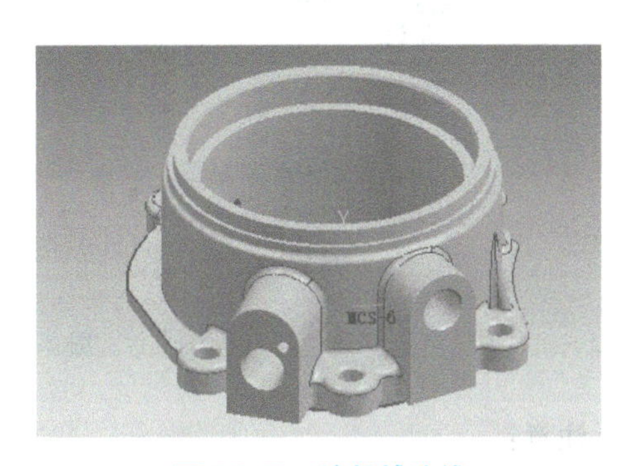

图 5-2-52　清根辅助线

使用曲面精加工命令，角度分区走刀方式，使用R2球头刀进行加工，设置路径间距为0.05mm、主轴转速为15000r/min、进给速度为2000r/min，分别编写加工程序，结果如图5-2-53所示。

图 5-2-53　清根加工

注意：

清根程序并不仅有一步程序，需要多步程序共同完成。需要注意的是坐标系的选取方向直接影响加工结果；刀轴方向并不唯一，但是存在最简便的。进行机床模拟时，应避免加工发生干涉。

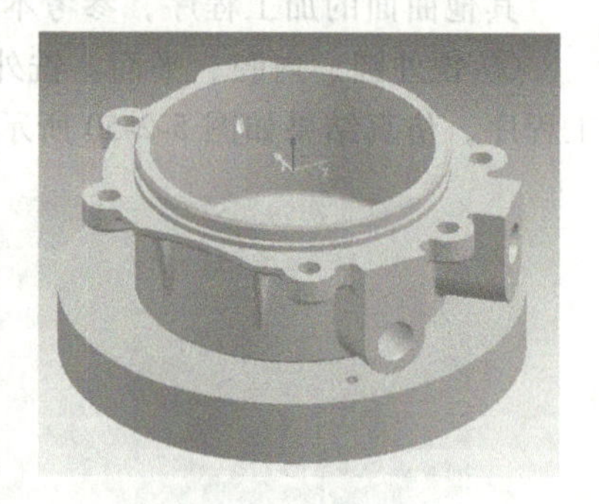

图 5-2-54　工序四装夹

(4) 工序四　工序四在JDGR400T机床上加工，使用专用的夹具吊装，加工用于工序三夹紧与定位的孔，如图5-2-54所示。

有6个孔需要加工，且直径均为10.5mm，在工序二中加工的螺纹孔与定位孔皆已去除一定的余量，因此只需要进行半精加工与侧加工即可。加工之前使用曲面边界命令提取轮廓线，使用JD-6平底刀进行加工，设置吃刀深度为0.1mm、主轴转速为13000r/min、进给速度为1000mm/min，结果如图5-2-55所示。

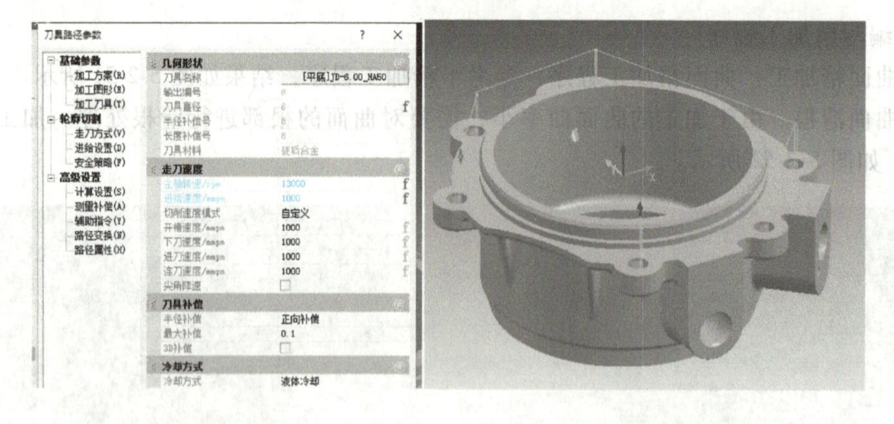

图 5-2-55　孔精加工

注意：

在进行孔加工之前使用工件位置补偿来确定工件的中心角度偏差，利用自定义法测量补点，结果如图 5-2-56 所示。

孔的加工分为半精加工与精加工两步。精加工中开启刀具半径补偿，便于快速修改孔的尺寸。

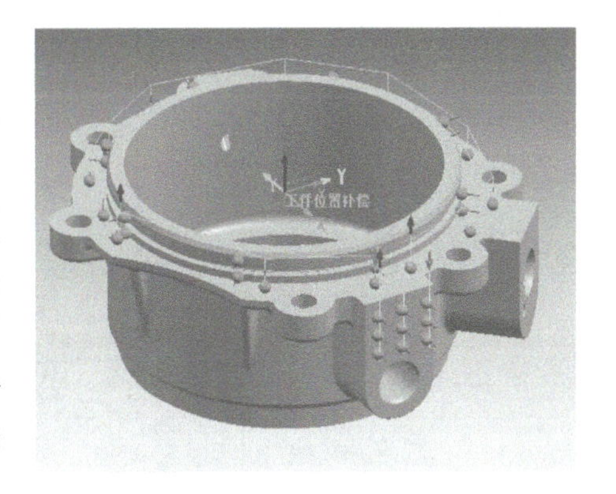

图 5-2-56　工件位置补偿

3. 仿真验证

(1) 线框模拟　在加工环境下，单击菜单栏中的【项目向导】→【线框模拟】，导航工作条进入实体模拟引导。单击【选择路径】按钮，弹出“选择路径”对话框，选择要进行线框模拟的路径，单击【确定】按钮返回。单击【开始】按钮，软件开始以线框方式显示模拟路径加工过程，如图 5-2-57 所示。

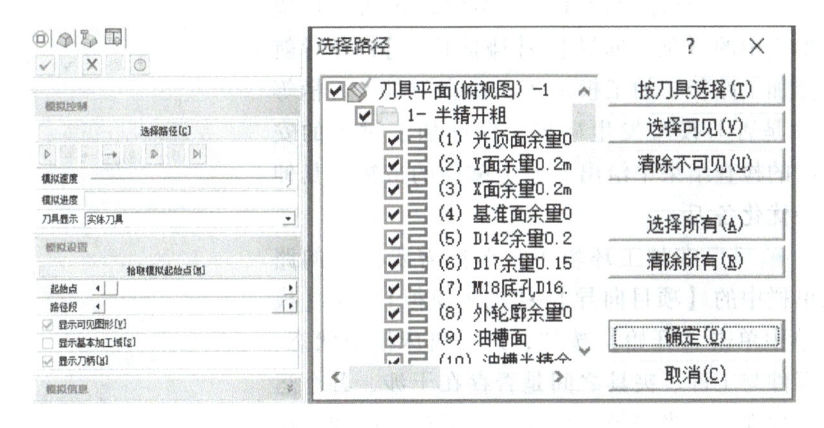

图 5-2-57　线框模拟

操作提示：

1）在线框模拟过程中按住鼠标滚轮不放，移动光标，可以动态观察路径加工过程。

2）单击【拾取模拟起点】按钮，可以通过拾取路径点位置设置路径模拟初始位置。

3）在模拟环节，正面加工程序与背面加工程序分开模拟，由于是两个几何体，在模拟环节应选取相应的几何体、加工程序等。

(2) 实体模拟　在加工环境下，单击菜单栏中的【项目向导】→【实体模拟】，导航工作条进入实体模拟引导。单击【选择路径】按钮，弹出“选择路径”对话框，将编辑好的路径全部选择，单击【开始】按钮，软件开始通过模拟刀具切削材料的方式模拟加工过程，如图 5-2-58 所示。模拟过程中编程人员应检查路径是否合理，是否存在安全隐患。

操作提示：

1）可通过拖动控制条按钮设置模拟速度。

2）单击【快速预览】按钮，弹出快速仿真进度条，不再绘制机床运动动画，也不再实时显示当前仿真行。仿真结束或中断仿真，弹出“仿真结果”对话框。

(3) 过切检查　在加工环境下，选择需要模拟的路径，单击菜单栏中的【项目向导】→【过切检查】，在导航工作条中单击【检查模型】→【几何体】→【正面】→【开始检查】，如图 5-2-59 所示，检查路径是否存在过切现象，并弹出“检查结果”对话框。

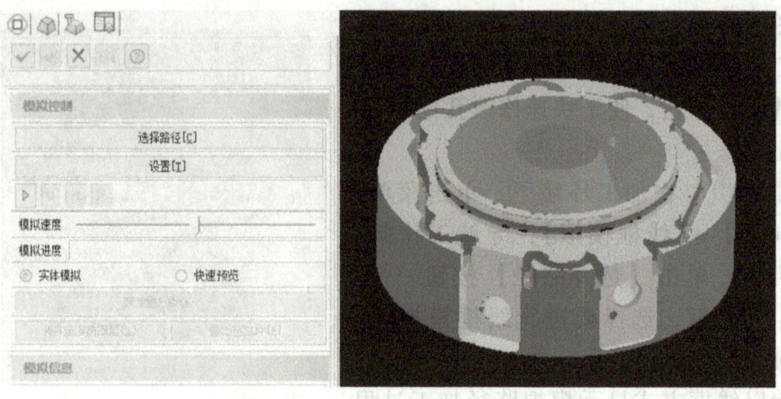

图 5-2-58 精加工实体模拟

(4) 碰撞检查 与过切检查操作类似，在加工环境下，单击菜单栏中的【项目向导】→【碰撞检查】，在导航工作条中选择加工路径、加工模型等。检查刀具、刀柄等在加工过程中是否与模型发生碰撞，保证加工过程的安全，并在弹出的检查结果中给出不发生碰撞的最短刀具伸出长度，以最优化备刀。

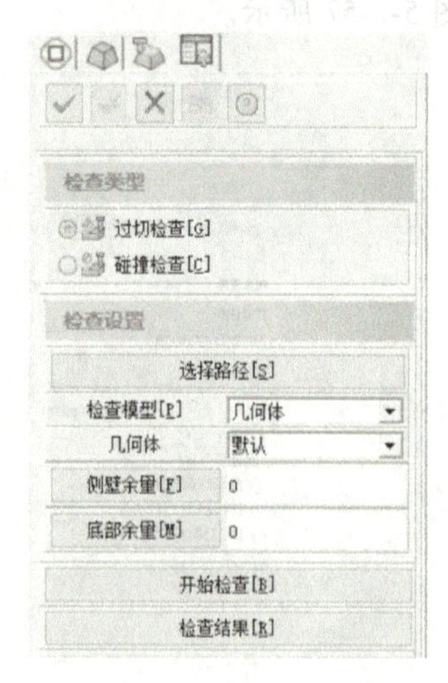

图 5-2-59 过切检查

(5) 机床模拟 在加工环境下，选择需要模拟的路径，单击菜单栏中的【项目向导】→【机床模拟】，在【模拟控制】菜单中单击【开始】按钮，进入机床模拟状态，检查机床各部件与工件、夹具之间是否存在干涉、各个运动轴是否有超程现象。当路径过切检查、碰撞检查和机床模拟都完成并正确时，导航工作条中的路径安全状态显示为绿色，如图 5-2-60 所示。

(6) 输出路径 在加工环境下，选择【输出路径】命令，检查需输出的路径有无疏漏，输出格式选择 JD650 NC（As Eng650），选择输出文件的名称和地址，输出所有路径，如图 5-2-61 所示。

图 5-2-60 机床模拟

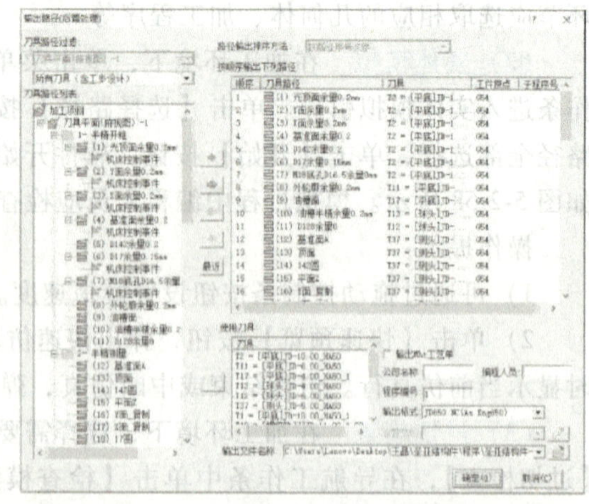

图 5-2-61 输出路径

（7）输出程序单　在加工环境下，选择【路径打印】命令，选择所有加工路径，选择程序单以及竖向模式，输出程序单文件，如图 5-2-62 所示。

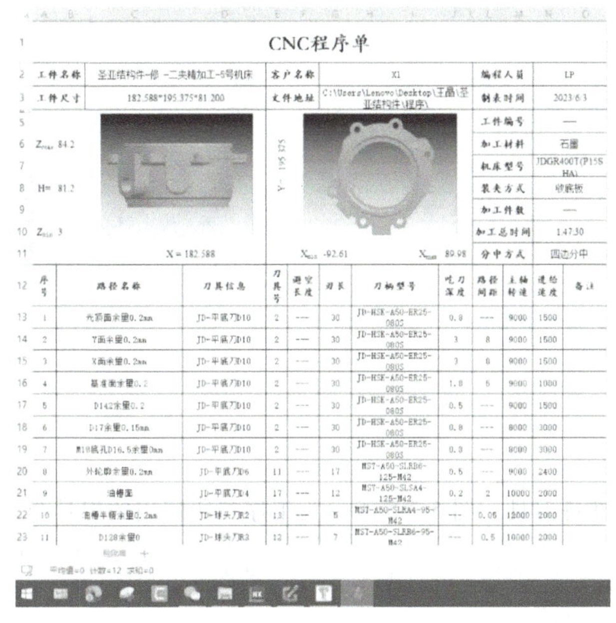

CNC程序单

工件名称	圣亚结构件-修 -二夹精加工-5号机床	客户名称	X1	编程人员	LP
工件尺寸	182.588*195.375*81.200	文件地址	C:\Users\Lenovo\Desktop\王晶\圣亚结构件\程序\	制表时间	2023/6/3
Z_{max} 84.2 H= 81.2 Z_{min} 3 X = 182.588		Y = 195.375 X_{min} -92.61　X_{max} 89.98		工件编号	—
				加工材料	石墨
				机床型号	JDGR400T(P15SHA)
				装夹方式	吸盘板
				加工件数	—
				加工总时间	1:47:30
				分中方式	四边分中

序号	路径名称	刀具信息	刀具号	避空长度	刃长	刀柄型号	吃刀深度	路径间距	主轴转速	进给速度	备注
1	光顶面余量0.2mm	JD-平底刀D10	2	---	30	JD-HSK-A50-ER25-080S	0.8	---	9000	1500	
2	Y面余量0.2mm	JD-平底刀D10	2	---	30	JD-HSK-A50-ER25-080S	3	8	9000	1500	
3	X面余量0.2mm	JD-平底刀D10	2	---	30	JD-HSK-A50-ER25-080S	3	8	9000	1500	
4	基准面余量0.2	JD-平底刀D10	2	---	30	JD-HSK-A50-ER25-080S	1.8	5	9000	1000	
5	D142余量0.2	JD-平底刀D10	2	---	30	JD-HSK-A50-ER25-080S	0.5	---	9000	1500	
6	D17余量0.15mm	JD-平底刀D10	2	---	30	JD-HSK-A50-ER25-080S	0.8	---	8000	3000	
7	M18底孔D16.5余量0mm	JD-平底刀D10	2	---	30	JD-HSK-A50-ER25-080S	0.3	---	8000	3000	
8	外轮廓余量0.2mm	JD-平底刀D6	11	---	17	MST-A50-SLRB6-125-M42	0.5	---	9000	2400	
9	油槽面	JD-平底刀D4	17	---	12	MST-A50-SLSA4-125-M42	0.2	2	10000	2000	
10	油槽半精余量0.2mm	JD-球头刀R2	13	---	5	MST-A50-SLRA4-95-M42	---	0.05	12000	2000	
11	D128余量0	JD-球头刀R3	12	---	7	MST-A50-SLRB6-95-M42	---	0.5	10000	2000	

平均值=0　计数=12　求和=0

图 5-2-62　输出程序单

5.3　加工准备与上机加工

5.3.1　加工准备

1. 毛坯准备

首先，对照工艺单，检查毛坯材料是否为 2A12 铝合金，如图 5-3-1 所示；其次，检查毛坯尺寸是否与软件中所设理论模型尺寸一致；最后，检查毛坯外形与热处理情况，判断是否影响后续加工。

2. 夹具准备

将单动卡盘安装在 JDVT600T 机床上，如图 5-3-2 所示。

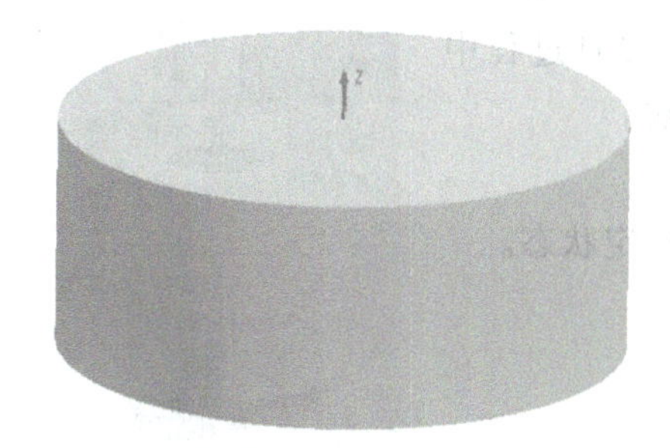

图 5-3-1　毛坯

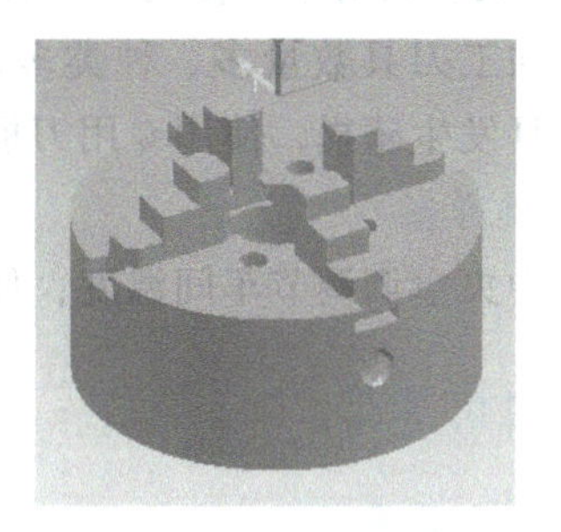

图 5-3-2　单动卡盘

将零点快换系统安装至5轴机床 JDGR400T 上，如图 5-3-3 所示。

做出与钳口相对应的专用夹具，用于工序三的装夹，将其安装至 5 轴机床 JDGR400T 上，如图 5-3-4 所示。

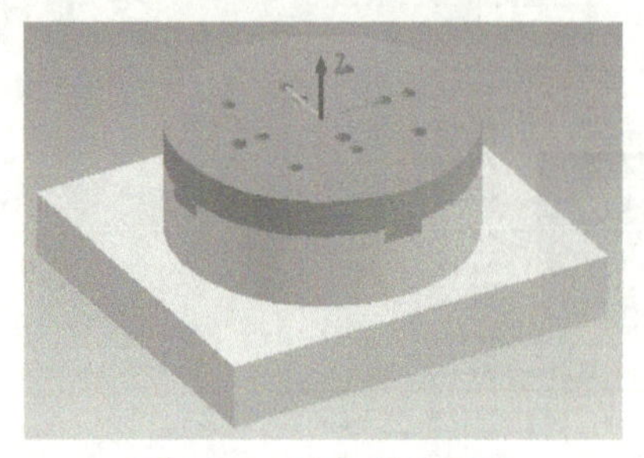
图 5-3-3　零点快换系统

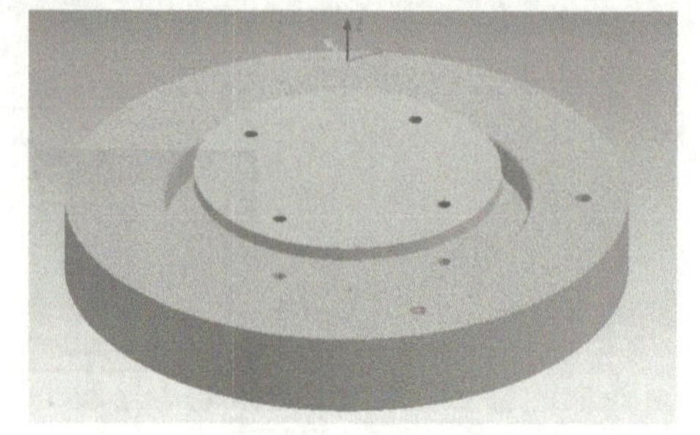
图 5-3-4　专用夹具

3. 机床准备

参照前面项目。

4. 刀具准备

根据刀具表所示准备刀具。图 5-3-5 所示为工序二所使用的刀具与刀柄。

当前刀具表

刀具名称	刀柄	输出编号	长度补偿号	半径补偿号	备刀	加锁	使用次数	刀具伸出长度	刀组号	刀组使用T/H/D
[平底]JD-10.00_HA50_1	HSK-A50-ER25-080S	1	1	1			6	60	—	—
[平底]JD-10.00_HA50	HSK-A50-ER25-080S	2	2	2			10	50	—	—
[钻头]JD-6.00	HSK-A50-ER25-080S	3	3	3			1	39	—	—
[钻头]JD-4.20	HSK-A50-ER25-080S	7	7	7			1	24	—	—
[大头刀]JD-90-0.20-6.00	HSK-A50-ER25-080S	8	8	8			4	21.45	—	—
[球头]JD-12.00	HSK-A50-ER25-080S	9	9	9			2	47.5	—	—
[螺纹铣刀]JD-11.90-1.50-3	HSK-A50-ER25-080S	10	10	10			5	39	—	—
[平底]JD-6.00_HA50	A50-SLRB6-125-M42	11	11	11			1	26	—	—
[球头]JD-6.00_HA50	A50-SLRB6-95-M42	12	12	12			5	25	—	—
[球头]JD-4.00_HA50	A50-SLRA4-95-M42	13	13	13			2	20	—	—
[球头]JD-2.00_HA50	A50-SLRA4-125-M42	14	14	14			2	20	—	—
[螺纹铣刀]JD-4.00-0.80-3	HSK-A50-ER25-080S	16	16	16			1	21.7	—	—
[平底]JD-4.00_HA50_1	A50-SLSA4-125-M42	17	17	17			5	20	—	—
[钻头]JD-6.00	HSK-A50-ER25-080S	18	18	18			2	36	—	—
[镗刀]JD-16.70-16.00_1	HSK-A50-ER25-080S	35	35	35			3	50	—	—
[测头]JD-5.00_HA50	HSK-A50-[illegible]	37	37	37			7	30	—	—

确定(O)　取消(C)

图 5-3-5　工序二刀具表

装刀前检查刀具是否满足加工要求，检查刀柄是否满足要求，然后进行装刀。部分工序使用的热缩刀柄装刀如图 5-3-6 所示。

由于加工刀具数量多、种类多，为避免在运输刀具过程中刀柄或刀具发生磕损，使用专用刀柄运输车进行运输。

图 5-3-6　热缩刀柄装刀

5. 环境准备

通过中央空调调节车间温度，使车间温度达到稳定状态。

5.3.2　上机加工

1. 加工前准备

参照前面项目。

2. 调入程序

将程序输出，然后下发至机床端，在机床端打开程序。

程序打开完成后，首先检查刀具编号、刀长补偿编号和工件坐标系等参数，然后单击【CF7 编译】对程序进行编译，检查程序中是否存在错误。在视图中观察编辑程序的加工路径是否正确，如图 5-3-7 所示。

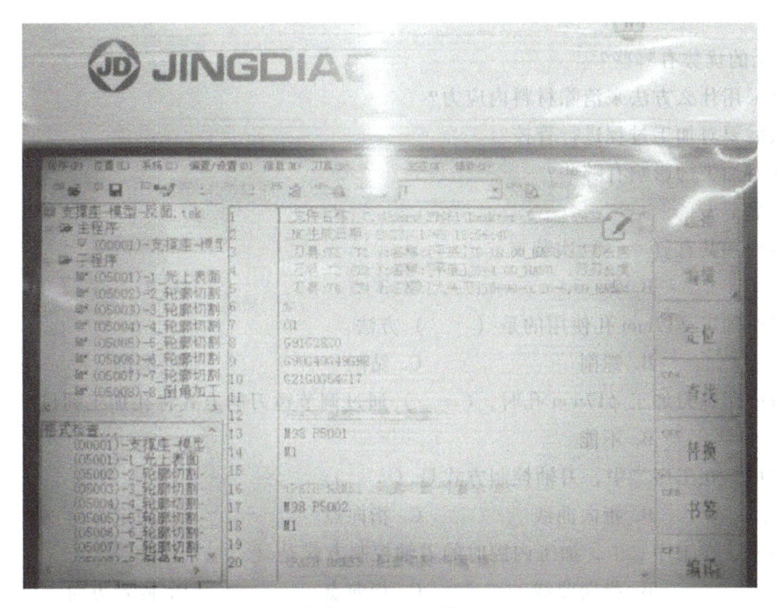

图 5-3-7　程序检查

注意：如程序出现编辑错误，进行编译时将会出现提示。通过不同的视图方式观察刀具路径，初步判断加工程序的编辑和坐标点的设置是否正确。

3. 试切及自动运行

确认无误后单击【程序运行】→【选择停止】→【手轮试切】→【程序启动】。关闭自动冷却功能，用手轮控制进行加工。观察剩余量坐标值，与实际情况一致后打开自动冷却。关闭手轮试切，程序自动加工。每把刀首次使用时应打开手轮试切功能，判断走刀路径是否与程序一致，无误后关闭手轮试切，程序自动加工。在加工过程中可通过判断刀具切削声音以及振动情况，使用主轴转速旋钮和进给速度旋钮调整加工的部分参数。

加工完成后使用气枪将工件清洁干净，调出测量程序，运行测量程序，得到测量结果。若测量结果合格，则直接可以下机；若测量结果不合格，则需视情况进行处理。

4. 清理机床

拆卸工件，清理机床，进行机床的日常维护保养。

5.4　项目小结

1）结构件的工艺设计思路和加工方法。

2）经过本项目的学习，应能够根据零件特点设计合适的夹具，并安排合适的加工工艺，选择合适的加工方法与走刀方式。

3）简单的5轴加工方法在日常加工中最常用，需要熟练掌握其使用方法，明确各参数的具体含义。

思考题

1. 思考题

（1）5轴加工的优势有哪些？

（2）本项目采用什么方法来消除材料内应力？

（3）为什么需要对加工过程进行管控？

（4）切削液对加工的影响有哪些？

2. 单项选择题

（1）本项目中一共有（　　）次装夹。

A. 1　　B. 2　　C. 3　　D. 4

（2）本项目中加工 ϕ17mm 孔使用的是（　　）方法。

A. 铣削　　B. 镗削　　C. 钻削　　D. 磨削

（3）本项目中用镗刀加工 ϕ17mm 孔时，（　　）通过调节镗刀的方式将孔加工到位。

A. 能　　B. 不能

（4）本项目中，在工序二中，刀轴控制方式是（　　）。

A. 曲面法向　　B. 指向曲线　　C. 指向点　　D. 固定方向

（5）本项目中，在工序二中，加工内腔时的刀轴控制方式是（　　）。

A. 曲面法向　　B. 指向曲线　　C. 指向点　　D. 固定方向

（6）本项目中，在工序四中加工的特征有（　　）。

A. 平面　　B. 曲面　　C. 螺纹孔　　D. 孔

3. 判断题

（1）由于JDGR400T机床加工精度高，因此可以不需要检测。（　　）

（2）在工序四中，加工前不需要进行工件位置补偿。（　　）

（3）由于工序四夹具是专用夹具，因此可以不使用工件位置补偿。（　　）

（4）机床模拟功能不能模拟测量路径。（　　）

（5）首次运行测量路径时，不需要进行手轮试切。（　　）

项目6

叶轮类产品——多级叶轮的加工

知识点

（1）多级叶轮的加工过程。
（2）多级叶轮的工艺分析。
（3）多级叶轮加工编程要点。
（4）多级叶轮加工过程管控。
（5）设备的状态管控。

能力目标

（1）会进行多级叶轮的工艺分析和工艺方案设计。
（2）会规划多级叶轮的加工方案。
（3）会进行多级叶轮加工程序的编写。
（4）会进行多级叶轮的加工。
（5）会进行机床状态的管控。
（6）会进行碰撞检查、过切检查、最小装刀长度计算。
（7）学会运用线框模拟、实体模拟对加工路径进行分析和优化。
（8）完成实例产品的加工。
（9）培养学生不断学习、钻研、持续进取、勇于创新的精神。

6.1 项目背景介绍

6.1.1 叶轮产品概述

1. 叶轮介绍

叶轮又称工作轮，是离心式压缩机中唯一对气体做功的元件。叶轮是高速旋转元件，是转子上的最主要部件，一般由轮盘、轮盖和叶片等组成。气体在叶轮叶片的作用下，随叶轮做高速旋转，气体受旋转离心力的作用，在叶轮中扩压流动，其压力通过叶轮后得到提高。因此对叶轮的设计、材料和制造工艺都有很高的要求。

2. 叶轮的特点

（1）制造质量要求高　随着航空航天业的快速发展，对提供动力的燃气轮机提出了更高的要求，相应地，对于叶轮质量的要求也更高，其中包括叶轮的尺寸精度、叶片轮廓精度、表面质量等，并且要求叶轮的使用寿命要长。

（2）强度要求高　叶轮是离心式压缩机中唯一对气体做功的元件，而且是高速旋转元件，所以对叶轮的强度有很高的要求。

（3）制造加工难度高　叶轮由叶片曲面、包覆曲面、轮毂曲面组成，叶片曲面扭曲严重，加工时极易发生干涉，所以叶轮的加工难度很高，精度也不容易保证。

3. 叶轮制造技术的发展

（1）5轴加工成为主流　传统的叶轮加工主要依靠传统的铣床、车床等加工设备，虽然能够进行粗、精加工，但对于叶轮复杂曲面、轮毂及叶片等微小变形较大的部位进行精度控制较难。叶轮5轴加工技术就是通过引入第4、第5个旋转轴，旋转刀具和工件的方法，解决了传统加工难以达到的复杂形面加工难题，提高了零件的加工质量和加工精度，而且大幅度提高了加工效率。5轴加工技术的优势在于，它能够自由调整刀具的切削角度和切削方向。比如叶轮的各项参数多且虚实相间，传统加工方法无法同时满足所有参数要求，但是5轴加工却可以轻松解决这个问题。此外，5轴加工技术可以根据实际情况，通过多次设置刀具进给、工件旋转等参数来进行合理的加工，提高叶轮的表面精度、力学性能等指标。

（2）点铣法和侧铣法都已成熟　点铣法，即用球头刀按叶片的流线方向逐行走刀，逐渐加工出叶片曲面，这种方法在自由曲面型叶片上普遍采用，在一小部分直素线型叶片上也采用；侧铣法，即用圆柱铣刀或圆锥铣刀的侧刃铣削叶片曲面，主要用于直素线型叶轮的加工。侧铣法比点铣法能改善叶片的表面质量，并显著提高叶轮的加工效率。基于不同的叶轮结构，可灵活选用点铣法或侧铣法加工，也可以选择二者组合的方式进行加工。

6.1.2　多级叶轮应用背景

本项目的多级叶轮是分子真空泵的核心部件，是唯一对气体做功的元件，而且是高速旋转元件，是转子上的最主要部件，如图6-1-1所示。分子泵（图6-1-2）是利用高速旋转的转子把动量传输给气体分子，使之获得定向速度，从而被压缩、被驱向排气口后为前级抽走的一种真空泵。分子泵中的气体分子通过与高速运动的转子相碰撞而获得动量，被驱送到泵的出口。因为分子泵中的转子要高速旋转，这就需要保证其核心部件——多级叶轮要有较高的精度，以减少分子泵运行过程中的振动，保证其工作的稳定性。

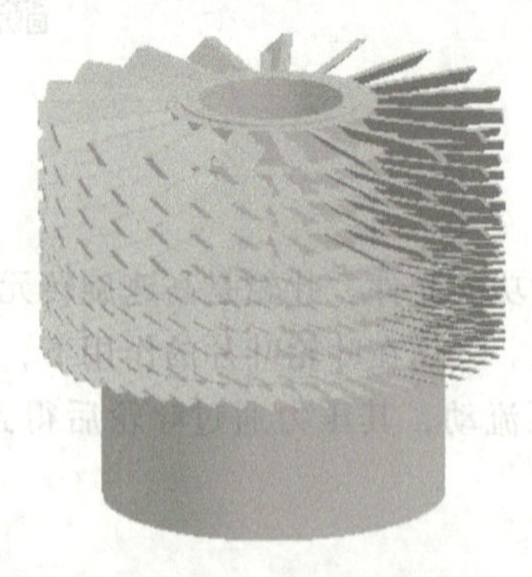

图6-1-1　多级叶轮

图6-1-2　分子泵

6.2　工艺分析与编程仿真

6.2.1　工艺分析

1. 特征分析

本项目的产品为多级叶轮，其特征由叶片曲面、轮毂曲面、包覆曲面等组成。本项目叶轮叶片分9级，共426个，整体尺寸为ϕ200mm×168mm，如图6-2-1所示。

产品要求：

1）叶片径向全跳动为0.15mm；

2）叶片包覆面径向圆跳动为0.2mm；

3）要求高速工作时动平衡好，叶轮使用寿命长。

2. 毛坯分析

本项目产品的来料毛坯为车削成形的精毛坯，其尺寸规格为ϕ200mm×168mm，如图6-2-2所示。

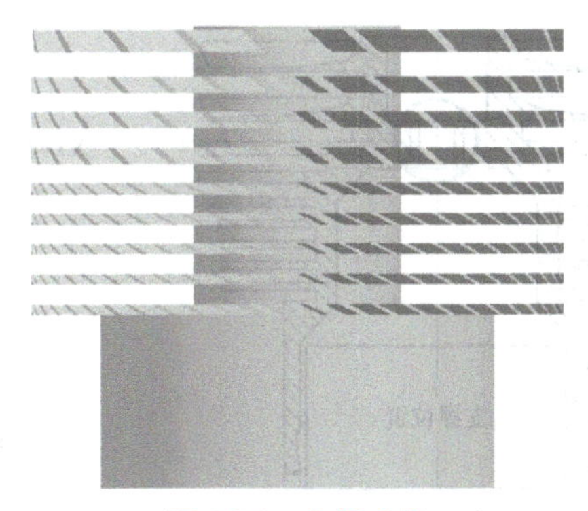

图6-2-1　九级叶轮

图6-2-2　成形精毛坯

3. 材料分析

本项目产品的材料为7075铝合金，属于高强度可热处理合金，具有良好的力学性能，质地偏软，易于加工，耐磨性好，主要用于制作高强度结构零件。

4. 加工要求分析

本项目产品的加工区域为叶轮的叶片部分，包括叶片曲面和轮毂曲面，如图6-2-3所示。

该工件的加工要求有以下几点：

1）所有叶片曲面的径向全跳动公差为0.15mm。

2）所有叶片的最大直径公差为±0.1mm。

3）包覆面的径向圆跳动公差为0.2mm。

4）叶轮中心孔的圆柱度公差为0.02mm。

5）表面不允许有任何磕碰、划伤、毛刺等缺陷。

5. 加工难点分析

（1）叶轮加工质量　本项目中的叶片属于薄壁件，刚性差，加工时受力易变形，且极易产生振动，表面质量差。

（2）切削刚性　在本项目中，相邻叶片之间间距小，导致加工所需刀具最大刀长为100mm，加工时刀具的切削刚性差。

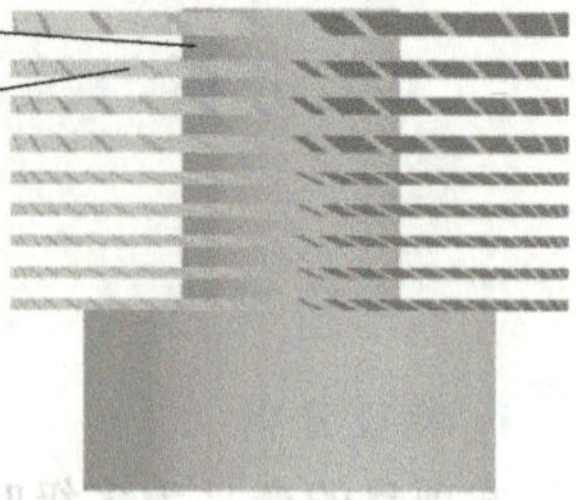

轮毂曲面
叶片曲面

图 6-2-3　加工区域

6.2.2　确定加工方案

1. 选择加工方式

本项目中的叶轮，生产周期短，要求高速工作时动平衡好、叶轮使用寿命长。通过俯视图（图 6-2-4）观察叶轮，发现叶轮加工特征复杂多变，而且不能有接刀，3轴加工无法保证加工精度，因此采用5轴联动的方式进行加工。

2. 选择装夹方式

本项目的毛坯为 ϕ200mm×168mm 的成形精毛坯，除叶片特征外，其余特征均加工到位。选择中心孔作为X、Y方向的分中基准，中心孔底部为Z向基准，采用螺钉压紧的方式进行装夹，如图 6-2-5 所示。

图 6-2-4　俯视图

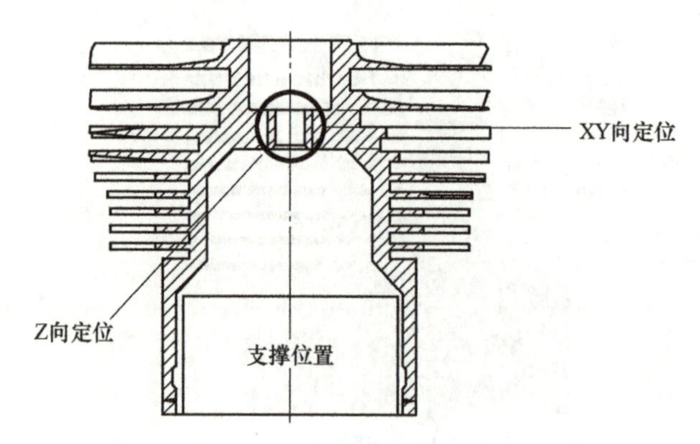

图 6-2-5　定位与装夹

3. 选择加工设备

本项目产品叶片扭曲严重，且对于工件的表面质量和加工效率要求都很高，考虑选择精雕全闭环5轴设备。开粗过程中吃刀深度较大，要求主轴刚性高，选择 JD150S-20-HA50/C 型号的电主轴，该主轴具有高转速、低振动的特点。该毛坯的尺寸为 ϕ200mm×168mm，加上工装夹具，其整体尺寸在 JDGR400 系列机床行程内，所以选择 JDGR400T 5轴机床进行加工。为保证加工稳定性，机床需配备油雾分离器、激光对刀仪等附件。机床如图 6-2-6 所示。（JDGR400T 是由北京精雕制造的具有微米级精度加工能力的精雕5轴高速加工中心，也是目前市场认可度极高的一款“精密型”中型精雕5轴高速加工中心，具有“0.1μm 进给，1μm 切削，纳米级表面效果”的加工能力，适用于精密模具、精密零件及复杂五金件的5轴加工。）

4. 选择关键刀具

本项目中叶片长度为54mm，为减小叶片变形，减小切削力，选用切削刃锋利、摩擦系数小、刚性好的短刃锥度球头刀。在深度上采用多把刀具进行分段加工，保证刀具切削刚性，提高加工效率。刀具结构如图 6-2-7 所示。

5. 规划工步

经过分析，多级叶轮的叶片曲面为自由曲面，故采用点铣的加工方式进行切削。采用两侧交错分层铣削的加工方式，通过左右交错加工，提高铣削过程中薄壁叶片的支撑刚性。另外，为保持叶片刚性，按照逐层开粗、逐层精加工的方法进行铣削，不能采用整体开粗留余再进行精加工的方法。加工工步如图 6-2-8 所示。

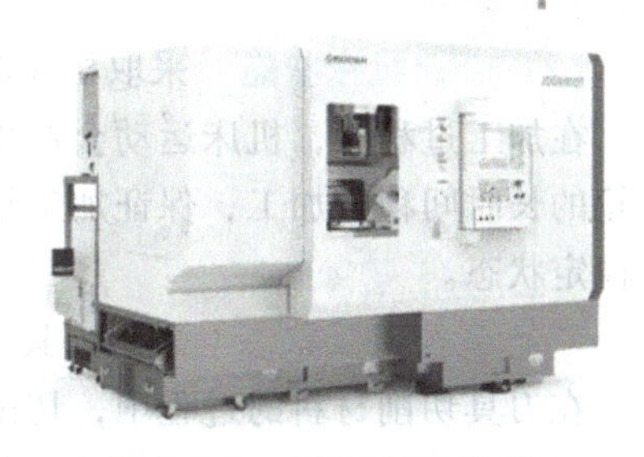

图 6-2-6 JDGR400T 机床

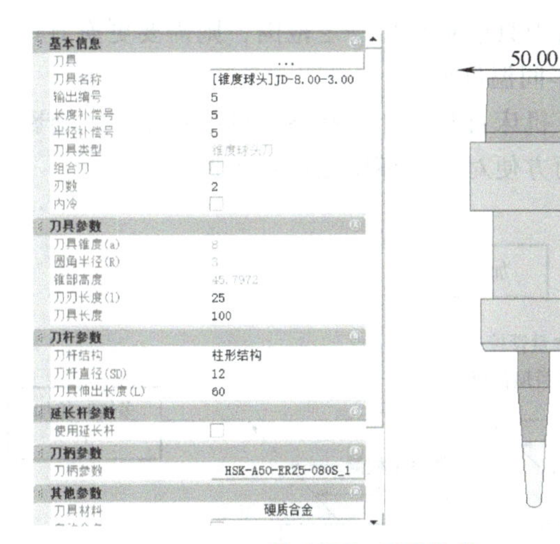

图 6-2-7 刀具结构

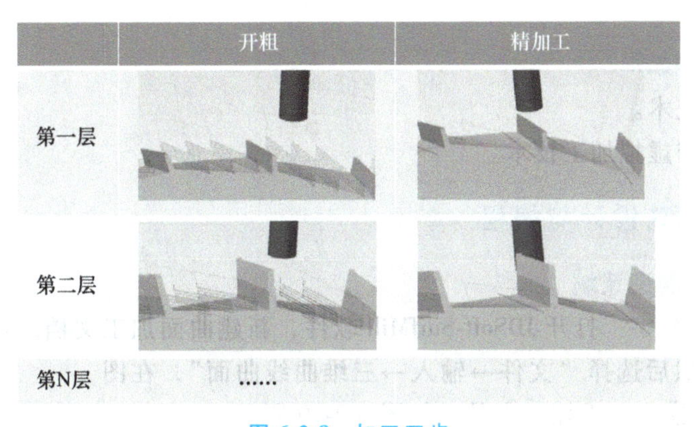

图 6-2-8 加工工步

6.2.3 确定管控方案

1. 管控方案分析

在本项目中，为保证多级叶轮的加工质量，提高小批量生产的一致性，需要对多级叶轮加工过程进行管控，具体管控方面如下。

（1）管控关键工步 采取毛坯余量测量。

来料毛坯为车削成形的精毛坯，为了保证加工精度，需要在加工之前对毛坯的余量进行检测。

(2) 管控机床状态　采取机床状态检测。

在加工过程中，机床运动会产生热伸长，机床状态不稳定，会影响加工精度。为了实现叶轮的长时间稳定加工，保证加工精度，需要对机床状态进行管控，使机床在加工过程中处于稳定状态。

(3) 管控刀具状态　采用刀具磨损检测。

在刀具切削材料的过程中，切削刃会发生一定的磨损，导致加工后尺寸余量不均匀，在关键工步时，难以保证加工精度，因此需要对刀具状态进行检测。若刀具磨损在一定范围内，直接更新刀具参数即可；若刀具磨损超出一定范围，则需要更换刀具。

(4) 管控环境温度　采用车间温度监测。

车间环境温度波动过大时，机床自身的加工状态难以维持稳定，会影响加工精度，因此需要对车间温度进行监测，从而方便对车间环境温度进行调节。

管控方案如图 6-2-9 所示。

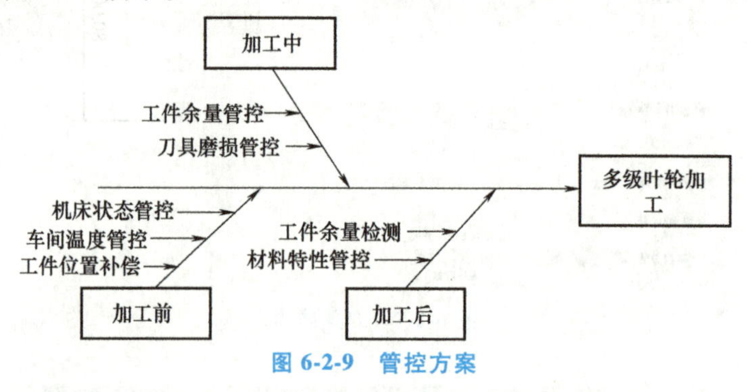

图 6-2-9　管控方案

2. 采用的关键技术

1) 在机检测技术。

2) 工步设计与虚拟加工技术。

6.2.4　数字化工艺设计与编程

1. 搭建数字化制造系统

(1) 导入数字模型　打开 JDSoft-SurfMill 软件，新建曲面加工文档。在导航工作条中选择 3D 造型模块，然后选择“文件→输入→三维曲线曲面”，在图层列表中分别导入模型、毛坯、夹具，如图 6-2-10 所示。

名称	显	加
1100L		
毛坯		
第一级		

图 6-2-10　图层列表

(2) 设置数字机床　在导航工作条中选择加工模块，选择【项目设置】菜单栏下的【机床设置】命令，设置机床参数，如图 6-2-11 所示。

(3) 设置数字几何体　选择【项目向导】菜单栏下的【创建几何体】命令，设置几何体参数，如图 6-2-12 所示。

(4) 创建数字刀具表　在“当前刀具表”中添加刀具，设置刀具参数，如图 6-2-13 所示。

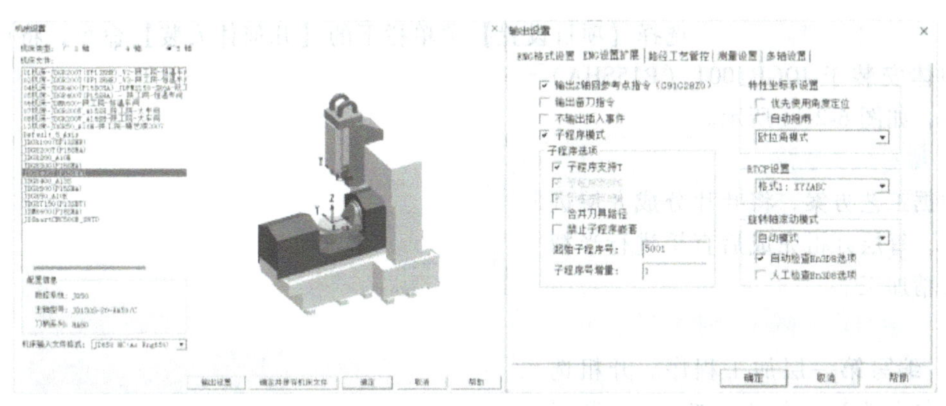

图 6-2-11 设置机床参数

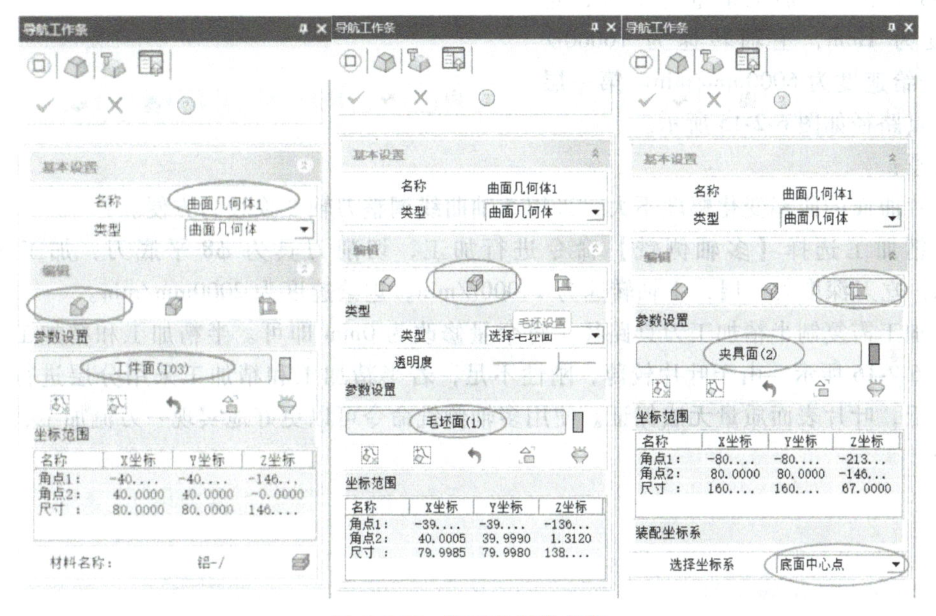

图 6-2-12 设置几何体参数

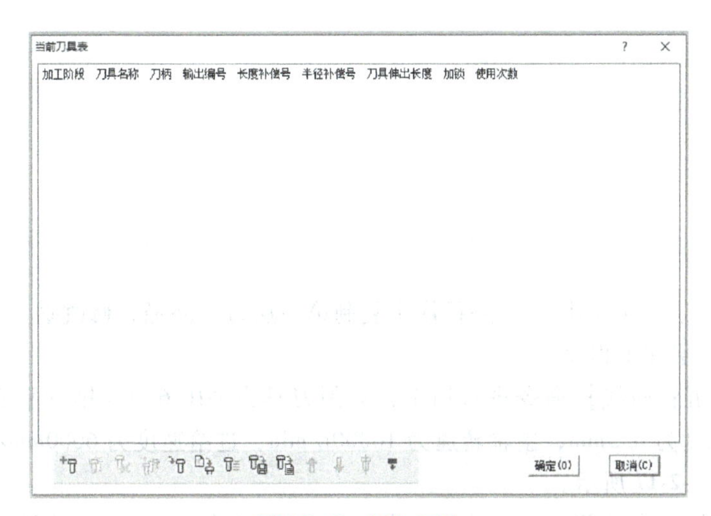

图 6-2-13 添加刀具

(5) 设置几何体安装 选择【项目设置】菜单栏下的【几何体安装】命令，将创建好的几何体安装于 JDGR400T（P15SHA）机床上，如图 6-2-14 所示。

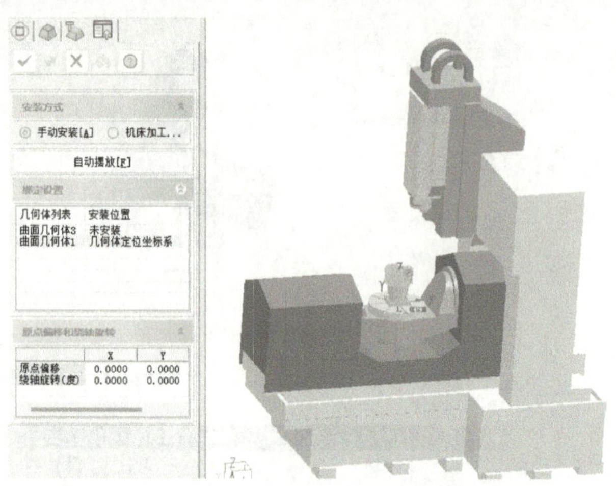

图 6-2-14 几何体安装

2. 编写加工程序

根据工艺方案，将叶片分成 8 层进行加工，每层开粗完成后直接进行半精加工和精加工。

(1) 编写第一级叶片加工程序

1) 编写第一层加工程序。开粗选择【五轴曲线】命令进行加工，切削刀具为 $\phi8$ 平底刀，加工余量为 1mm，吃刀深度为 1mm，主轴转速为 16000r/min，进给速度为 6000mm/min。第一层开粗刀具路径如图 6-2-15 所示。

注意：

叶片曲面的曲率变化幅度不大，采用 5 轴曲线调整刀轴变换较为方便。

半精加工选择【多轴侧铣】命令进行加工，切削刀具为 $\phi8$ 平底刀，加工余量为 0.2mm，吃刀深度为一层，主轴转速为 14000r/min，进给速度为 2000mm/min。

精加工需复制半精加工刀具路径，将余量修改为 0mm 即可。半精加工和精加工刀具路径如图 6-2-16 所示。由于叶片较薄，刚性不足，若半精加工和精加工采用分层进行，则加工效率低，叶片表面质量无法保证。使用多轴侧铣命令可以更好地实现一刀流加工，保证加工效果。

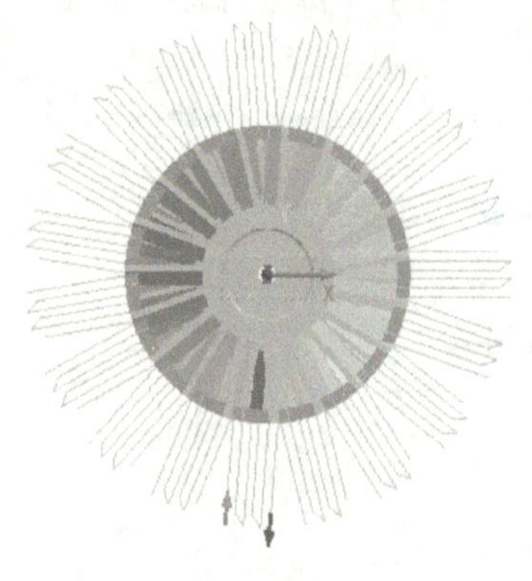

图 6-2-15 第一层开粗刀具路径

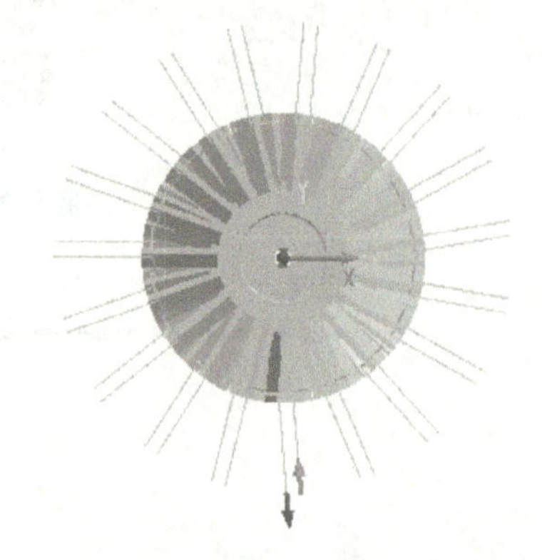

图 6-2-16 第一层半精加工和精加工刀具路径

第二层、第三层及第四层刀具路径依次复制第一层刀具路径，修改吃刀深度即可。

2) 编写第五层加工程序。

开粗选择【五轴曲线】命令进行加工，切削刀具为 $\phi10$-6°-R4 锥度平底刀，加工余量为 1mm，吃刀深度为 0.5mm，主轴转速为 16000r/min，进给速度为 6000mm/min。第五层开粗刀具路径如图 6-2-17 所示。

半精加工选择【多轴侧铣】命令进行加工，切削刀具为 $\phi10$-6°-R4 锥度平底刀，加工余量为 0. 2mm，吃刀深度为一层，主轴转速为 14000r/min，进给速度为 2000mm/min。

精加工需复制半精加工刀具路径，将余量修改为 0mm 即可。半精加工与精加工刀具路径如图 6-2-18 所示。

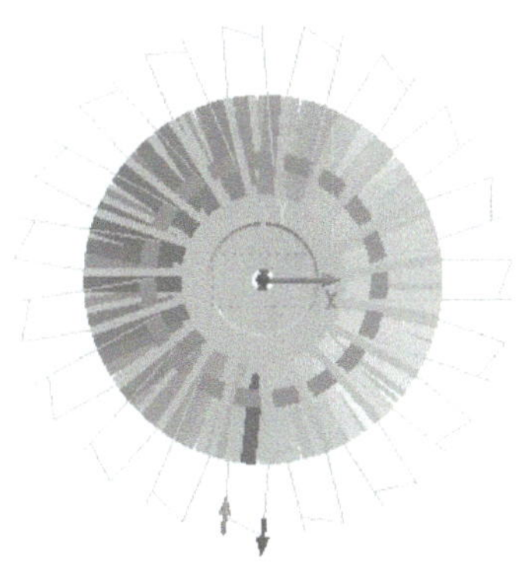

图 6-2-17　第五层开粗刀具路径

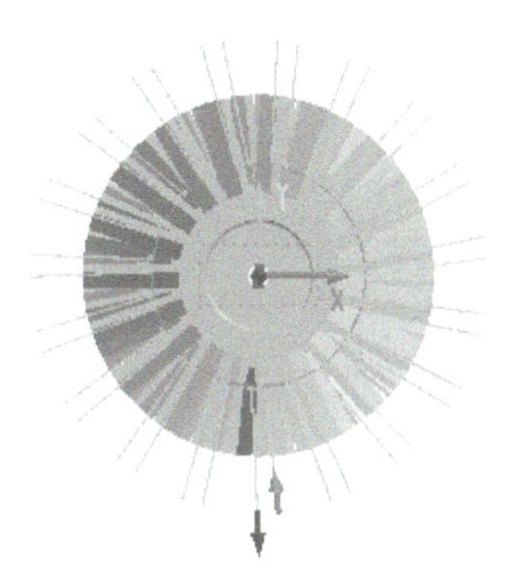

图 6-2-18　第五层半精加工与精加工刀具路径

第六层与第七层刀具路径依次复制第五层刀具路径，修改吃刀深度即可。

3）编写底层加工程序。开粗选择【五轴曲线】命令进行加工，切削刀具为 ϕ10-6°-R4 锥度平底刀，加工余量为 1mm，吃刀深度为 0. 5mm，主轴转速为 16000r/min，进给速度为 6000mm/min。底层开粗刀具路径如图 6-2-19 所示。

精加工选择【曲面投影】命令进行加工，切削刀具为 ϕ12-8°-R3 锥度球头刀，加工余量为 0mm，吃刀深度为一层，主轴转速为 14000r/min，进给速度为 2000mm/min。底层精加工刀具路径如图 6-2-20 所示。

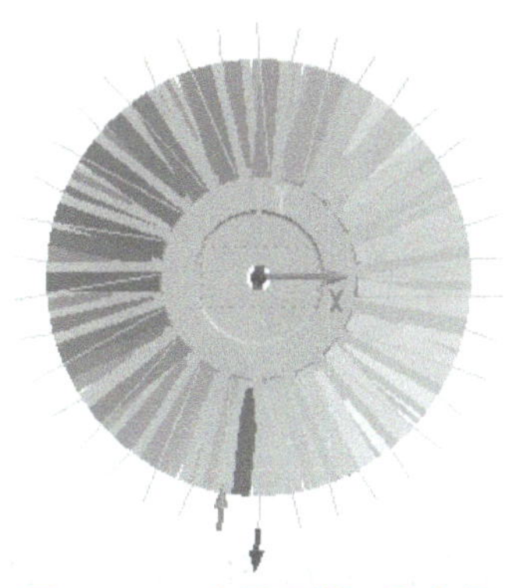

图 6-2-19　底层开粗刀具路径

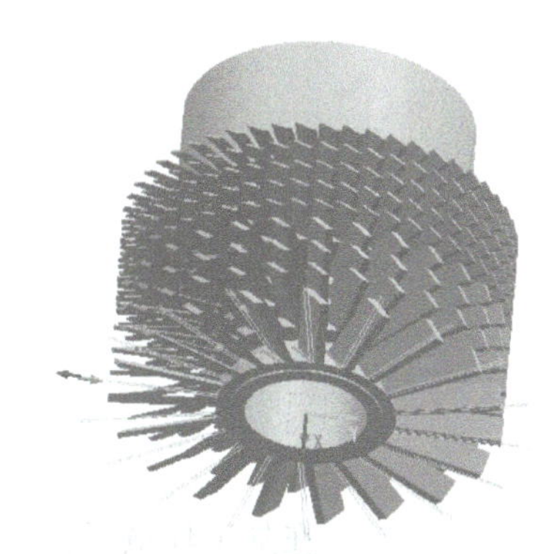

图 6-2-20　底层精加工刀具路径

（2）编写其他级叶片的加工程序　第二~九级叶片加工程序的编写方式一致，复制第一级叶片加工程序，修改参数即可。

3. 虚拟仿真加工验证

（1）线框模拟　在加工环境下，选择【线框模拟】命令，选择所有加工路径，以线框方式模拟加工过程，如图 6-2-21 所示。

（2）实体模拟　在加工环境下，选择【实体模拟】命令，选择所有路径，模拟刀具切削材料的方式模拟加工过程，如图 6-2-22 所示。模拟过程中编程人员应检查路径是否合理，是否存在安全隐患。

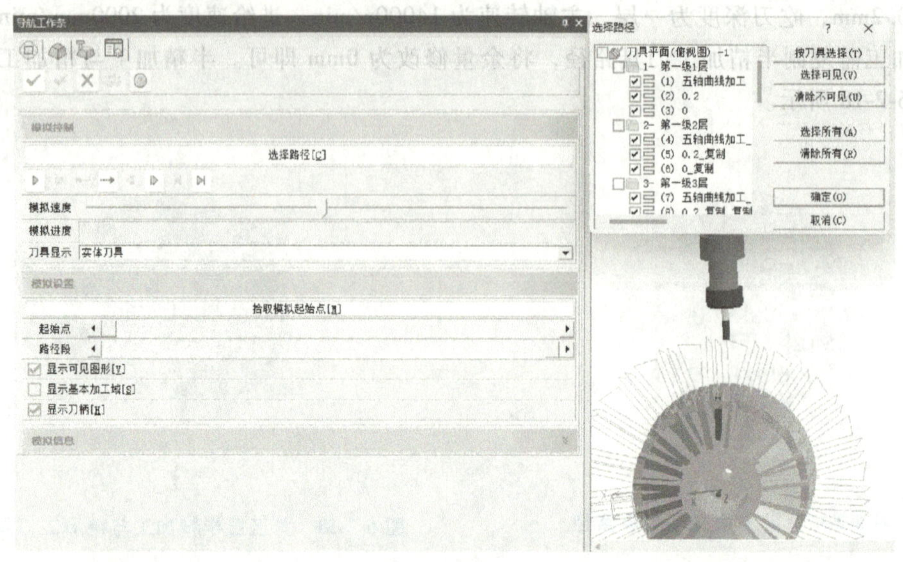

图 6-2-21 线框模拟

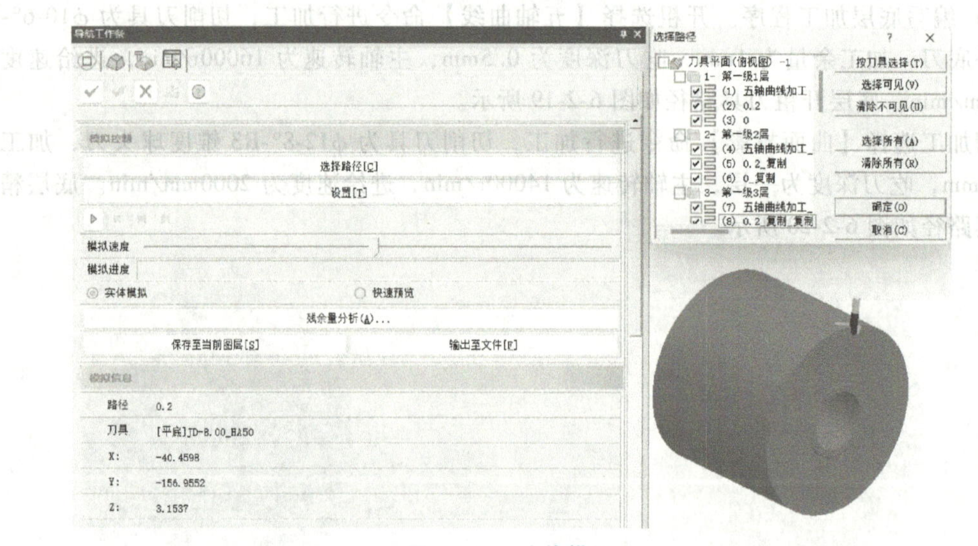

图 6-2-22 实体模拟

（3）过切检查　在加工环境下，选择【过切检查】命令，检查路径是否存在过切现象，如图 6-2-23 所示。

（4）碰撞检查　与过切检查操作类似，在加工环境下，选择【碰撞检查】命令，选择检查所有加工路径的刀具、刀柄等在加工过程中是否与模型发生碰撞，保证加工过程的安全，并在弹出的检查结果中显示不发生碰撞的最短刀具伸出长度，以最优化备刀，如图 6-2-24 所示。

（5）机床模拟　在加工环境下，选择【机床模拟】命令，检查运行所有路径时，机床各部件与工件、夹具之间是否存在干涉，各运动轴是否有超程现象，如图 6-2-25 所示。当路径的过切检查、碰撞检查和机床模拟都完成并正确时，导航工作条中的路径安全状态显示为绿色，如图 6-2-26 所示。

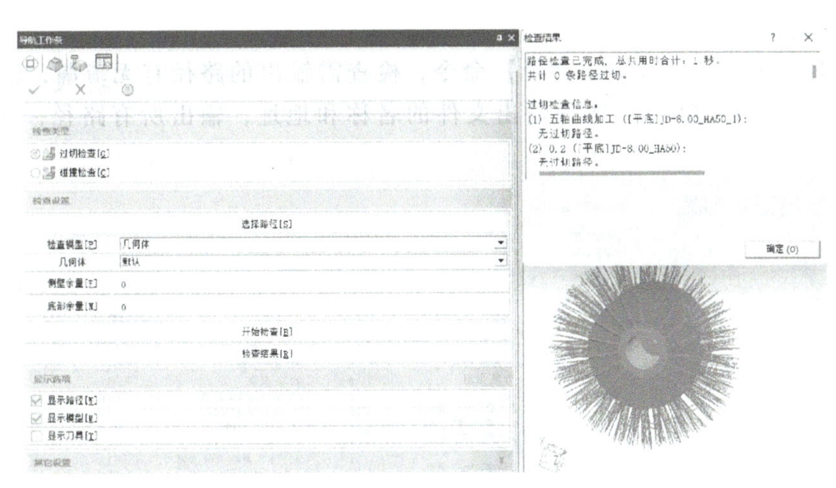

图 6-2-23　过切检查

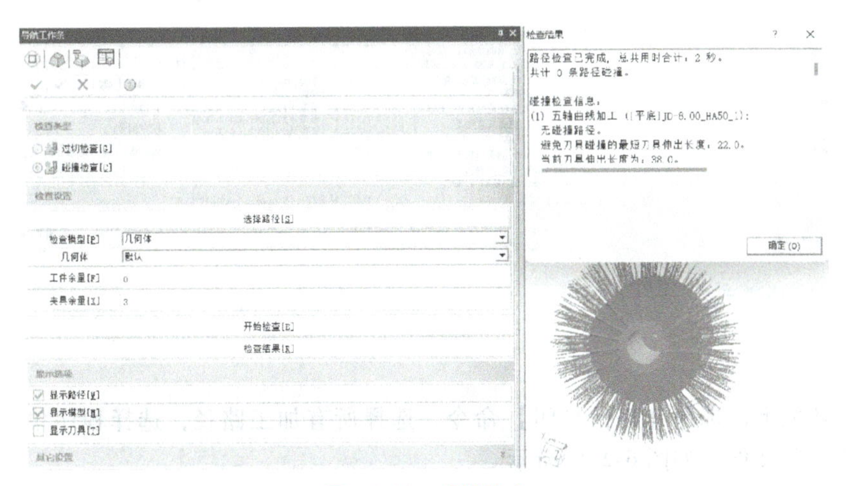

图 6-2-24　碰撞检查

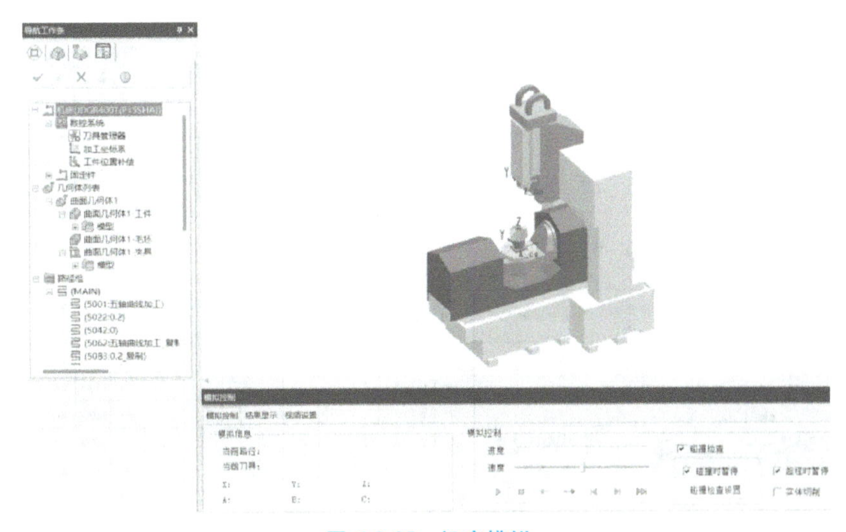

图 6-2-25　机床模拟

4. 输出刀具路径

在加工环境下，选择【输出路径】命令，检查需输出的路径有无疏漏，输出格式选择 JD650 NC（As Eng650），选择输出文件的名称和地址，输出所有路径，如图 6-2-27 所示。

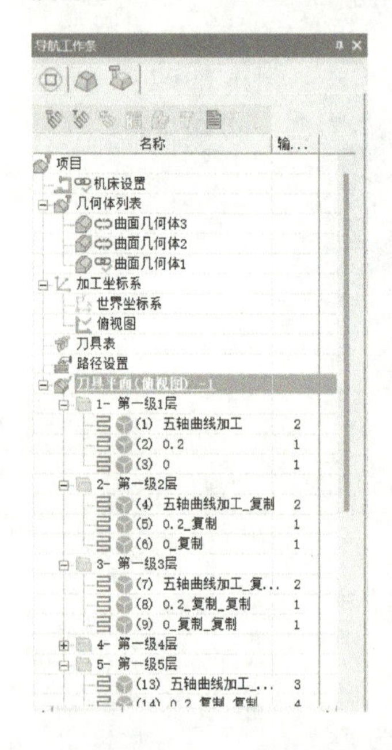

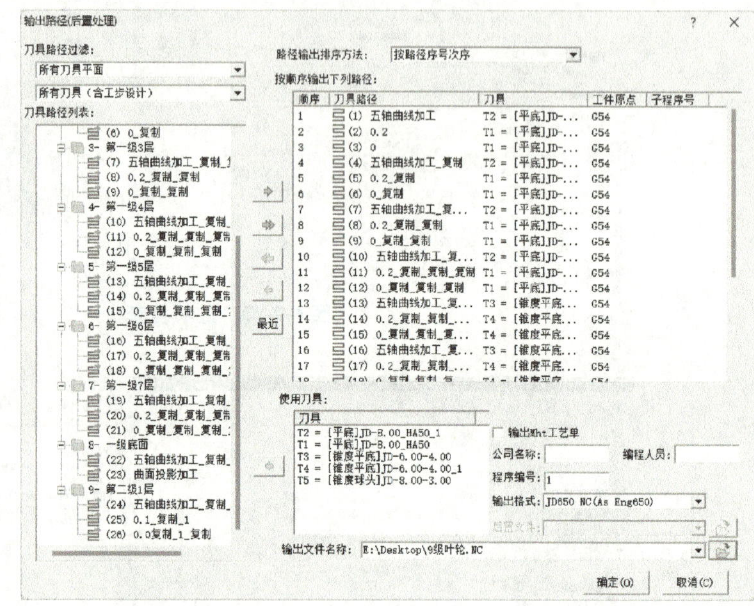

图 6-2-26　路径显示

图 6-2-27　输出路径

5. 输出程序单

在加工环境下，选择【路径打印】命令，选择所有加工路径，选择程序单以及竖向模式，输出程序单文件，如图 6-2-28 所示。

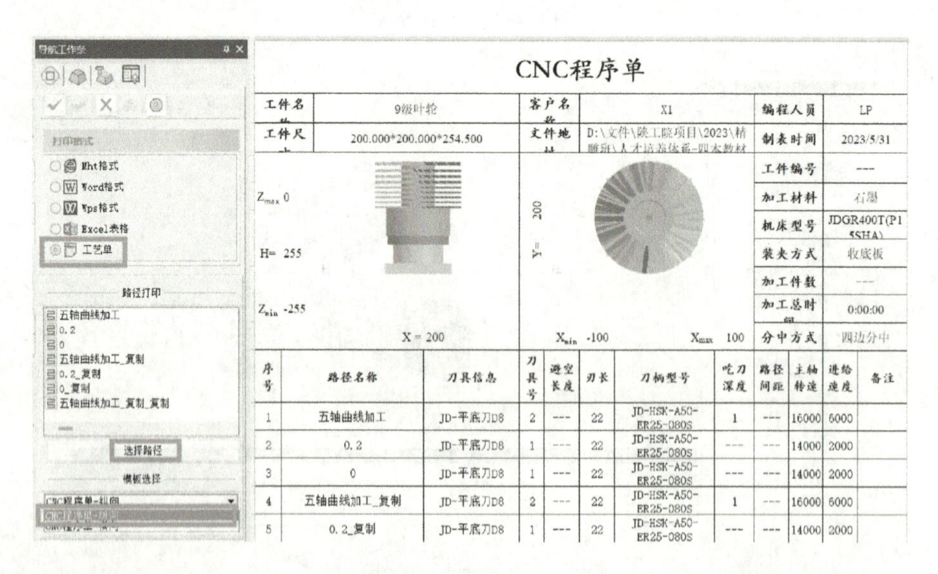

CNC程序单

工件名	9级叶轮	客户名	XI	编程人员	LP
工件尺寸	200.000*200.000*254.500	文件地址	D:\文件\陕工院项目\2023\精雕班\人才培养体系-四本教材	制表时间	2023/5/31
				工件编号	---
				加工材料	石墨
				机床型号	JDGR400T(P15SHA)
				装夹方式	吸底板
				加工件数	---
				加工总时间	0:00:00
				分中方式	四边分中

Z_{max} 0　H= 255　Z_{min} -255　X = 200　Y = 200　X_{min} -100　X_{max} 100

序号	路径名称	刀具信息	刀具号	避空长度	刃长	刀柄型号	吃刀深度	路径间距	主轴转速	进给速度	备注
1	五轴曲线加工	JD-平底刀D8	2	---	22	JD-HSK-A50-ER25-080S	1	---	16000	6000	
2	0.2	JD-平底刀D8	1	---	22	JD-HSK-A50-ER25-080S	---	---	14000	2000	
3	0	JD-平底刀D8	1	---	22	JD-HSK-A50-ER25-080S	---	---	14000	2000	
4	五轴曲线加工_复制	JD-平底刀D8	2	---	22	JD-HSK-A50-ER25-080S	1	---	16000	6000	
5	0.2_复制	JD-平底刀D8	1	---	22	JD-HSK-A50-ER25-080S	---	---	14000	2000	

图 6-2-28　输出程序单

6.3　加工准备与上机加工

6.3.1　生产准备

1. 毛坯准备

首先对照工艺单，检查毛坯材料是否为7075铝合金，如图6-3-1所示；其次检查毛坯尺寸是否与软件中所设理论模型尺寸保持一致；最后检查毛坯外形与热处理情况，判断是否影响后续加工。

2. 夹具准备

(1) 夹具规格　对照工艺单，选择对应的夹具进行装夹。本项目选用零件快换夹持系统配合吊装板进行装夹。

(2) 夹具状态　检查精密平口钳钳口有无生锈、破损等，确定其能否满足加工要求。夹具状态如图6-3-2所示。

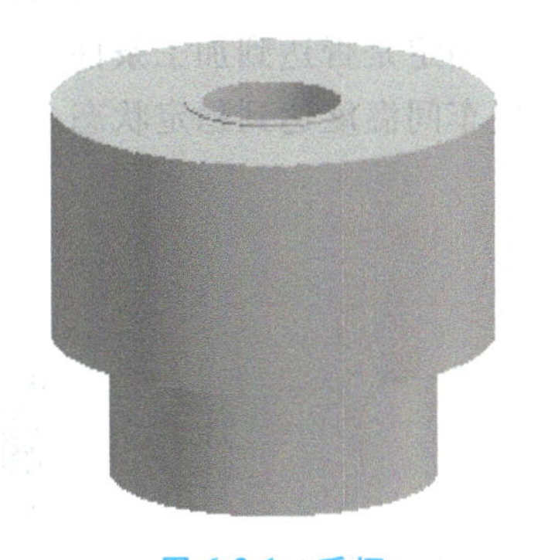

图6-3-1　毛坯

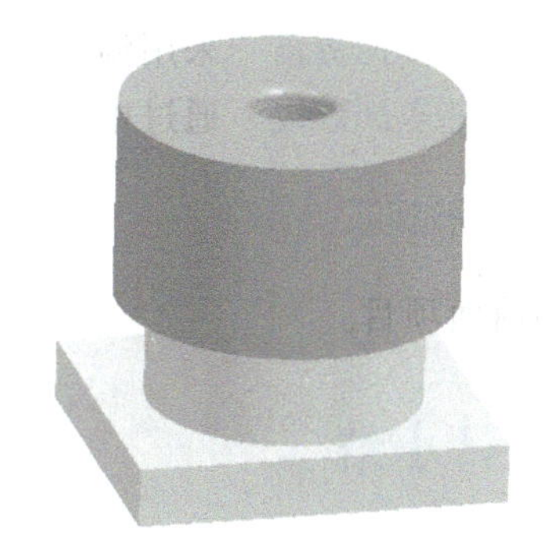

图6-3-2　夹具状态

3. 机床准备

参照前面项目。

4. 刀具准备

(1) 刀具规格检查　根据工艺单，检查本项目加工中所需刀具规格，如图6-3-3所示。

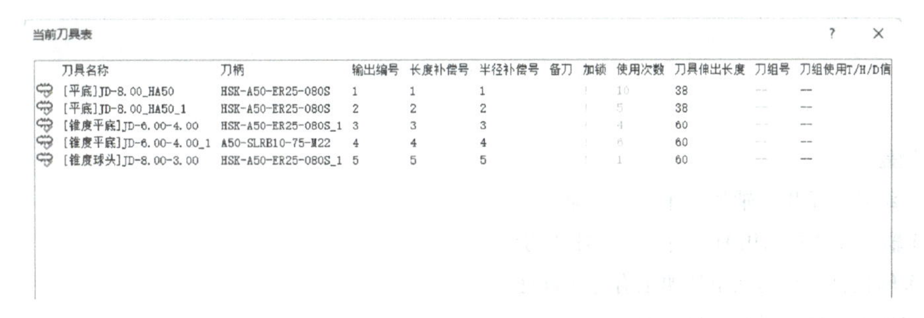

当前刀具表

刀具名称	刀柄	输出编号	长度补偿号	半径补偿号	备刀	加锁	使用次数	刀具伸出长度	刀组号	刀组使用T/H/D信
[平底]JD-8.00_HA50	HSK-A50-ER25-080S	1	1	1			10	38	--	—
[平底]JD-8.00_HA50_1	HSK-A50-ER25-080S	2	2	2			5	38	--	—
[锥度平底]JD-6.00-4.00	HSK-A50-ER25-080S_1	3	3	3			4	60	--	—
[锥度平底]JD-6.00-4.00_1	A50-SLRB10-75-M22	4	4	4			6	60	--	—
[锥度球头]JD-8.00-3.00	HSK-A50-ER25-080S_1	5	5	5			1	60	--	—

图6-3-3　刀具规格

(2) 刀具状态　检查刀具切削刃处是否存在磨损或破损；检查刀具是否为加工铝合金专用刀具；检查刀具是否满足加工需求。加工铝合金专用刀具如图6-3-4所示。

(3) 装刀长度检查　对照工艺单中的建议装刀长度，使用钢直尺或游标卡尺等量具测量实际装刀长度，观察其是否满足加工要求。检查过程如图 6-3-5 所示。

图 6-3-4　加工铝合金专用刀具

图 6-3-5　检查装刀长度

5. 环境准备

(1) 检查车间温度　采用温度计检测车间温度波动，确定是否达到加工条件。

(2) 调整车间温度　通过中央空调调节车间温度，使车间温度达到稳定状态。

6.3.2　机床加工

参照前面项目。

6.4　项目小结

1) 本项目介绍了多级叶轮的加工方法和步骤。经过本项目学习，应能够根据零件特征安排合理的加工工艺。

2) 了解多级叶轮的分类，熟悉多级叶轮行业的现状，了解多级叶轮的基本情况。

3) 熟练掌握多级叶轮加工程序的编写方法。

4) 掌握多级叶轮的加工流程。

5) 具备凝练数字化精密加工解决方案的能力。

思　考　题

1. 讨论题

(1) 多级叶轮采用 3 轴加工还是 5 轴加工?

(2) 5 轴曲线开粗选用的平底刀还是球头刀?

(3) 多轴侧铣命令用在半精加工有什么好处?

(4) 多轴侧铣路径需要创建辅助线吗?

(5) 多级叶轮留给精加工的尺寸余量为多少?

(6) 未进行机床模拟，可以直接进行程序输出吗?

(7) 多级叶轮加工方式有几种? 分别是什么?

(8) 多级叶轮的加工刀具需要几种?

(9) 为什么选择零点快换系统装夹工件?

(10) 为什么选择短刃锥度球头刀进行加工?

2. 单项选择题

(1) 加工多级叶轮时工件坐标系设在(　　)。

A. 上表面中心　　B. 中间面　　C. 底面中心　　D. 侧面

(2) 多级叶轮的特点有(　　)个。

A. 1　　B. 2　　C. 3　　D. 4

(3) 多级叶轮采用(　　)加工方式。

A. 2.5 轴加工　　B. 3 轴加工　　C. 5 轴定位加工　　D. 5 轴联动加工

(4) 加工多级叶轮时定位基准的选择主要符合(　　)原则。

A. 基准重合　　B. 基准统一　　C. 自为基准　　D. 互为基准

(5) 进行多级叶轮编程加工时,影响刀具转速的因素主要有(　　)。

A. 工件材料　　B. 刀具材料　　C. 刀具形状　　D. 机床性能

(6) 多级叶轮辅助线的类型为(　　)。

A. 组合曲线　　B. 样条曲线　　C. 直线　　D. 圆弧

3. 判断题

(1) 多级叶轮的叶片采用牛鼻刀进行加工。(　　)

(2) 多级叶轮加工前不需要校验轴心。(　　)

(3) 多级叶轮加工前先标定接触式对刀仪,再标定激光对刀仪。(　　)

(4) 多级叶轮标定测头前暖机,主轴有转速。(　　)

项目7

复杂形态复合加工类零件——玉米铣刀刀体的加工

知识点

（1）复杂形态复合加工类零件的加工特点。

（2）复杂形态复合加工类零件加工的基本流程。

（3）孔加工方法的选择。

（4）加工过程管控技术。

（5）曲面投影加工策略和深度应用技巧。

能力目标

（1）能够独立完成玉米铣刀加工程序的编写。

（2）会编写流道槽和钻孔的复合加工工艺。

（3）具备复杂形态复合加工类零件加工工艺设计的能力。

（4）能独立设计复杂形态复合加工类零件的加工工艺方案。

（5）能够了解中国先进制造业的现状和工业应用软件的应用现状，积极投身国家先进制造业领域，为中国先进制造技术的发展贡献力量。

7.1 项目背景介绍

7.1.1 复杂形态复合加工类零件概述

1. 复杂形态复合加工类零件介绍

所谓复杂形态复合加工类零件，是指零件本身特征数量多、形态复杂、加工精度要求高，需要借助钻、铣、镗、铰、磨等复合加工工艺，且加工制作工艺耗资大、耗时长的零件。

随着制造技术的不断发展，特别是5轴精密加工技术的逐渐普及，“一体化”设计已成为许多领域的趋势，这也使得很多零件的形态越来越复杂，技术含量越来越高，且可复制性低、成本高、加工耗时长。

2. 复杂形态复合加工类零件的加工特点

1）交付周期——通常情况下零件越复杂，交付时间就越长。

2）成本——高度复杂零件的成本比低复杂度零件的成本高 2~10 倍。

3）质量——当增加设计的复杂性时，更有可能出现质量问题，而质量问题会增加成本和交付周期。此外，实现更密集的质量要求的成本也更高。

4）可制造性——如果零件更复杂，通常不容易制造，降低复杂性就意味着提高可制造性。

3. 行业发展

航空发动机中复杂的整体薄壁结构、难加工材料零件加工已经成为发动机制造的关键所在，采用传统的单一加工方法已经难以解决航空发动机复杂机匣、整体叶盘、整体叶环和盘轴等一体化结构复杂零件的加工难题。难加工材料的广泛应用和“一体化”设计的复杂结构给传统的加工方法带来了严峻的挑战。传统的机械加工方法难以满足工艺要求，特种加工方法、复合加工技术则发挥了重要作用。现代化装备制造业的发展，使得大量多功能、复合加工机床在各行业广泛应用，特别是 5 轴加工中心实现了多工序的复合，大幅提高了加工效率和自动化加工水平，实现了航空航天、汽车、工具零件领域中复杂形态零件高效、精密和柔性化、自动化的加工。

7.1.2　玉米铣刀刀体简介

玉米铣刀是 CNC 加工刀具中的一种，主要由刀体和刀粒两部分组成。由于其自身加工精度高，抗振性强、耐高温、工艺性能好的特点，常用于大型工件、模具粗加工以及不锈钢和高温合金材料的加工。

玉米铣刀的特点如下：

1）刚性好，精度高，抗振性好，热变形小。

2）系列化、标准化程度高。

3）能可靠地断屑或卷屑，以利于切屑的排除。

4）尺寸便于调整，可减少换刀调整时间。

5）寿命长，切削性能稳定、可靠。

6）互换性好，便于快速换刀。

本项目主要讲解玉米铣刀刀体的加工工艺以及加工方法。

7.2　工艺分析与编程仿真

7.2.1　产品加工特性分析

1. 特征分析

如图 7-2-1 所示，玉米铣刀的外形尺寸为 ϕ130mm×168.9mm，材料是 H13（48HRC）。由于本项目仅用于教学，采用多特征钻、铣复合加工，故选择更容易切削的 7075 铝合金作为刀具材料。工件由刀片定位面、刀片槽、排屑槽、螺纹孔和避空面等特征组成。

2. 毛坯分析

本项目的来料毛坯为精车毛坯，其尺寸为 ϕ130mm×170mm，如图 7-2-2 所示。外圆和中心孔已加工到位。

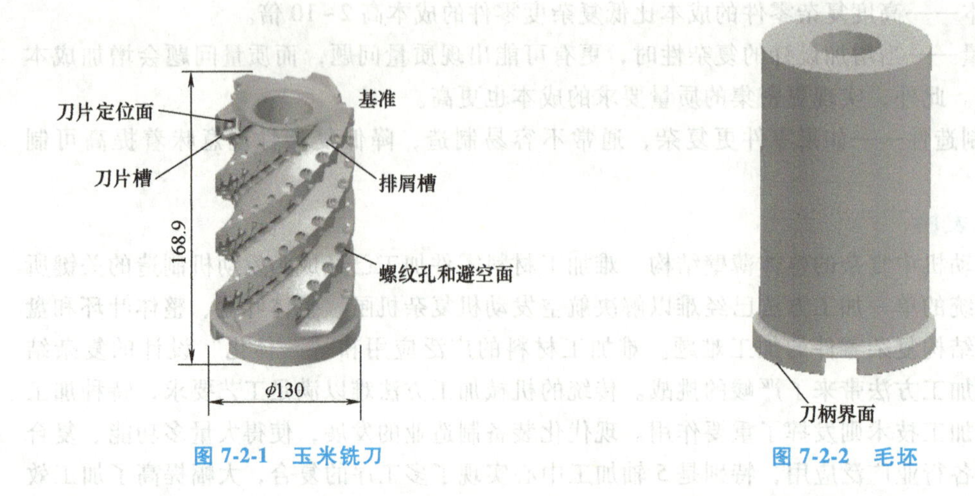

图 7-2-1　玉米铣刀　　图 7-2-2　毛坯

3. 材料分析

本项目产品的材料为 7075 铝合金，属于高强度可热处理合金，具有良好的力学性能，质地偏软，易于加工，耐磨性好，主要用于制作高强度结构零件。

4. 加工要求

该工件加工区域有顶面、刀片槽、排屑槽等，加工特征共计 675 处。这些特征分布在不同区域的各个角度上，其中 5 列刀片槽沿螺旋阵列，每列 15 个刀片槽，共 75 个刀片槽，75 个螺纹孔。最小圆角半径为 $R1.5$mm，必须用 5 轴机床完成加工。玉米铣刀的特征信息见表 7-2-1。

表 7-2-1　玉米铣刀的特征信息

特征名称	避空面	刀片定位面	螺纹孔	沉孔	排屑槽
特征图示					
特征数量	300	225	75	70	5

该工件的加工要求主要有以下几点：

1）相邻刀片的最大允许跳动量为 0.006mm，非相邻刀片的最大允许跳动量为 0.02mm。

2）刀片偏心角度为 90°~150°。

3）表面无毛刺、划伤。

4）刀片定位面表面粗糙度 $Ra<0.3\mu m$。

5）刀片定位面尺寸公差为±0.005mm。

5. 加工难点分析

（1）刀片偏心角　刀片偏心角是指使用扭力扳手将螺钉完全紧固时所需旋转的角度，由刀片槽底面、刀片定位面和螺纹孔之间的相对位置关系决定。例如，当螺纹孔靠近刀片定位面时，刀片偏心角变大，反之则变小，如图7-2-3所示。

刀片偏心角只能通过人工使用刀片检测，因此需要在加工过程中不断调整加工程序来找到合适的刀片偏心角。

（2）加工基准　因最终检测需要使用卓勒测量机，但是在下机检测与三坐标测量时，使用的则是工件基准作为测量基准，这样基准不一致就会导致测量结果有误差。这就要求工件基准与刀柄定位面基准都要有足够的精度，保证两个基准都一定要准确，否则即使在机检测没问题，下机后进行卓勒检测也可能会出现偏位等情况。基准示意图如图7-2-4所示。

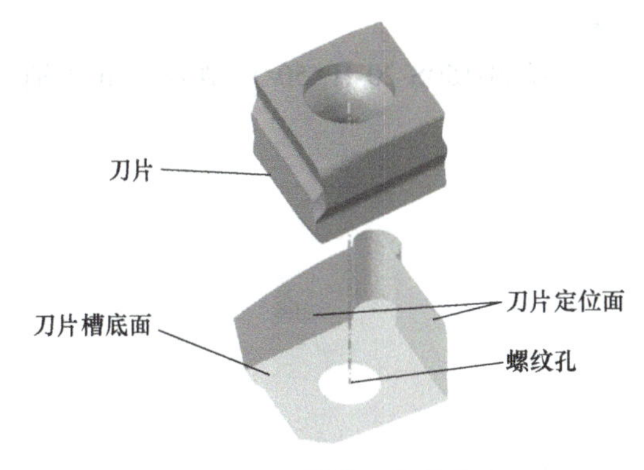

图7-2-3　刀片偏心角的确定

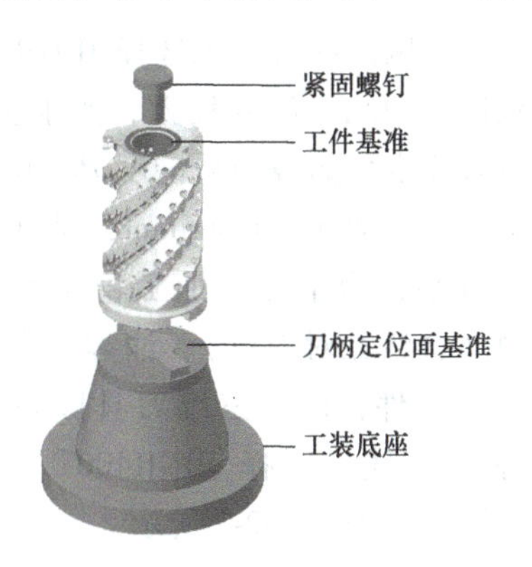

图7-2-4　基准示意图

7.2.2　确定加工方案

1. 选择加工方式

从造型特征上看，该工件存在诸多负角，如图7-2-5所示，而且不能有接刀，3轴加工无法满足要求，只能采用5轴加工。从加工区域上看，该工件加工区域有顶面、刀片槽、排屑槽等，加工特征共计675处，这些特征分布在不同区域的各个角度上，且存在5条螺旋刀片槽。综上所述，最终选用5轴定位与5轴联动两种方式共同进行加工。

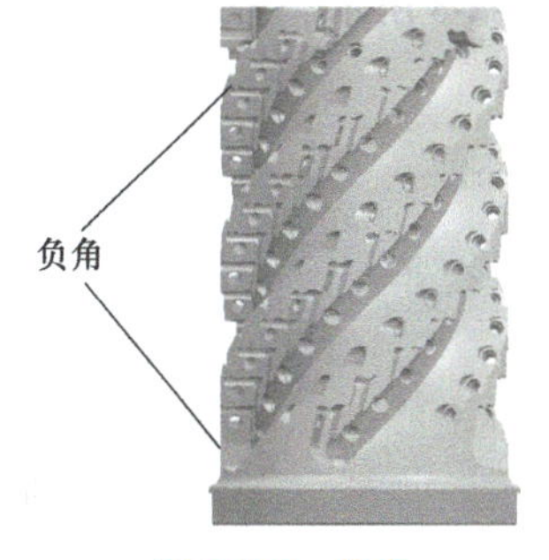

图7-2-5　负角

2. 选择装夹方式

玉米铣刀刀体的毛坯为ϕ130mm×170mm的精车毛坯，综合考虑车间现有的条件，设计一款工装夹具。夹具由工装底座、刀柄定位面基准和紧固螺钉组成，如图7-2-6所示。工装底座为锥形结构，既保证了工装的强度，又可避免后续加工过程中刀柄与工装产生干涉。毛坯与工装采用螺钉固定且接触部位设有定位面，保证加工过程中基准统一，装夹紧固。

3. 选择加工设备

在本项目中，玉米铣刀刀体存在多处负角，且对工件表面质量和刀片槽尺寸公差要求较高，因此选择精雕全闭环5轴设备。经分析，工件与夹具尺寸高度为269mm，需要考虑机

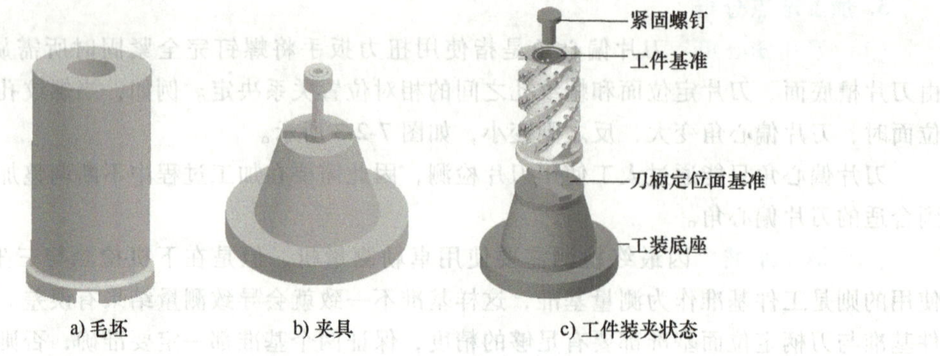

图 7-2-6 毛坯、夹具及工件装夹状态

床行程问题，因此综合考虑选择 JDGR400T 5 轴机床。

开粗过程中吃刀深度较大，要求主轴刚性高，选择 JD150S-20-HA50/C 型号的电主轴。玉米铣刀刀片定位面表面粗糙度 $Ra<0.3\mu m$，刀片定位面尺寸公差为±0.005mm，且加工时间过长、刀具过小，为了保证加工稳定性，需配备在机检测（含激光对刀仪）、油雾分离器、切削液制冷机等附件，以及三维刀具圆角半径补偿功能。综上所述，选择 JDGR400T（P15SHA）机床进行加工，如图 7-2-7 所示。

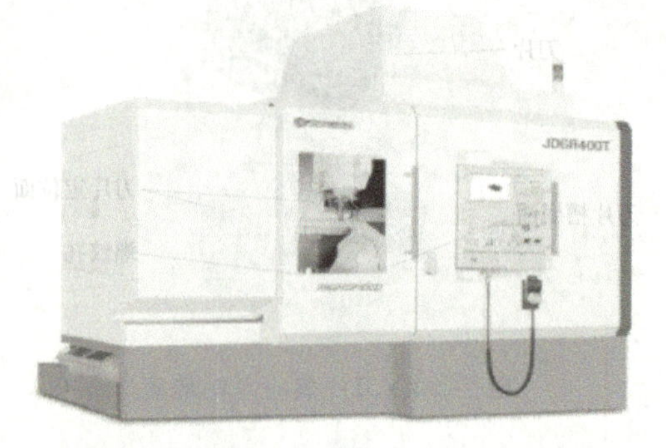

图 7-2-7 JDGR400T 机床

4. 选择关键刀具

玉米铣刀中最小圆角半径为 1.5mm，故最大需使用 $\phi1$ 球头刀进行加工；玉米铣刀刀体存在多个 M3.5 螺纹孔和沉孔，所以采用 $\phi2.9$mm 的钻头与 M3.5 的螺纹铣刀。刀具结构如图 7-2-8 所示。

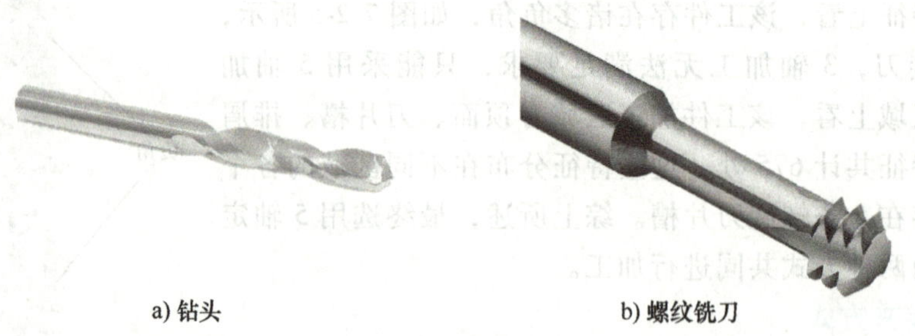

图 7-2-8 刀具结构

5. 工步规划

经过分析，本项目产品通过一道工序可完成加工，其加工流程图如图 7-2-9 所示。

7.2.3 确定管控方案

1. 管控方案分析

在本项目中，为保证玉米铣刀的加工质量，提高刀片偏心角的一致性，需要对玉米铣刀加工过程进行管控。

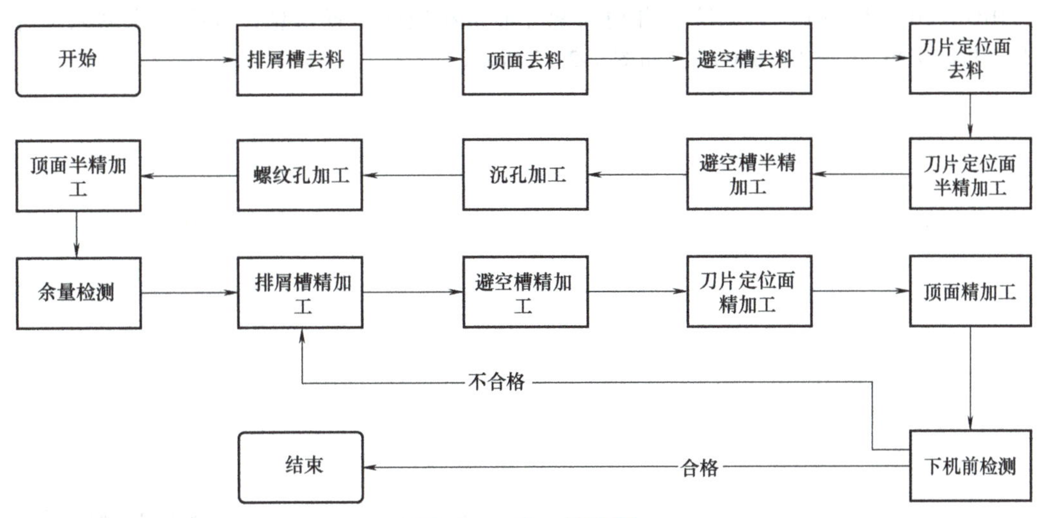

图 7-2-9　加工流程图

(1) 管控环境温度　采用车间温度监测。

车间环境温度波动过大时，机床自身的加工状态难以维持稳定，会影响加工精度，因此需要对车间温度进行监测，从而方便对车间环境温度进行调节。

(2) 管控机床状态　采取机床状态检测。

在加工过程中，机床运动会产生热伸长，机床状态不稳定，影响加工精度，为了实现玉米铣刀的长时间稳定加工，保证加工精度，需要对机床状态进行管控，使机床在加工过程中处于稳定状态。

(3) 管控刀具状态　采用刀具磨损检测。

参照前面项目。

(4) 管控关键工步　采取工件余量检测。

参照前面项目。

2. 管控关键技术

1) 在机检测技术。

2) 工步设计技术。

7.2.4　仿真与编程

1. 搭建数字化制造系统

(1) 仿真模型创建　模型创建的内容包括选择模板类型、建立部件的几何模型、夹具模型，为之后的操作奠定基础。

1) 新建项目，选择精密加工模板，如图 7-2-10 所示。

2) 导入几何模型，再根据模型不同部分对模型的图层进行管理，便于后续操作时高效拾取。模型管理如图 7-2-11 所示。

(2) 仿真加工准备　制定加工工艺后，进入加工环境，在正式编程前，还需要进行机床、刀具、几何体的相关设置。

1) 设置机床。单击【机床设置】按钮，在“机床类型”选项区域中选中“5 轴”，选择“JDGR400T_P15SHA”，系统会自动匹配并显示相应的配置信息，选择机床输入文件格式为“JD650 NC（As Eng650）”，如图 7-2-12 所示。

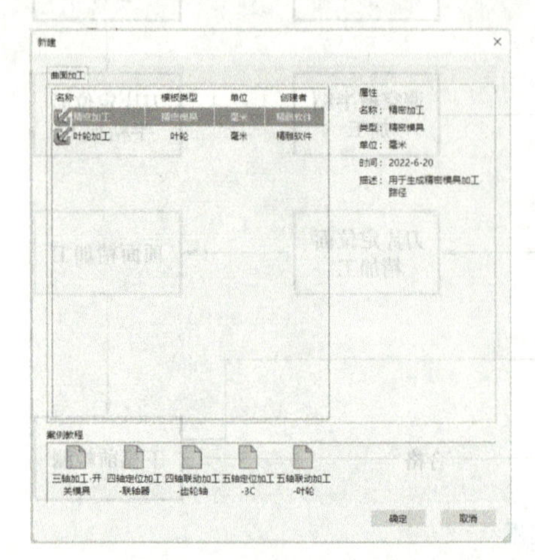

图 7-2-10 新建界面

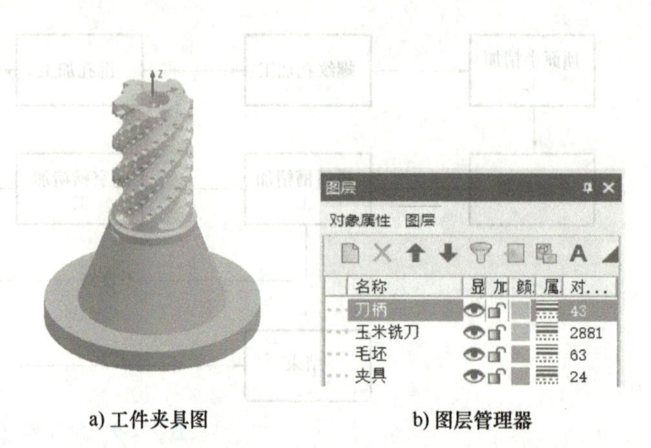

a) 工件夹具图　　b) 图层管理器

图 7-2-11 模型管理

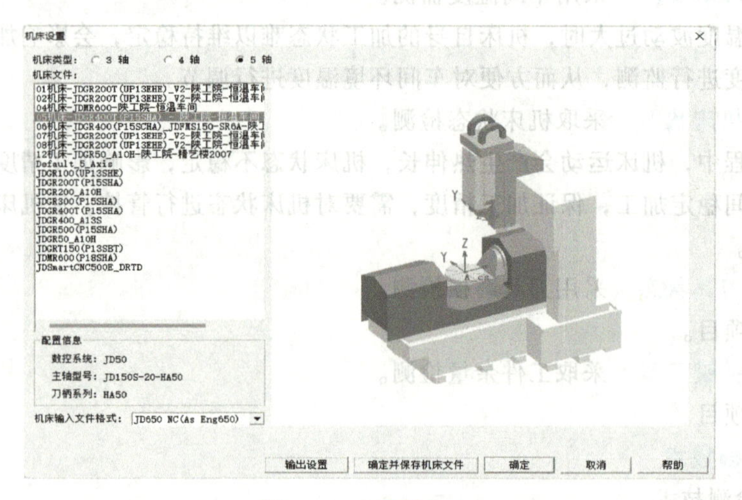

图 7-2-12 设置机床

2）创建刀具。在“当前刀具表”对话框中依次添加加工玉米铣刀所需要的刀具，如图 7-2-13 所示。

当前刀具表

刀具名称	刀柄	输出编号	长度补偿号	半径补偿号	备刀	加锁	使用次数	刀具伸出长度	刀组号	刀组使用T/H/D信
[平底]JD-10.00_HA50	HSK-A50-ER25-080S	1	1	1			4	40	—	—
[平底]JD-4.00_HA50	A50-SLRA4-95-M42	2	2	2			146	20	—	—
[球头]JD-4.00_HA50	HSK-A50-ER16-110S	3	3	3			11	25	—	—
[大头刀]JD-90.00-0.20-4.00	HSK-A50-ER25-080S	4	4	4			60	20.95	—	—
[钻头]JD-2.90	A50-SLSA4-95-M42	5	5	5			88	30	—	—
[大头刀]JD-90.00-0.20-2.00	HSK-A50-ER16-070S	7	7	7			28	25	—	—
[螺纹铣刀]JD-2.80-0.60-1	A50-SLRA4-95-M42	8	8	8			28	20	—	—
[球头]JD-1.00_HA50	HSK-A50-ER16-110S	9	9	9			2	33	—	—
[平底]JD-3.00	A50-SLSA6-95-M42	10	10	10			30	32.735	—	—
[钻头]JD-3.30	A50-SLSA6-95-M42	11	11	11			0	25	—	—
[牛鼻]JD-4.00-0.30_HA50	A50-SLSA4-95-M42	12	12	12			2	25	—	—
[钻头]JD-3.70	HSK-A50-ER16-070S	13	13	13			28	30	—	—
[钻头]JD-4.30	HSK-A50-ER16-070S	14	14	14			0	25	—	—
[测头]JD-2.00_1	HSK-A50-RENISHAW	16	16	16			2	19	—	—

图 7-2-13 创建刀具

3）创建几何体。依次创建工件面、毛坯面以及夹具面，如图 7-2-14 所示。

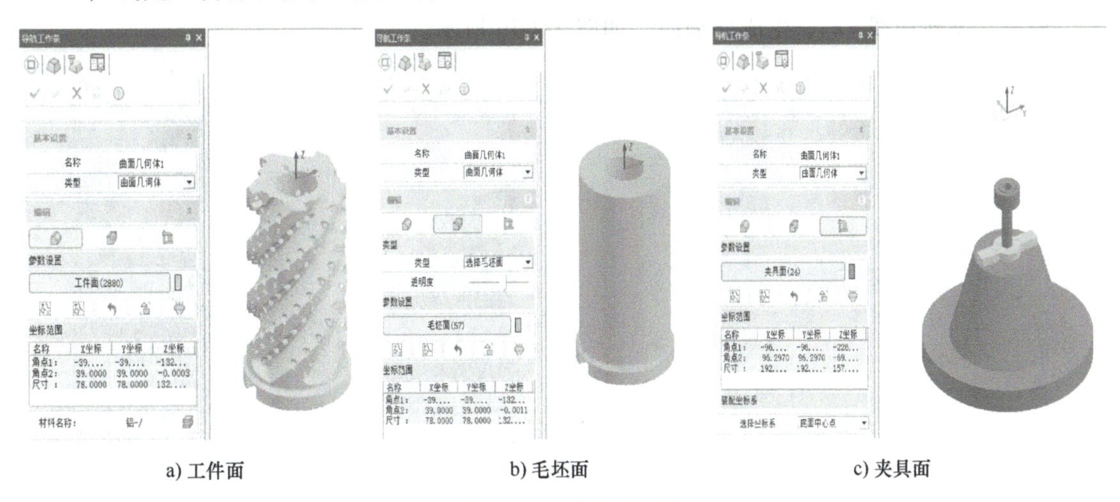

a) 工件面　　b) 毛坯面　　c) 夹具面

图 7-2-14 创建几何体

4）安装几何体。单击【几何体安装】按钮，单击【自动摆放】按钮，工件将自动安装在机床工作台上，如图 7-2-15 所示。若自动摆放后安装状态不正确，可以通过软件提供的点对点平移、动态坐标系等方式完成几何体的安装。

2. 编程与仿真

由于玉米铣刀毛坯为外形加工到位的精车毛坯，所以在二次装夹时位置可能出现偏差，从而导致工件偏移。这时可使用精雕在机检测系统对工件位置进行在机检测，进一步修正工件位置偏差，如图 7-2-16 所示。

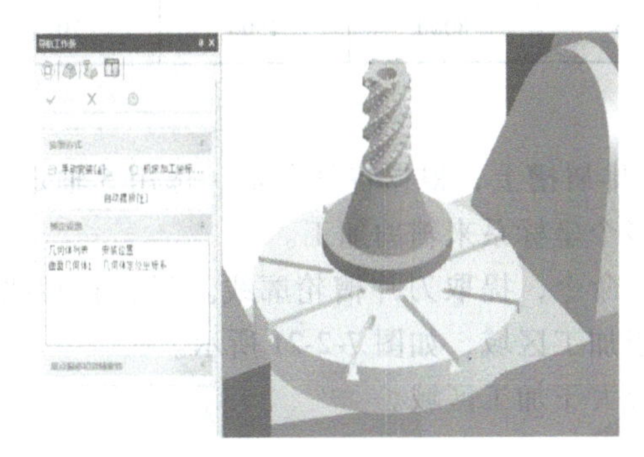

图 7-2-15 安装几何体

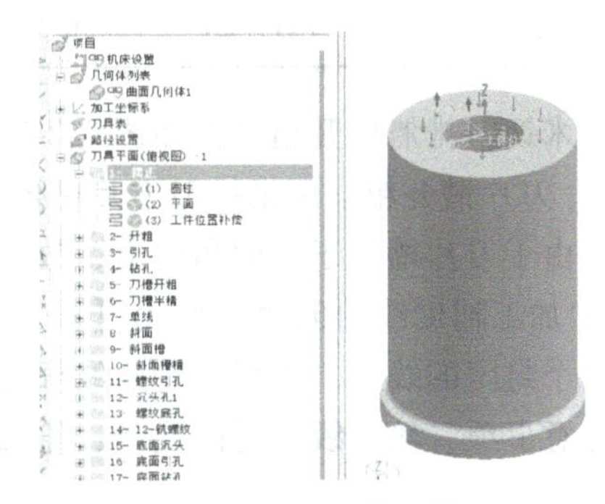

图 7-2-16 工件位置

（1）编写开粗程序

1）排屑槽开粗。玉米铣刀的排屑槽为螺旋流道槽。由于流道槽为螺旋形，为保证流道槽表面加工质量和加工效率，需选择【曲面投影粗加工】命令通过多轴联动加工方式进行开粗。

刀具的选择原则如下：

① 标准刀优先。

② 在满足加工要求的前提下，刀具的装夹长度越短越好。

第一步：导动面的创建。

首先，使用【提取原始面】命令，提取流道槽斜面原始面，如图 7-2-17 所示。

其次，使用【曲面边界线】命令，提取原始面边界线，如图 7-2-18 所示。

最后，旋转曲线 72°，生成导动面，如图 7-2-19 所示。

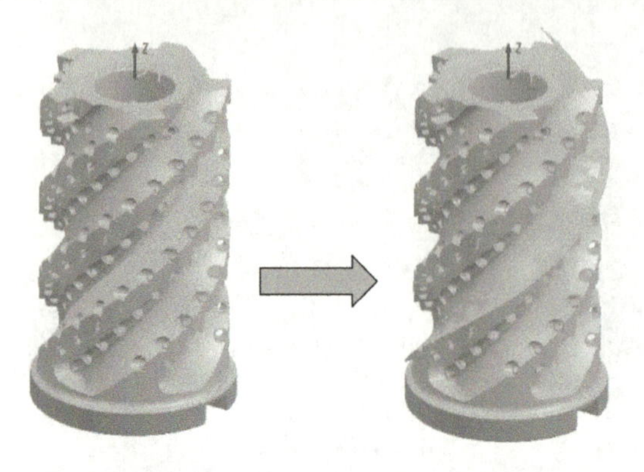

图 7-2-17　提取原始面

图 7-2-18　提取原始面边界线

图 7-2-19　生成导动面

创建导动面的基本原则：①光顺；②一个面；③简单且与加工区域相似。

第二步：曲面投影。

选择“曲面投影加工”方式，加工方式为分层粗加工，依次设定加工面和导动面，见表 7-2-2。

表 7-2-2　排屑槽开粗工艺参数设置

工步	工步名称	刀具规格/mm	加工后余量/mm	吃刀深度/mm	主轴转速/(r/min)	进给速度/(mm/min)	预估加工时间/min
1	排屑槽开粗	牛鼻刀 $\phi4$	0.3	0.3	8000	1500	20

玉米铣刀排屑槽开粗结果如图 7-2-20 所示。

2）刀片槽开粗。玉米铣刀刀片槽依次分布在排屑槽上，根据特征分析，选用 5 轴定位加工。由于刀片槽位于不同角度上，故需要创建多个坐标系来辅助加工。

① 加工辅助线的创建　使用【曲面边界线】命令，提取刀片槽轮廓线。延长轮廓线，形成一个封闭的线条，需保证轮廓线框选区域大于加工区域，如图 7-2-21 所示。

注意事项：轮廓线为封闭线条；轮廓线区域应大于加工区域。

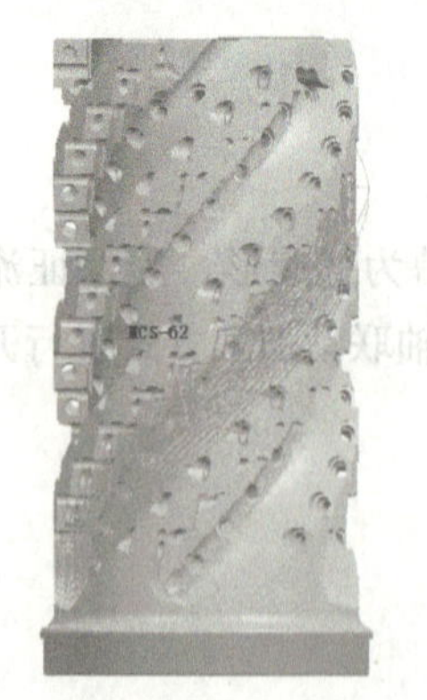

图 7-2-20　排屑槽开粗结果

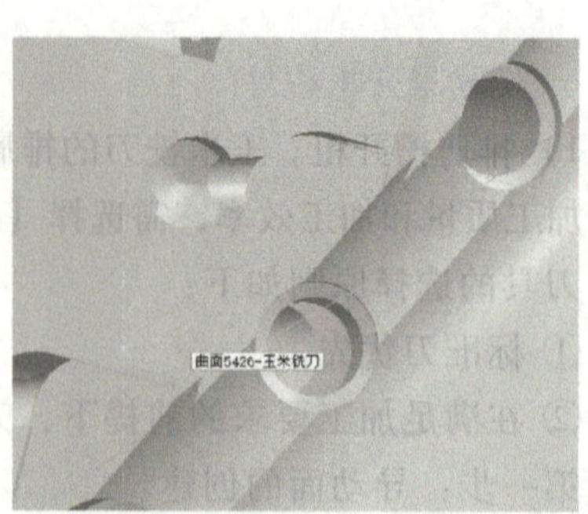

图 7-2-21　刀片槽轮廓线

② 轴定位加工。使用定义法平面的方式创建工件坐标系，以建立的工件坐标系编写区域加工程序。

由表 7-2-3 所示的工艺信息，获得刀片槽开粗刀具路径，如图 7-2-22 所示。

表 7-2-3　刀片槽开粗工艺参数设置

工步	工步名称	刀具规格/mm	加工后余量/mm	吃刀深度/mm	主轴转速/(r/min)	进给速度/(mm/min)	预估加工时间/min
2	刀片定位面开粗	平底刀 ϕ4	0.3	0.3	8000	1500	25

3）顶面开粗。由于顶面余量较大，直接使用球头刀进行加工，因吃刀量过大，会使刀具磨损过大，容易造成断刀，所以选择【分层区域粗加工】命令通过 5 轴定位的方式进行开粗。使用 D10 平底刀，刀具刚性更好，切削效率更高。开粗工艺参数设置见表 7-2-4。

表 7-2-4　顶面开粗工艺参数设置

工步	工步名称	刀具规格/mm	加工后余量/mm	吃刀深度/mm	主轴转速/(r/min)	进给速度/(mm/min)	预估加工时间/min
3	顶面开粗	平底刀 D10	0.15	0.15	8000	1500	2

顶面开粗刀具路径如图 7-2-23 所示。

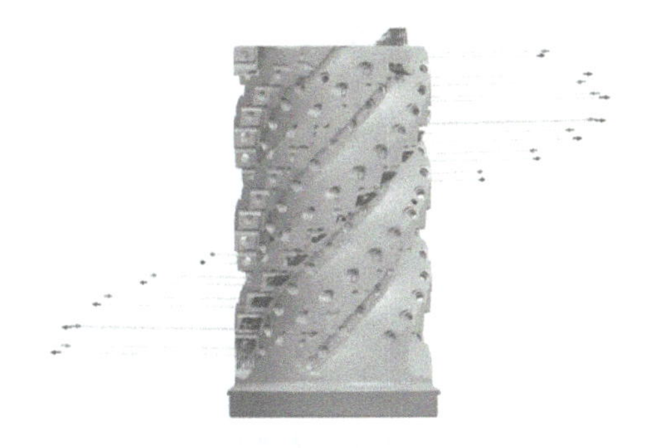

图 7-2-22　刀片槽开粗刀具路径

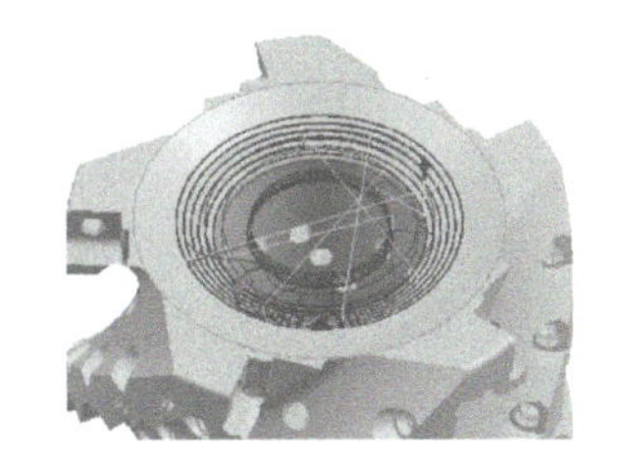

图 7-2-23　顶面开粗刀具路径

（2）半精加工

1）排屑槽半精加工。复制排屑槽开粗加工程序，修改参数，见表 7-2-5。

表 7-2-5　排屑槽半精加工工艺参数设置

工步	工步名称	刀具规格/mm	加工后余量/mm	吃刀深度/mm	主轴转速/(r/min)	进给速度/(mm/min)	预估加工时间/min
4	排屑槽半精加工	球头刀 ϕ4	0.1	0.1	10000	1000	100

经仿真后，生成加工刀具路径，如图 7-2-24 所示。

注意：

① 加工面统一为原始面，如图 7-2-25 所示。

② 此工步加工流道，无需加工刀片槽。加工参数如图 7-2-26 所示。

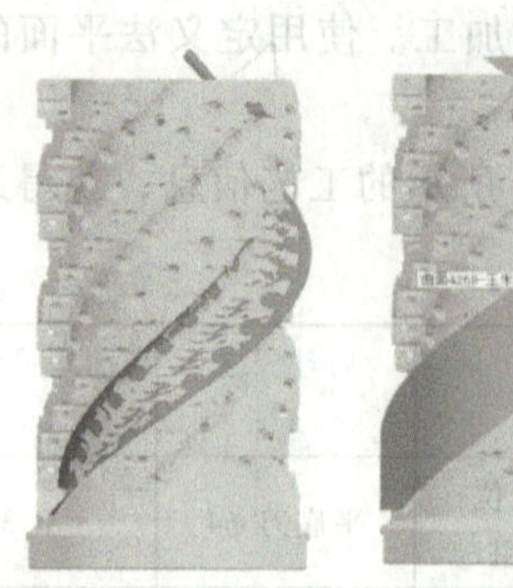

图 7-2-24　排屑槽半精加工刀具路径　　　　图 7-2-25　原始面

2）刀片定位面。复制刀片槽粗加工程序，修改参数，见表 7-2-6。

表 7-2-6　刀片定位面半精加工工艺参数设置

工步	工步名称	刀具规格/mm	加工后余量/mm	吃刀深度/mm	主轴转速/(r/min)	进给速度/(mm/min)	预估加工时间/min
5	刀片定位面半精	平底刀 D4	0.1	0.1	10000	500	30

经仿真后，生成加工刀具路径，如图 7-2-27 所示。

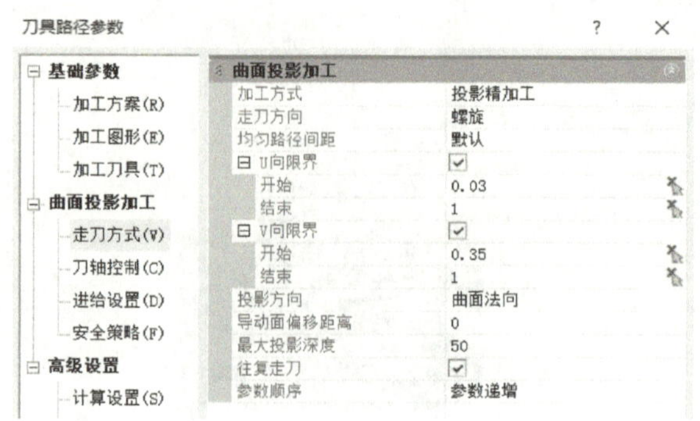

图 7-2-26　加工参数

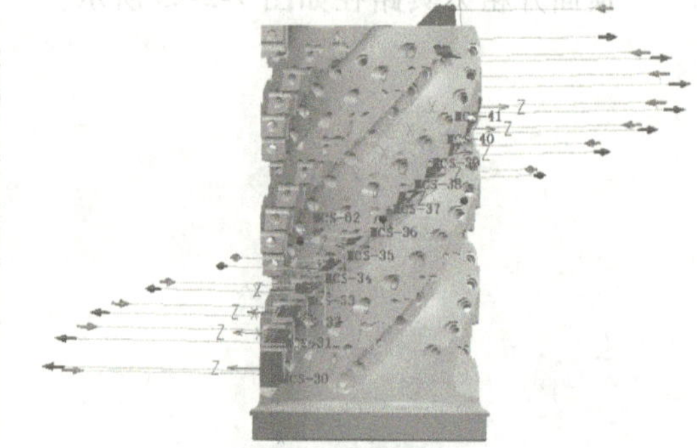

图 7-2-27　刀片定位面半精加工刀具路径

3）避空面。由模型分析可得，避空面由 2 种特征组成，如图 7-2-28 所示。

图 7-2-28　避空面区域

① 孔。分析模型，其加工区域为 $\phi2.9$mm 圆柱槽，使用铣刀铣削极易造成断刀。其底部为锥形，故选用 $\phi2.9$mm 的钻头进行加工。钻孔位置在圆柱面上，需先引孔定位再钻孔。

加工前需设立工件坐标系与加工辅助点。加工工艺参数设置见表 7-2-7。

表 7-2-7 钻孔工艺参数设置

工步	工步名称	刀具规格 /mm	加工后余量 /mm	吃刀深度 /mm	主轴转速 /(r/min)	进给速度 /(mm/min)	预估加工时间/min
6	引孔	中心钻 D4	0	0.5	8000	200	5
7	钻孔	钻头 ϕ2.9	0	0	8000	200	20

经仿真后，生成加工刀具路径，如图 7-2-29 所示。

② 线切割加工。分析模型，其加工区域小且厚度小，使用区域加工会出现大部分空走程序，故选用单线切割程序。使用单线切割程序需创建一条轮廓线以辅助加工，工艺参数见表 7-2-8。

表 7-2-8 单线切割工艺参数设置

工步	工步名称	刀具规格 /mm	加工后余量 /mm	吃刀深度 /mm	主轴转速 /(r/min)	进给速度 /(mm/min)	预估加工时间/min
8	单线切割	平底刀 D4	0.05	1	9000	500	6

经设置后，得到加工辅助轮廓线。单线切割刀具路径如图 7-2-30 所示。

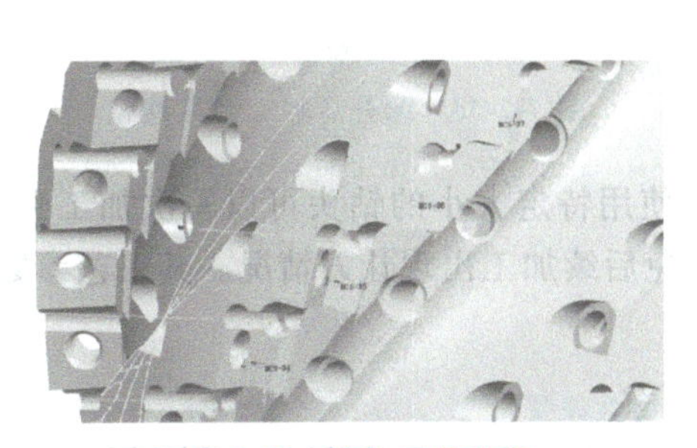

图 7-2-29 钻孔刀具路径

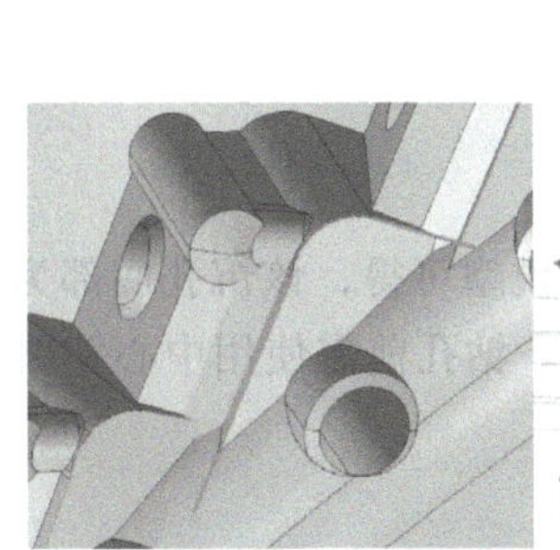

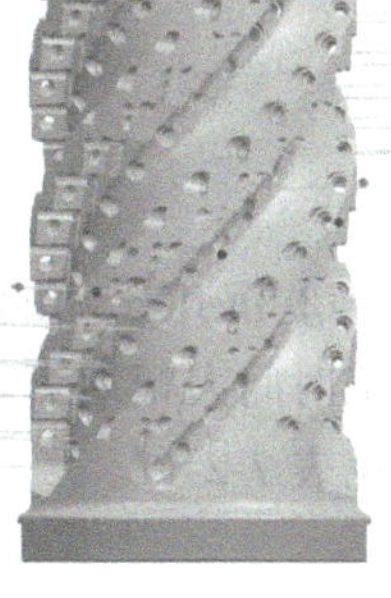

图 7-2-30 单线切割刀具路径

注意事项：使用单线切割命令时，需延长曲线端点，避免出现残料。

4）沉孔。根据玉米铣刀加工要求可知，共 3 组特征需要加工沉孔，如图 7-2-31 所示。

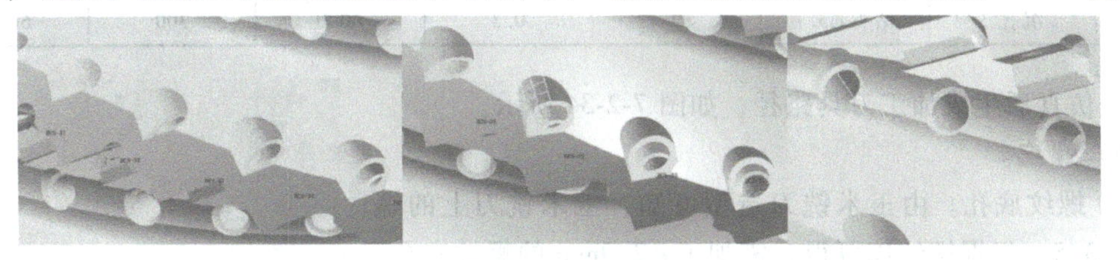

图 7-2-31 沉孔区域

① 轮廓切割。有 2 组沉孔分布在坡度较大的斜面上，使用钻孔方式加工，容易出现跑偏、让刀的情况，故需用轮廓切割完成该类型沉孔的加工，工艺参数设置见表 7-2-9。

经仿真后，生成加工刀具路径，如图 7-2-32 所示。

同理，沉孔 2 的工艺参数设置见表 7-2-10。

表 7-2-9 沉孔 1 工艺参数设置

工步	工步名称	刀具规格/mm	加工后余量/mm	吃刀深度/mm	主轴转速/(r/min)	进给速度/(mm/min)	预估加工时间/min
9	沉孔 1	平底刀 D4	0	0.2	9000	500	30

表 7-2-10 沉孔 2 工艺参数设置

工步	工步名称	刀具规格/mm	加工后余量/mm	吃刀深度/mm	主轴转速/(r/min)	进给速度/(mm/min)	预估加工时间/min
10	沉孔 2	平底刀 D4	0	0.2	9000	500	30

生成加工刀具路径如图 7-2-33 所示。

图 7-2-32 沉孔 1 加工刀具路径

图 7-2-33 沉孔 2 加工刀具路径

② 沉孔 3。由模型可得，该沉孔底部为锥形，使用特定大小的钻头可以一次加工到位，加工时间大幅缩短。钻孔前需使用中心钻引孔，避免后续加工出现让刀情况。其工艺参数设置见表 7-2-11。

表 7-2-11 沉孔 3 工艺参数设置

工步	工步名称	刀具规格/mm	加工后余量/mm	吃刀深度/mm	主轴转速/(r/min)	进给速度/(mm/min)	预估加工时间/min
11	引孔	中心钻 D4	0	0.5	8000	200	5min
12	沉孔 3	钻头 ϕ3.7	0	0.3	6000	300	6min

经仿真后生成加工刀具路径，如图 7-2-34 所示。

5）螺纹。

① 螺纹底孔。由玉米铣刀造型可知，玉米铣刀上的螺纹为 M3.5。根据螺纹库可得，需加工 ϕ2.9mm 的螺纹底孔。其工艺参数设置见表 7-2-12。

经仿真后生成加工刀具路径，如图 7-2-35 所示。

② 螺纹。在数控铣床上加工螺纹的方法有攻螺纹和铣螺纹，本项目选用铣螺纹的方式加工 M3.5 螺纹。其工艺参数设置见表 7-2-13。

图 7-2-34 沉孔 3 加工刀具路径

经仿真后生成加工刀具路径，如图 7-2-36 所示。

表 7-2-12　螺纹底孔工艺参数设置

工步	工步名称	刀具规格/mm	加工后余量/mm	吃刀深度/mm	主轴转速/(r/min)	进给速度/(mm/min)	预估加工时间/min
13	引孔	中心钻 D2	0	0.5	8000	200	5
14	螺纹底孔	钻头 ϕ2.9	0	0.3	6000	300	6

图 7-2-35　螺纹底孔加工刀具路径

表 7-2-13　铣螺纹工艺参数设置

工步	工步名称	刀具规格/mm	加工后余量/mm	吃刀深度/mm	主轴转速/(r/min)	进给速度/(mm/min)	预估加工时间/min
15	倒角	中心钻 D4	0	1	10000	500	30
16	铣螺纹	螺纹铣刀 M3.5	0	5	12000	1000	30

6）顶面加工。顶部大多为曲面造型，所以选用“曲面精加工”中的角度分区指令进行加工。由于其余造型为平面，故选用曲面环绕指令加工，工艺参数设置见表 7-2-14。

表 7-2-14　顶面加工工艺参数设置

工步	工步名称	刀具规格/mm	加工后余量/mm	吃刀深度/mm	主轴转速/(r/min)	进给速度/(mm/min)	预估加工时间/min
17	顶面半精加工	球头刀 ϕ4	0.05	1	10000	500	23

经仿真后生成加工刀具路径，如图 7-2-37 所示。

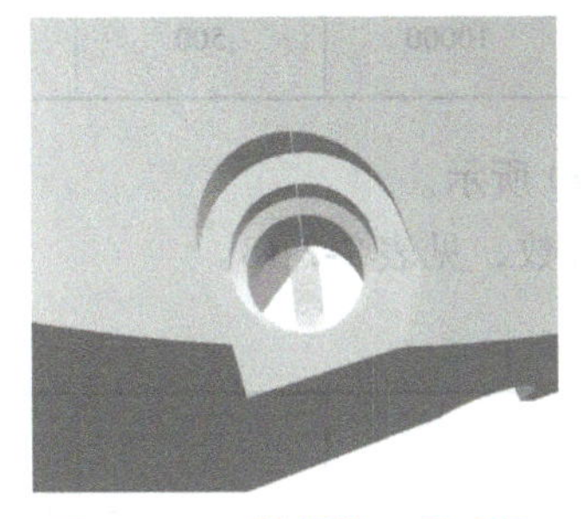

图 7-2-36　铣螺纹刀具路径

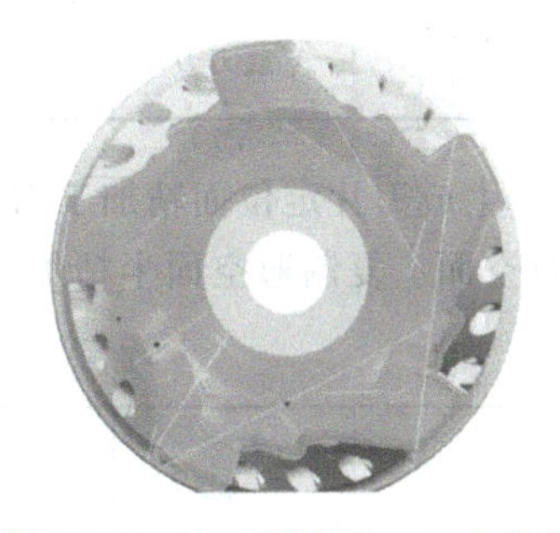

图 7-2-37　顶面半精加工刀具路径

7）余量检测。选择相应的坐标系，选择【点组】命令，设置测量域，选择 2mm 的测针，数据输出类型设置为“数据及公差”，测头首次触碰速度改为 300mm/min，工艺参数设置见表 7-2-15。

表 7-2-15　余量检测工艺参数设置

工步	工步名称	刀具规格/mm	加工后余量/mm	吃刀深度/mm	主轴转速/(r/min)	进给速度/(mm/min)	预估加工时间/min
18	余量检测	测头 $\phi 2$	0	0	0	300	15

余量检测如图 7-2-38 所示。

（3）精加工

1）排屑槽。复制排屑槽半精加工程序，修改参数，见表 7-2-16。

表 7-2-16　排屑槽精加工工艺参数设置

工步	工步名称	刀具规格/mm	加工后余量/mm	吃刀深度/mm	主轴转速/(r/min)	进给速度/(mm/min)	预估加工时间/min
19	排屑槽精加工	球头刀 $\phi 4$	0	0	10000	1000	200

经仿真后生成加工刀具路径，如图 7-2-39 所示。

图 7-2-38　余量检测

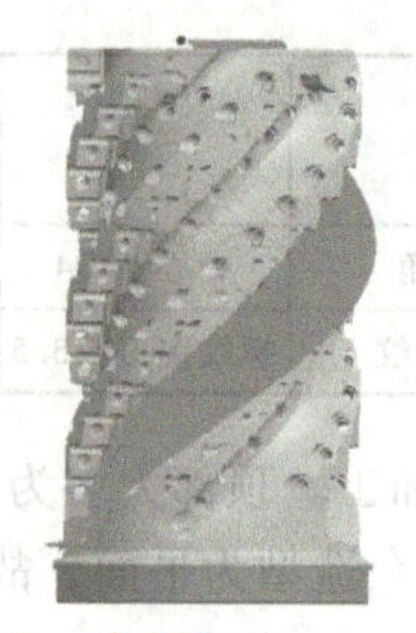

图 7-2-39　排屑槽精加工刀具路径

2）刀片定位面。复制刀片定位面半精加工程序，修改参数，见表 7-2-17。

表 7-2-17　刀片定位面精加工工艺参数设置

工步	工步名称	刀具规格/mm	加工后余量/mm	吃刀深度/mm	主轴转速/(r/min)	进给速度/(mm/min)	预估加工时间/min
20	刀片定位面精加工	平底刀 D4	0	0.1	10000	500	30

同理，生成刀片定位面精加工刀具路径，如图 7-2-40 所示。

3）避空面。复制避空面半精加工程序，修改工艺参数，见表 7-2-18。

表 7-2-18　避空面精加工工艺参数设置

工步	工步名称	刀具规格/mm	加工后余量/mm	吃刀深度/mm	主轴转速/(r/min)	进给速度/(mm/min)	预估加工时间/min
21	单线切割	平底刀 D4	0	1	9000	500	6

同理，生成避空面精加工刀具路径，如图 7-2-41 所示。

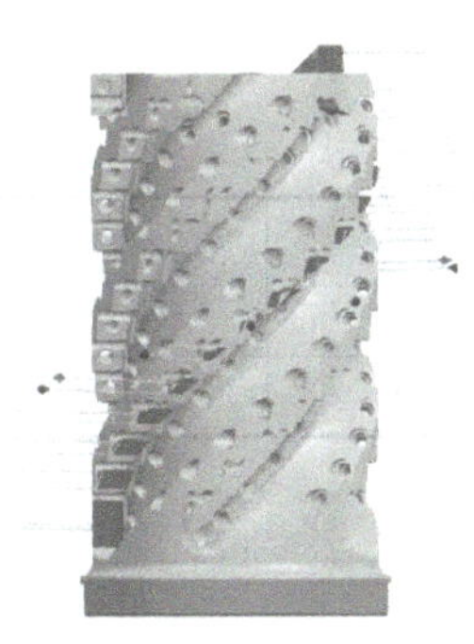

图 7-2-40　刀片定位面精加工刀具路径

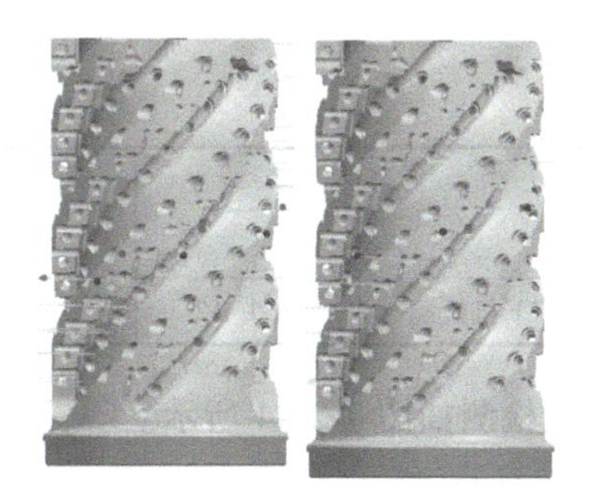

图 7-2-41　避空面精加工刀具路径

4）最小圆角加工。选择合适的角度，建立局部坐标系，选择【曲面流线】命令，用球头刀去除曲面残料，工艺参数设置见表 7-2-19。

表 7-2-19　最小圆角加工工艺参数设置

工步	工步名称	刀具规格/mm	加工后余量/mm	吃刀深度/mm	主轴转速/(r/min)	进给速度/(mm/min)	预估加工时间/min
22	最小圆角	球头刀 $\phi1$	0	0	12000	500	20

最小圆角加工的刀具路径，如图 7-2-42 所示。

注意事项：加工面需选择原始面，避免边缘位置出现残料。

5）顶面。复制顶面半精加工程序，修改工艺参数，见表 7-2-20。

表 7-2-20　顶面精加工工艺参数设置

工步	工步名称	刀具规格/mm	加工后余量/mm	吃刀深度/mm	主轴转速/(r/min)	进给速度/(mm/min)	预估加工时间/min
23	顶面精加工	球头刀 $\phi2$	0	1	10000	500	40

顶面精加工刀具路径如图 7-2-43 所示。

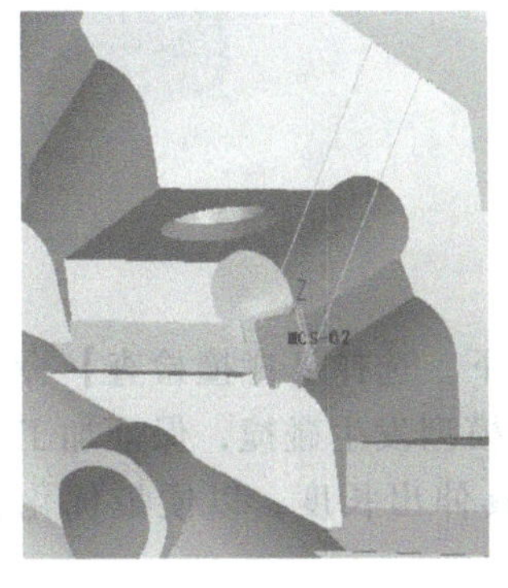

图 7-2-42　最小圆角加工刀具路径

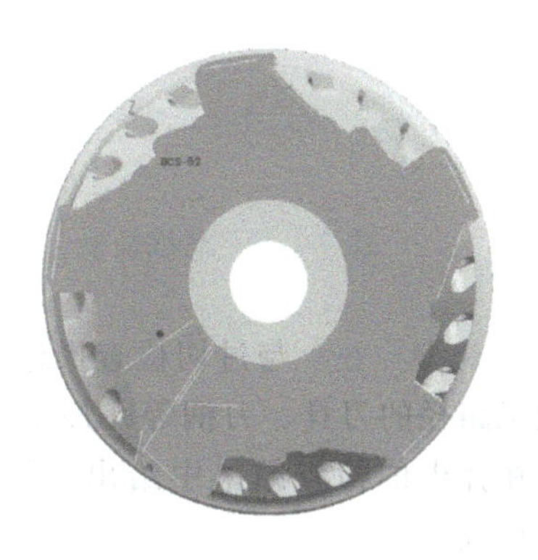

图 7-2-43　顶面精加工刀具路径

6）下机检测。复制余量检测程序，查看尺寸是否加工到位，工艺参数设置见表 7-2-21。

表 7-2-21　下机检测工艺参数设置

工步	工步名称	刀具规格/mm	加工后余量/mm	吃刀深度/mm	主轴转速/(r/min)	进给速度/(mm/min)	预估加工时间/min
24	下机检测	测头 $\phi 2$	0	0	0	300	15

下机检测如图 7-2-44 所示。

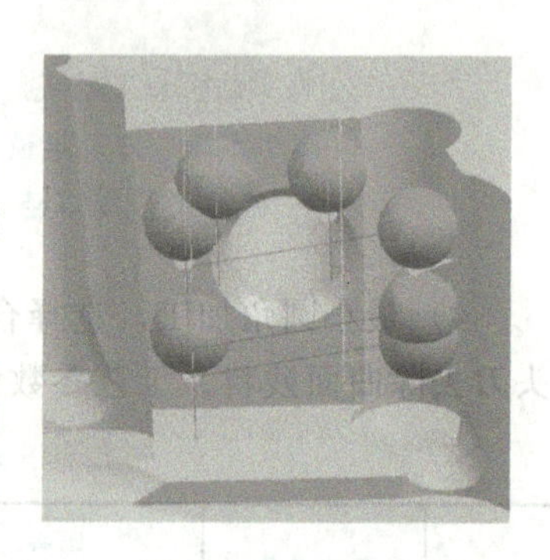

图 7-2-44　下机检测

3. 仿真验证

(1) 线框模拟　在加工环境下，选择【线框模拟】命令，选择所有加工路径，以线框方式模拟路径加工过程，如图 7-2-45 所示。

(2) 实体模拟　在加工环境下，选择【实体模拟】命令，选择所有路径，模拟刀具切削材料的方式模拟加工过程，如图 7-2-46 所示。模拟过程中编程人员应检查路径是否合理，是否存在安全隐患。

(3) 过切检查　在加工环境下，选择【过切检查】命令，检查路径是否存在过切现象，如图 7-2-47 所示。

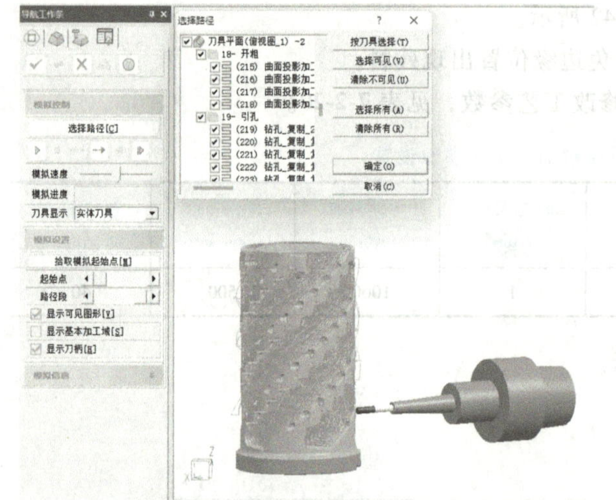

图 7-2-45　线框模拟

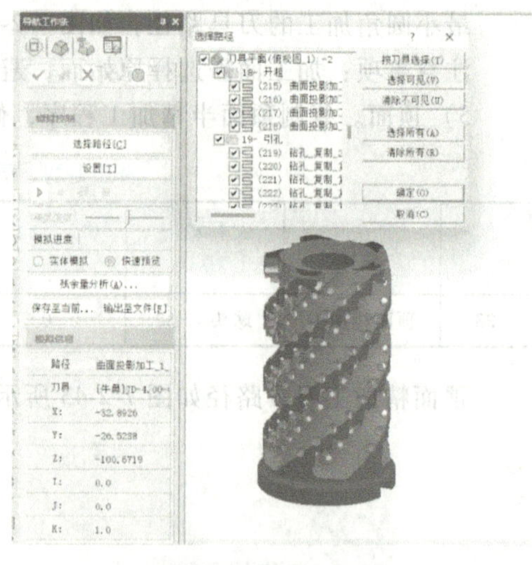

图 7-2-46　实体模拟

(4) 碰撞检查　与过切检查操作类似，在加工环境下，选择【碰撞检查】命令，检查所有加工路径的刀具、刀柄等在加工过程中是否与检查模型发生碰撞，保证加工过程的安全，并在弹出的检查结果中给出不发生碰撞的最短刀具伸出长度，以便最优化备刀，如图 7-2-48 所示。

(5) 机床模拟　在加工环境下，选择【机床模拟】命令，检查运行所有路径时，机床各部件与工件、夹具之间是否存在干涉、各运动轴是否有超程现象。当路径的过切检查、碰

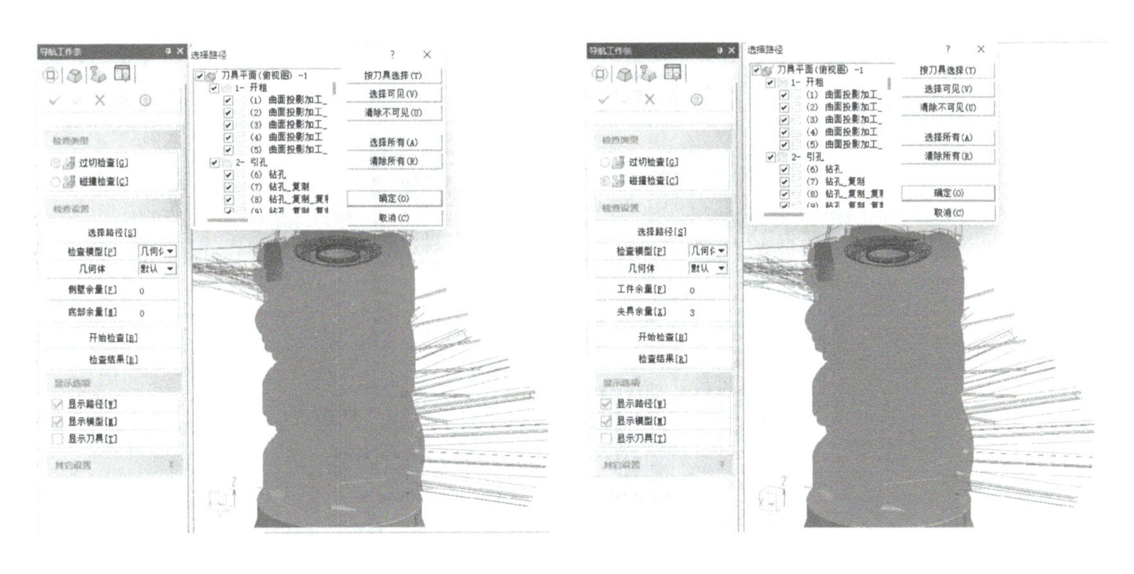

图 7-2-47 过切检查

图 7-2-48 碰撞检查

撞检查和机床模拟都完成并正确时，导航工作条中的路径安全状态显示为绿色，如图 7-2-49 所示。

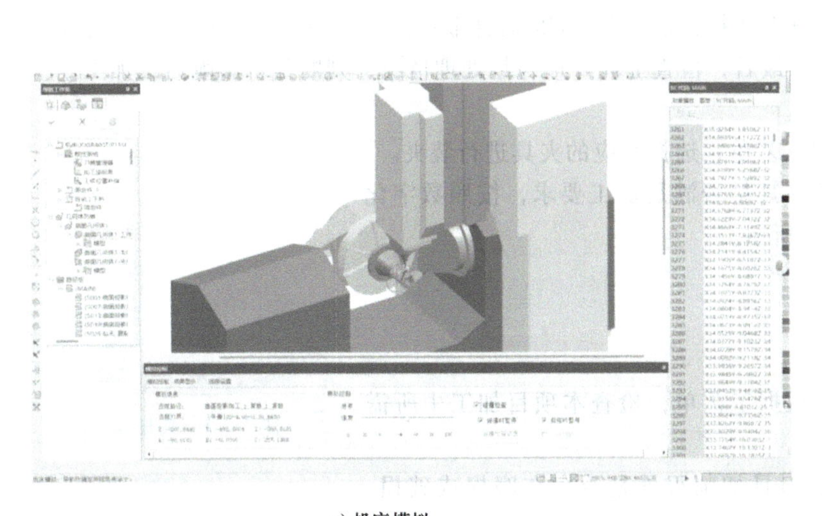

a) 机床模拟　　　　b) 路径显示

图 7-2-49 机床模拟设置

(6) 输出刀具路径　在加工环境下，选择【输出路径】命令，检查需输出的路径有无疏漏，输出格式选择 JD650 NC（As Eng650），选择输出文件的名称和地址，输出所有路径，如图 7-2-50 所示。

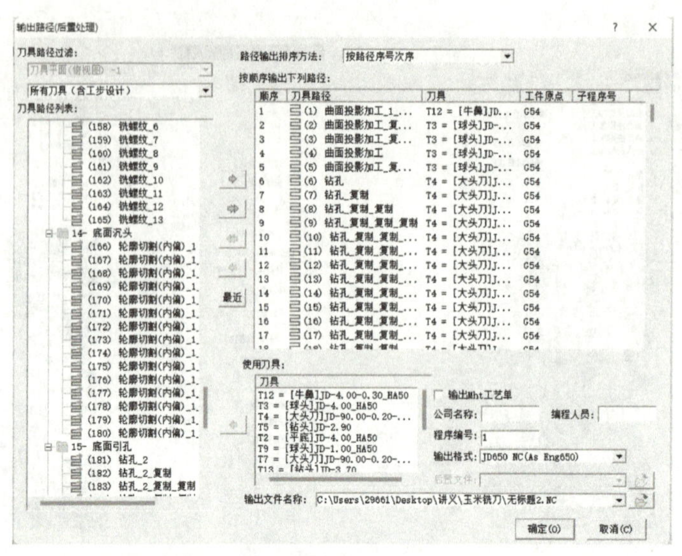

图 7-2-50　输出路径

7.3　加工准备与上机加工

7.3.1　加工准备

1. 毛坯准备

首先，对照工艺单检查毛坯材料是否为 7075 铝合金；其次，检查毛坯尺寸是否与软件中所设理论模型尺寸一致；最后，检查毛坯外形与热处理情况，判断是否影响后续加工。

2. 夹具准备

（1）夹具规格　对照工艺单，选择对应的夹具进行装夹。

（2）夹具状态　检查夹具是否满足加工要求，按照数字化仿真安装夹具，如图 7-3-1 所示。

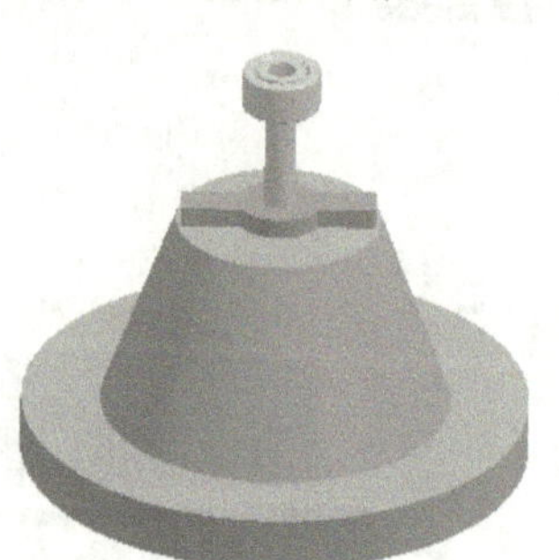

图 7-3-1　夹具体

3. 机床准备

参照前面项目。

4. 刀具准备

（1）刀具规格检查　根据工艺单，检查本项目加工中所需刀具规格，如图 7-3-2 所示。

（2）刀具状态　检查刀具切削刃处是否存在磨损或破损，检查刀具是否为加工铝合金专用刀具，如图 7-3-3 所示。

（3）装刀长度检查　对照工艺单中建议的装刀长度，使用钢直尺或游标卡尺等量具测量实际装刀长度，观察其是否满足加工要求。检查过程如图 7-3-4 所示。

7.3.2　上机加工

参照前面项目。

当前刀具表

刀具名称	刀柄	输出编号	长度补偿号	半径补偿号	备刀	加锁	使用次数	刀具伸出长度	刀组号	刀组使用T/H/D信
[平底]JD-10.00_HA50	HSK-A50-ER25-080S	1	1	1			4	40	--	—
[平底]JD-4.00_HA50	A50-SLRA4-95-M42	2	2	2			146	20	--	—
[球头]JD-4.00_HA50	HSK-A50-ER16-110S	3	3	3			11	25	--	—
[大头刀]JD-90.00-0.20-4.00	HSK-A50-ER25-080S	4	4	4			60	20.95	--	—
[钻头]JD-2.90	A50-SLSA4-95-M42	5	5	5			88	30	--	—
[大头刀]JD-90.00-0.20-2.00	HSK-A50-ER16-070S	7	7	7			28	25	--	—
[螺纹铣刀]JD-2.80-0.60-1	A50-SLRA4-95-M42	8	8	8			28	26	--	—
[球头]JD-1.00_HA50	HSK-A50-ER16-110S	9	9	9			2	33	--	—
[平底]JD-3.00	A50-SLSA6-95-M42	10	10	10			30	32.735	--	—
[钻头]JD-3.30	A50-SLSA6-95-M42	11	11	11			0	25	--	—
[牛鼻]JD-4.00-0.30_HA50	A50-SLSA4-95-M42	12	12	12			2	25	--	—
[钻头]JD-3.70	HSK-A50-ER16-070S	13	13	13			28	30	--	—
[钻头]JD-4.30	HSK-A50-ER16-070S	14	14	14			0	25	--	—
[测头]JD-2.00_1	HSK-A50-RENISHAW	16	16	16			2	19	--	—

图 7-3-2　刀具规格

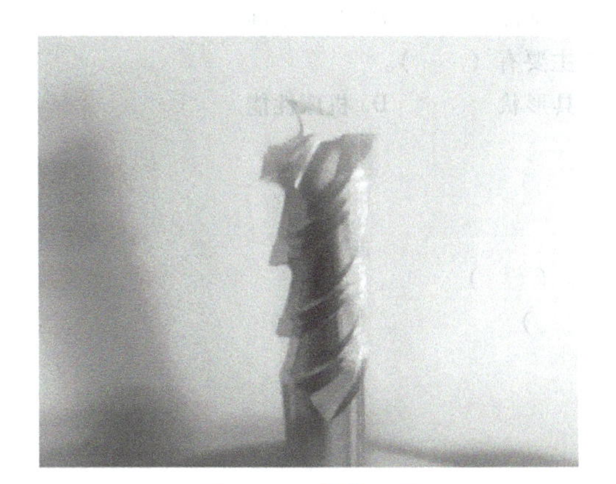

图 7-3-3　检查刀具

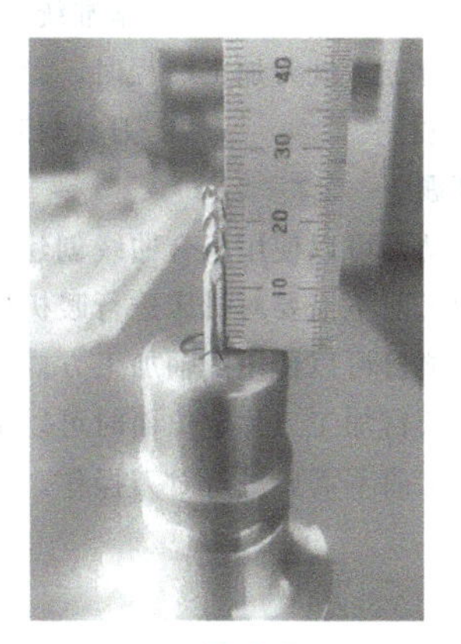

图 7-3-4　检查装刀长度

7.4　项目小结

1）本项目介绍了玉米铣刀的加工方法和步骤。经过本项目学习，应能够掌握5轴加工的基本流程，能独立完成玉米铣刀的加工。

2）明确加工管控的要素有哪些，并能熟练运用到以后的加工中。

3）掌握导动面创建的基本原则，能够快速建立工件的导动面。

思　考　题

1. 讨论题

（1）在加工过程中为什么要提取原始面？

（2）加工孔的方式有哪些？

（3）按照材料分类，刀具分为哪几种？

（4）创建导动面的原则有哪些？

（5）哪些因素可能导致原点偏离？

（6）未进行机床模拟，可以直接进行程序输出吗？

（7）为什么钻孔前需要引孔？

(8) 为什么选择牛鼻刀开粗？

(9) 为什么选择零点快换系统装夹工件？

(10) 此项目为什么选择 JDGR400T（P15SHA）机床进行加工？

2. 单项选择题

(1) 加工玉米铣刀时工件坐标系在（　　）。

A. 上表面　　B. 中间面　　C. 底面　　D. 侧面

(2) 常见孔的加工方式有（　　）种。

A. 3　　B. 4　　C. 5　　D. 6

(3) 加工玉米铣刀采用（　　）加工方式。

A. 2.5 轴　　B. 3 轴　　C. 5 轴定位　　D. 5 轴联动

(4) 加工玉米铣刀时定位基准的选择主要符合（　　）原则。

A. 基准重合　　B. 基准统一　　C. 自为基准　　D. 互为基准

(5) 进行玉米铣刀加工编程时，影响刀具转速的因素主要有（　　）。

A. 工件材料　　B. 刀具材料　　C. 刀具形状　　D. 机床性能

3. 判断题

(1) 导动面可以使用组合曲线创建。（　　）

(2) 加工前不需要对机床进行暖机操作。（　　）

(3) 本项目可以使用 3 轴加工方式完成排屑槽的加工。（　　）

(4) 本项目加工刀片定位面时可以不选择坐标系。（　　）

(5) 加工前不需要进行对刀操作。（　　）

附录

附录 A　3D 圆角补偿功能介绍

3D 圆角补偿功能可以根据圆弧刀具不同角度上的半径进行补偿加工。球头刀不同角度上的半径，结合 JD50 数控系统中的 3D 圆角补偿功能，可实现不同角度上的实际半径加工，如图 A-1 所示。

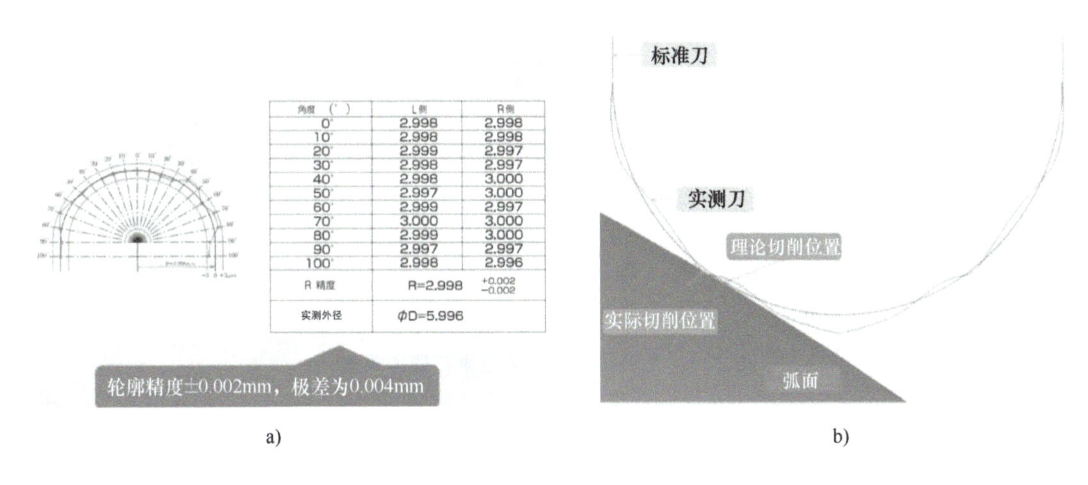

角度（°）	L侧	R侧
0°	2.998	2.998
10°	2.998	2.998
20°	2.999	2.997
30°	2.998	2.997
40°	2.998	3.000
50°	2.997	3.000
60°	2.999	2.997
70°	3.000	3.000
80°	2.999	3.000
90°	2.997	2.997
100°	2.998	2.996
R 精度	R=2.998 $^{+0.002}_{-0.002}$	
实测外径	φD=5.996	

a)　　b)

图 A-1　刀具轮廓偏差与实际加工状态

3D 圆角补偿功能需要数控系统、编程软件和刀具轮廓测量相结合才能正常使用，具体说明如下。

1）JD50 数控系统需要支持 3D 圆角补偿功能指令，如图 A-2 所示。

在“信息→关于→授权许可”中查看 NO. 008 是否支持 G41/G42 P2。圆角补偿功能默认关闭，需要在“系统→参数→A5. 运行→刀具补偿”中勾选“AF3. 启用刀具圆角补偿功能”；开启后在“偏置/设置→扩展功能”中会有“P212 3D 刀具补偿”功能。注意：开启后需重新启动 EN3D，如图 A-3 所示。

刀具数据保存在数控系统中的刀具表（图 A-4）和 3D 刀具补偿表（图 A-5）中。刀具表中保存刀具长度、标称半径和刀具半径偏差值；3D 刀具补偿表保存刀具圆角半径及圆角半径差值。

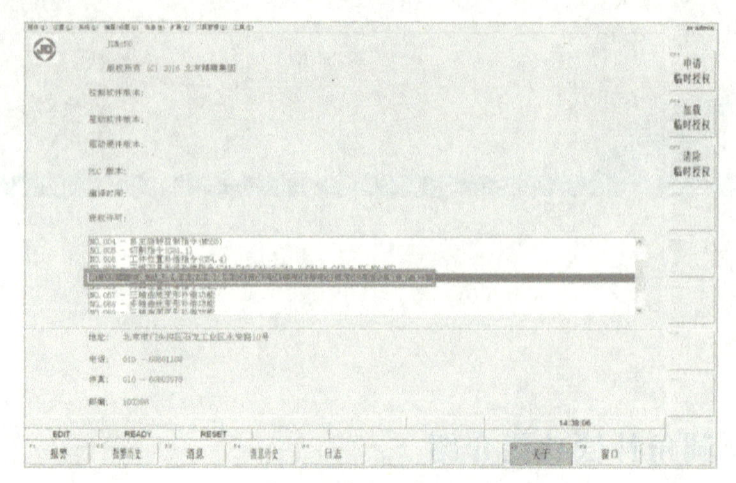

图 A-2　系统中 3D 圆角补偿功能的权限

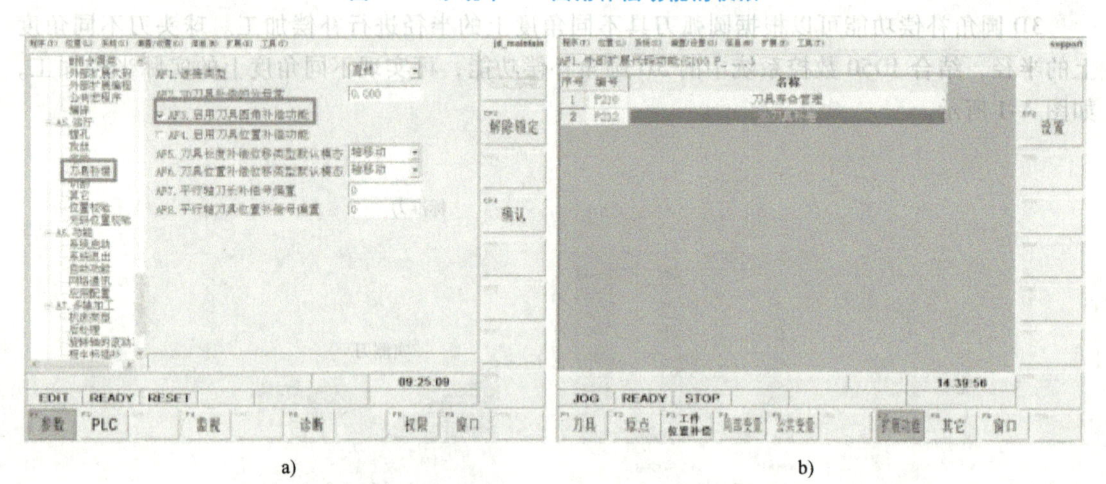

a)　　b)

图 A-3　开启圆角补偿与圆角补偿刀具表

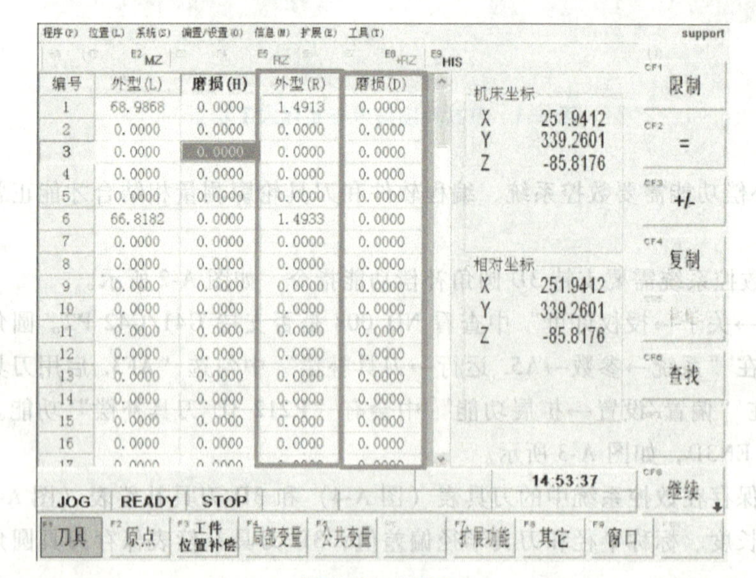

编号	外型(L)	磨损(H)	外型(R)	磨损(D)
1	68.9868	0.0000	1.4913	0.0000
2	0.0000	0.0000	0.0000	0.0000
3	0.0000	0.0000	0.0000	0.0000
4	0.0000	0.0000	0.0000	0.0000
5	0.0000	0.0000	0.0000	0.0000
6	66.8182	0.0000	1.4933	0.0000
7	0.0000	0.0000	0.0000	0.0000
8	0.0000	0.0000	0.0000	0.0000
9	0.0000	0.0000	0.0000	0.0000
10	0.0000	0.0000	0.0000	0.0000
11	0.0000	0.0000	0.0000	0.0000
12	0.0000	0.0000	0.0000	0.0000
13	0.0000	0.0000	0.0000	0.0000
14	0.0000	0.0000	0.0000	0.0000
15	0.0000	0.0000	0.0000	0.0000
16	0.0000	0.0000	0.0000	0.0000

图 A-4　刀具表

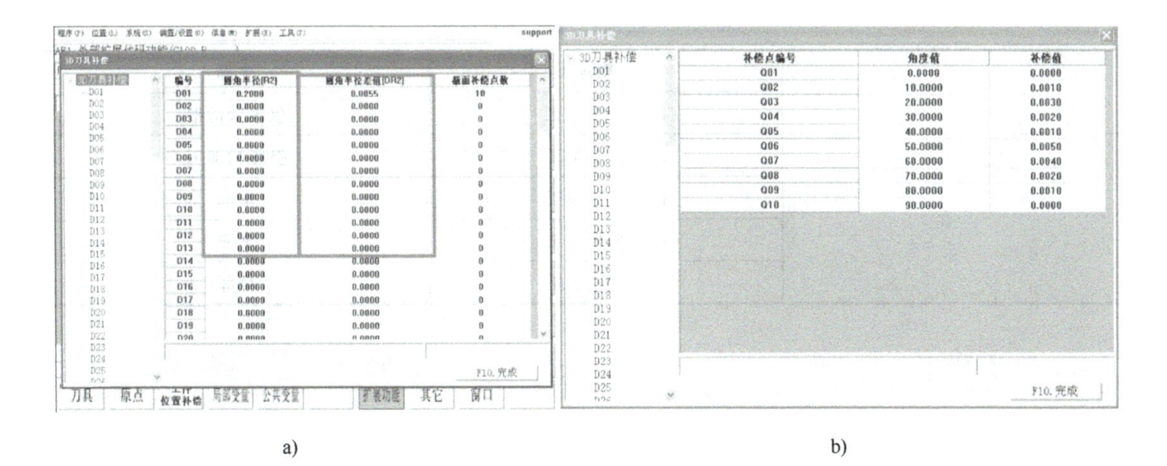

a)　　　　　　b)

图 A-5　3D 刀具补偿表

2）SurfMill 软件在半径磨损补偿中支持圆角补偿功能路径的输出，如图 A-6 所示。

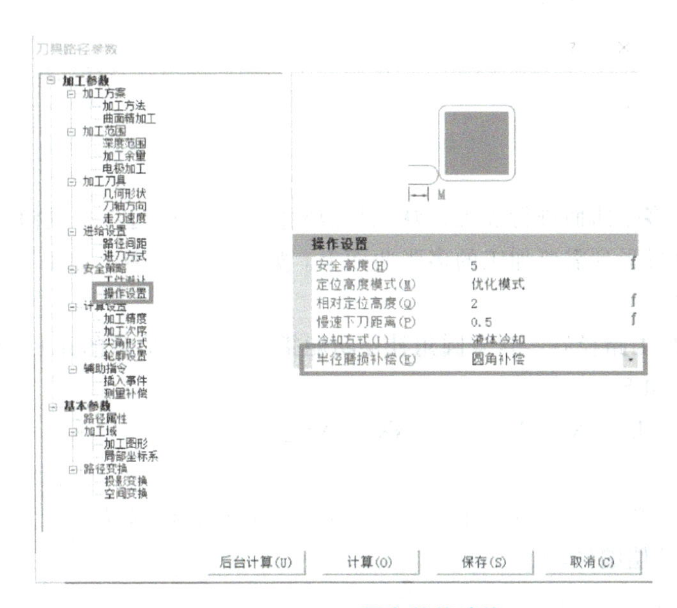

图 A-6　SurfMill 圆角补偿功能

在“安全策略→操作设置→半径磨损补偿“中查看是否有圆角补偿选项。即使 SurfMill 软件中有圆角补偿选项，也需要正确设置才能输出含有圆角补偿功能指令和补偿信息的 NC 程序。使用时的注意事项如下：

① 必须使用圆弧刀具，如球头刀、牛鼻刀等。

② 需要选择支持圆角补偿的加工方法，见表 A-1。

③ 进退刀方式选项：进刀方式不可关闭（默认选择切向进刀），切向进刀方式是指磨损补偿开启、关闭均在进退刀过程中完成。

④ 进退刀选项：不能选“仅起末点进退刀”，如图 A-7 所示。

⑤ 当使用曲面精加工→曲面流线方式时，建议勾选“逐个加工”，如图 A-8 所示。

表 A-1　圆角补偿的加工方法

3 轴	曲面精加工	全部
	曲面清根加工	仅混合清根
5 轴	曲面投影加工	投影精加工
	曲线变形加工	全部
	曲面变形加工	全部
	多轴侧铣加工	全部

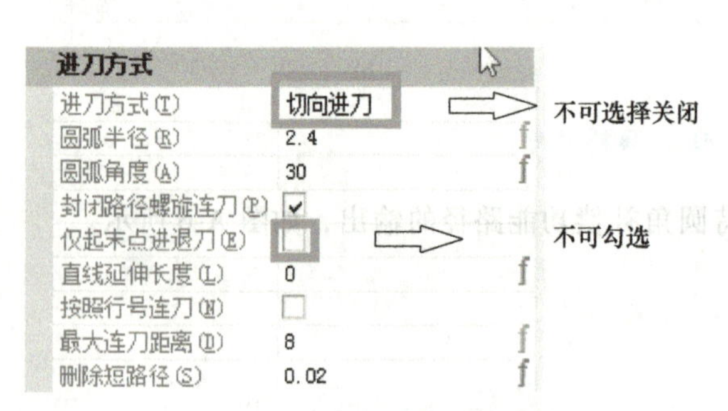

图 A-7　SurfMill 圆角补偿功能

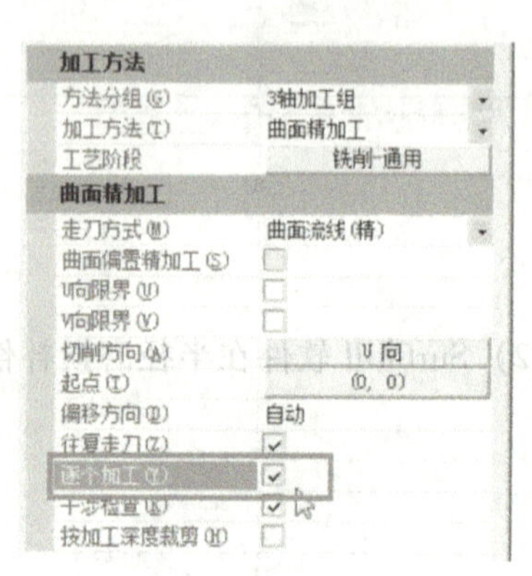

图 A-8　勾选“逐个加工”

原因：如果对多张曲面进行加工，默认是搜索多张曲面的边界，重构一张新曲面，然后构造曲面流线，再投影到需要加工的多张曲面上。如不勾选“逐个加工”，补偿方向可能会出错，有过切风险。

SurfMill 输出加工路径后，含有圆角补偿功能指令和补偿信息的路径会有图 A-9 所定义的指令。指令格式如下：

G41/G42　P2　D_　X_　Y_　Z_　NX_　NY_　NZ_;

指令的含义：

G41/G42：沿着矢量指定的偏置方向（其相反方向）进行偏置。

D：刀具半径补偿编号。

NX_　NY_　NZ_：三维刀具补偿矢量。

```
G90G40G49G54G17
S20000M3
G0X-73.7196Y19.4317M8
M590 P1 L1
G43H4
Z5.0128
G0X-73.7196Y19.4317Z-1.2281
N100G1Z-1.7281F4000
G41P2D3X-73.5376Z-1.8930NX6711.5031NY-1.5915NZ7413.2128
X-73.4448Z-1.9731NX6339.7368NY-0.7638NZ7733.5462
X-73.3478Z-2.0487NX5951.1733NY-0.0293NZ8036.3882
X-73.2475Z-2.1193NX5569.3102NY0.6037NZ8305.5875
```

图 A-9　路径中的 G41　P2 指令

附录 B　导动面的创建原则

多轴加工编程中很多情况会使用导动面，导动面的好坏直接影响加工质量、加工效率和机床运动的平稳性。在创建导动面时，首先分析曲面的特征，根据加工要求规划路径（走刀方式、走刀方向、路径间距等），然后创建适合的导动面。在创建导动面时应遵循以下原则。

1）导动面必须是一张单一、完整的面，方向向外，如图 B-1 所示。

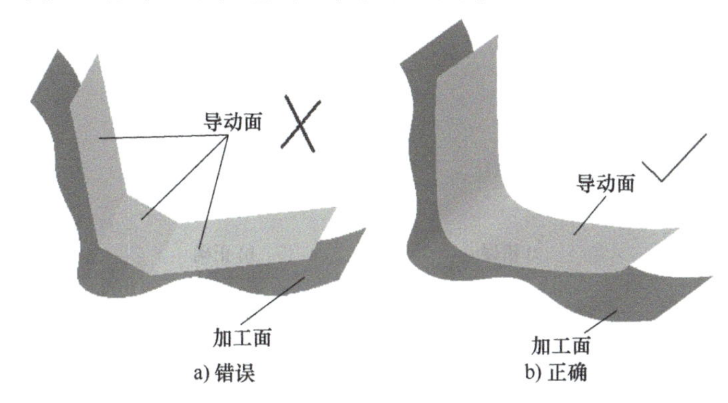

图 B-1　导动面的创建原则一

2）导动面应尽量简单，不要太复杂，如图 B-2 所示。

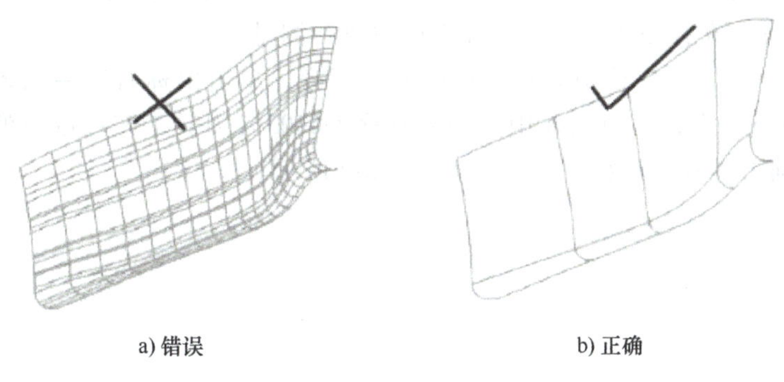

图 B-2　导动面的创建原则二

3）导动面不一定与加工面形状非常相近，在满足加工要求的情况下应尽量光滑，否则投影的路径有可能发生交叉，如图 B-3 所示。

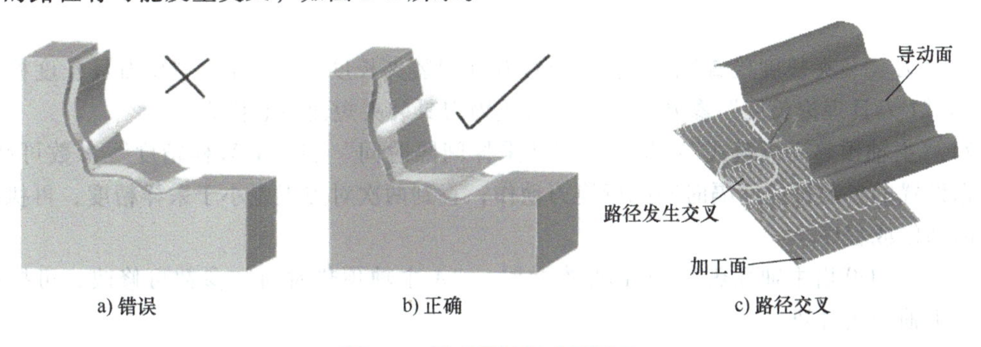

图 B-3　导动面的创建原则三

4）导动面在加工面的里外都可以，但必须满足投影最大深度。如果导动面与加工面的最大距离大于最大投影深度，则路径生成失败。

5）导动面流线特别是作为主加工方向的流线，应尽量在投影方向保证横平竖直，如图 B-4 所示。

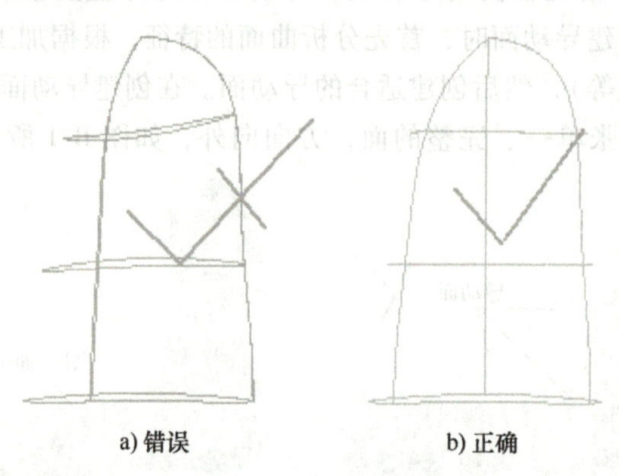

图 B-4　导动面流线

附录 C　加工前后刀具测量参数的说明

在加工过程中需要对刀具进行检测，以确定刀具的轮廓度。同时为了便于分析加工过程中刀具的磨损情况，在程序中应对刀具加工前后进行测量。

（1）刀具加工前测量　选中需要测量的刀具路径，单击鼠标右键→插入工步设计→插入路径头宏程序→在宏程序模板库中选择宏程序 O6303（刀具工艺控制→波龙激光式对刀仪），设置加工前刀具测量参数，如图 C-1、图 C-2 所示。

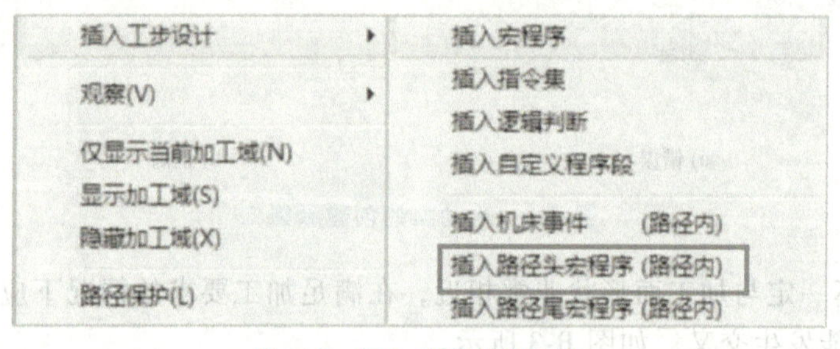

图 C-1　插入路径头宏程序

1）“刀具装夹长度检查”：勾选后会对刀具的装夹长度进行检查，“C 刀具长度检查误差”和“I 刀具理论长度”参数可修改，防止因刀具装夹短而引起撞刀。

2）“主轴预热高级模式”：勾选后“U 采样间隔时间”和“V 采样精度”参数可修改，会根据设置的参数按照间隔时间执行换刀动作，直到两次对刀误差小于采样精度，再执行下一步的动作或程序。

3）“刀具开启主轴预热”：勾选此参数时，“A 主轴预热时间”参数可修改，可按照需求设置主轴预热时间。

4）“路径开启圆角补偿”：如果路径参数中使用了圆角补偿功能，需要勾选此参数，否则会报警。

5）“刀具类型”“刀具长度补偿号”“刀具直径”“刀具圆角半径”“主轴转速”参数：系统会按照路径中刀具的参数自动填写。

6）“圆弧轮廓误差”：按照工艺管控要求填写。3 轴互配测试件要求精加工刀具轮廓度误差<4μm，半精加工刀具轮廓度误差<6μm。

7）“半径理论公差”：可对刀具的半径误差进行设置，防止现场实际使用的刀具和路径参数中设置的刀具半径不同。

8）“拟合圆弧起始角度”“拟合圆弧终止角度”“圆弧半径测量点数”：按照工艺管控要求填写。3 轴互配测试件要求精加工刀具圆弧半径测量点数为 19，半精加工刀具圆弧半径测量点数为 10。

06303（刀具工艺控制-波龙激光式对刀仪）

E（工艺选项）

☑ 刀具加工前对刀　☐ 刀具开启主轴预热

☐ 刀具装夹长度检查　☐ 刀具长度磨损检查

☐ 刀具半径磨损检查　☑ 路径开启圆角补偿

☑ 主轴预热高级模式　☐ 刀具启用刀组模式

☑ 测刀后更新刀长

	值	参数		值	参数
F	2:球头刀	刀具类型	J	0.1	长度磨损误差
H	1	刀具长度补偿号	K	0.005	半径磨损误差
D	6	刀具直径	T	0.02	半径理论公差
R	3	刀具圆角半径	U	3	采样间隔时间：分钟
A	5	主轴预热时间：分钟	V	0.002	采样精度
B	8000	主轴转速	W	0	拟合圆弧起始角度
C	10.0	刀具长度检查误差	X	90	拟合圆弧终止角度
I	85.974	刀具理论长度	Y	10	圆弧半径测量点数
S	0.03	圆弧轮廓误差			
Z	3.1:拟合球头刀圆弧或者拟合牛鼻刀R角，效率低，圆弧测量，不弹窗提	测量类型			

图 C-2　加工前刀具测量参数设置

9）“测量类型”：根据刀具的类型和测量数据要求选择，加工前球头刀测量选择“3.1”。

① 1：仅测刀长，更新外形 R 和磨损 D。

② 1.1：仅测刀长，清零新外形 R 和磨损 D。

③ 2：刀长和刀杆半径，效率高。

④ 3：拟合球头刀圆弧或者拟合牛鼻刀 R 角，效率低，圆弧测量，弹窗提示。

⑤ 3.1：拟合球头刀圆弧或者拟合牛鼻刀 R 角，效率低，圆弧测量，不弹窗提示。

⑥ -3：拟合球头刀圆弧或者拟合牛鼻刀 R 角，效率低，圆弧磨损测量，弹窗提示。

⑦ -3.1：拟合球头刀圆弧或者拟合牛鼻刀 R 角，效率低，圆弧磨损测量，不弹窗提示。

⑧ 4：测量刀长。

(2) 刀具加工后测量　选中需要测量的刀具路径，“单击鼠标右键→插入工步设计→插入路径尾宏程序→在宏程序模板库中选择宏程序 06303（刀具工艺控制→波龙激光式对刀仪），设置加工后刀具测量参数，如图 C-3 所示。

06303（刀具工艺控制-波龙激光式对刀仪）

E（工艺选项）

☐ 刀具加工前对刀　☐ 刀具开启主轴预热

☐ 刀具装夹长度检查　☑ 刀具长度磨损检查

☑ 刀具半径磨损检查　☐ 路径开启圆角补偿

☐ 主轴预热高级模式　☐ 刀具启用刀组模式

☑ 测刀后更新刀长

	值	参数		值	参数
F	2:球头刀	刀具类型	J	0.003	长度磨损误差
H	12	刀具长度补偿号	K	0.003	半径磨损误差
D	2	刀具直径	T	0.02	半径理论公差
R	1	刀具圆角半径	U	3	采样间隔时间：分钟
A	5	主轴预热时间：分钟	V	0.001	采样精度
B	13000	主轴转速	W	0	拟合圆弧起始角度
C	10.0	刀具长度检查误差	X	90	拟合圆弧终止角度
I	75	刀具理论长度	Y	19	圆弧半径测量点数
S	0.03	圆弧轮廓误差			
Z	-3.1:拟合球头刀圆弧或者拟合牛鼻刀R角，效率低，圆弧磨损检测，不引	测量类型			

图 C-3　加工后刀具测量参数设置

1）“刀具半径磨损检查”：勾选后半径

磨损误差参数可以设置，若超差，系统报警提示。

2）“刀具长度磨损检查”：勾选后长度磨损误差参数可以设置，若超差，系统报警提示。

3）“测量类型”：根据刀具的类型和测量数据要求选择，加工后球头刀测量选择“-3.1”。

附录 D 波龙激光对刀仪标定与刀具测量简介

本附录介绍波龙激光对刀仪的硬件安装位置检验与调整、对刀宏程序（O7671）配置程序设置、校准标定、测量功能。

1. 对刀仪硬件安装位置检验与调整

将杠杆千分表和万向表座组装在一起固定在 Z 轴上，用千分表检验对刀仪的上表面，通过在安装底板下面垫钢皮的方式，使对刀仪上表面与 Y 轴的平行度保持在 0.01mm 以内，如图 D-1 所示。用千分表检验对刀仪本体的长侧面，用铜棒将安装底板敲直，使本体侧面与 Y 轴的平行度保持在 0.01mm 以内。

a) 检验上表面

b) 检验底板侧面

图 D-1 检验对刀仪上表面与安装底板侧面

用 8mm L 形扳手将安装底板与工作台面之间的 M10×25 螺钉锁紧。在锁紧螺钉的过程中，对刀仪的位置会发生偏移，所以不要一次就把螺钉拧紧，要分几次加力拧紧螺钉。一边加力锁紧螺钉一边检测安装底板长侧面与 Y 轴的平行度，并实时做出调整。

2. 对刀宏程序（O7671）配置程序设置

（1）轴参数相关配置

#601=321；测量轴分配。铣刀：X=1，Y=2，Z=3。

百位：长度测量轴的轴类型。

十位：光束平行轴的轴类型。

个位：半径测量轴的轴类型。

（2）激光束焦点位置 标定之前需要粗找位置。

#605=；光束平行轴上的测量位置（机床坐标）。光束聚焦点一般为发射端与接收端中点，可以采用测头分中的方式确定中间位置的机床坐标。

#604=；半径测量轴上的测量位置（机床坐标）。

#606=；长度测量轴上的测量位置（机床坐标）。

#604、#606 标定之前先粗略找一个位置，用手轮将标准刀的刀尖摇到激光束发射端和接收端的大概中间位置，如图 D-2 所示，确保刀尖能挡住发射端的激光，使其不能进入接收端，记录当前的机床坐标 X/Y，Z（光束平行于 Y 轴时记录 X、Z 坐标，光束平行于 X 轴时记录 Y、Z 坐标）。将 X/Y 坐标保存在#604 中，将 Z 坐标减去#626（标准刀长）的值保存在#606 中。标定完成后一定要将#［#640+5］中的值保存在 O7671 的#604 中，#［#640+4］中的值保存在 O7671 的#606 中，然后重新标定。

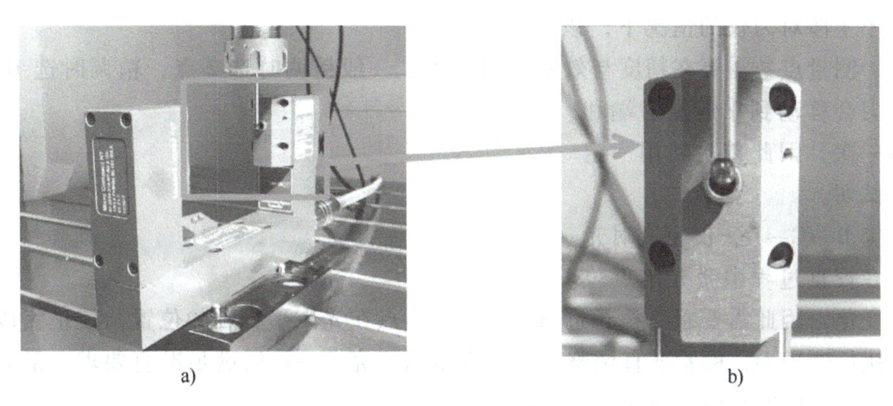

图 D-2　#604、#606 坐标粗找示意图

（3）标准刀参数　如图 D-3 所示。

#638=1；标定模式选项位。球头杆（自产）要双侧标定。

#626=；标准刀长度。检验获得，主轴端面到刀尖的距离，标准刀刀尖到主轴端面的距离。

#627=；（不除以 2，填直径）标准刀直径。

#1=；（不除以 2）主轴旋转同心度径向跳动。由千分表检测获得。

#628=；标准刀高度。使用球头标准刀，输入球面直径。

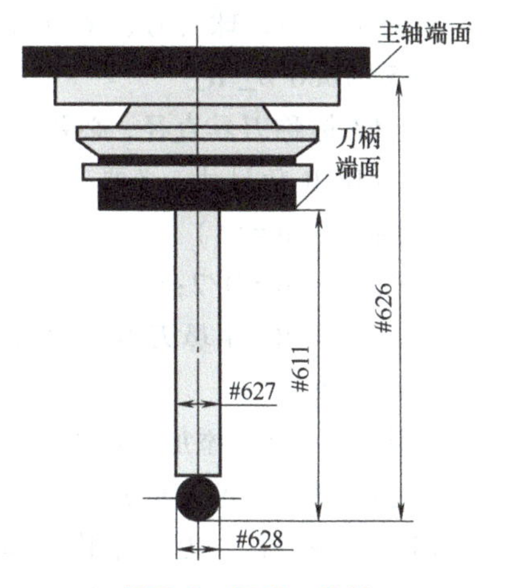

图 D-3　标准刀参数

3. 校准标定

对刀仪本体粗调安装完成后，确保外壳与机床轴平行（误差在 0.02mm 以内）并正确配置 O7671 中的参数，在 MDI 中执行 O7681，再次精密调整对刀仪。对刀仪标定过程包括：光束平行轴上焦点位置确定、激光束校直和焦点轴向、径向位置确定。执行 O7681 后标定界面如图 D-4 所示。

选项 A 用于检验对刀仪是否能正常工作，选项 B 和选项 C 用于精确确定激光束焦点位置的机床坐标，选项 D 用于校准激光与机床各轴平行。程序执行过程如下：B→C→D→C→B，每执行完一个选项，按照程序提示修改 F 盘中 O7671 的参数。

注意：每次修改 F 盘中的参数后，都要在程序→文本→子程序中删除 F 盘修改时对应的子程序；必须严格按照 B→C→D→C→B 的顺序执行，以免导致无法对刀。每次执行完选项 C，将#605 的值保存到 F 盘 O7671 的 # 605 中，删除子程序中的 O7671，编译后继续执行 D。

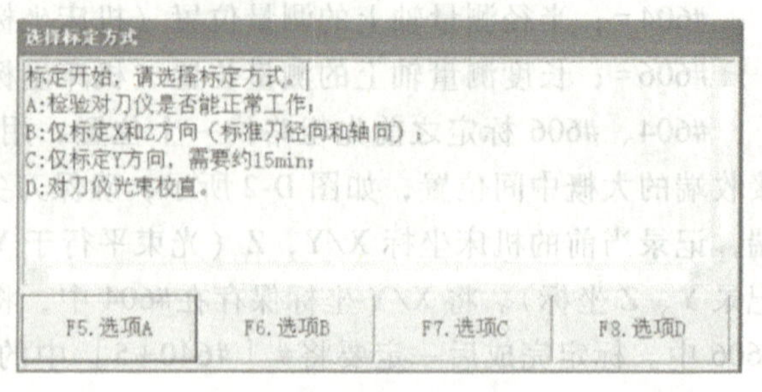

图 D-4 标定界面

在执行选项 D 时，会弹出跨距和测量点数设置对话框，如图 D-5 所示。跨距是指标准刀在发射端与接收端可以运动的范围，在不干涉对刀仪的情况下，该参数越大越好；测量点数需要在精度与效率之间权衡，一般粗调时选 2 点，精调时选 10 点。测量时标准刀会移动到靠近发射端和接收端各一次，因此首次使用一定要用手轮试切。

请设置光束准直的对应参数

注意：	初次使用必须手轮试切
跨距	50
测量点数	2

图 D-5 光束校直时的参数输入

执行完 B→C→D，仅完成对光束校直，在校直过程中激光焦点位置会发生变化，因此需要重新执行选项 C，校正焦点在光束平行轴的位置，校正完成后修改#605，再执行选项 D，检验准直调整结果，直至执行完 C→D 后满足准直要求。最后需要执行选项 B，确定精确的轴向和径向激光束位置。

4. 测量功能

针对平底刀、球头刀、牛鼻刀等常用刀具对测量程序进行封装，使用方法如下。

G65 P7680 D_ R_

（D_#7 标称刀具直径，必要。）

（R_#18 R 角尺寸，必要。）

（平底刀：R=0；）

（球头刀：R=D/2；）

（牛鼻刀：R=牛鼻刀 R 角圆弧半径。）

高级参数

直接在 7680 后添加对应参数：

（B_#2 测量模式，非必要，标准值 2。）

（1：仅测刀长，更新外形 R 和磨损 D。）

（1.1：仅测刀长，不更新外形 R 和磨损 D。）

（2：刀长和刀杆半径，效率高。）

（3：拟合球头刀圆弧或者拟合牛鼻刀 R 角，效率低，弹窗提示。）

（3.1：拟合球头刀圆弧或者拟合牛鼻刀 R 角，效率低，不弹窗提示。）

（X_#24 测量长度时，测量点位置沿半径方向上的偏移。非必要。）

（Z_#26 测量半径时，测量点位置沿长度方向上的偏移。非必要。）

（I_#4 拟合圆弧时起始角度（相对刀具轴）。非必要，标准值 0°。）

（K_#6 拟合圆弧时终止角度（相对刀具轴）。非必要，标准值 90°。）

（E_#8 实测半径与理论半径差值阈值，非必要，标准值 0.02。）

（S_#19 中心处刀长与偏移处刀长差值阈值，非必要，标准值 0.01。）

（A_#1 半径磨损阈值，不设置不检查。）

（C_#3 长度磨损阈值，不设置不检查。）

程序示例：见表 D-1。

表 D-1 刀具表

刀具	要求	尺寸/mm		程序
		直径	R 角	
球头刀	轮廓检测	6	3	M3 S10000 G65 P7680 D6 R3 B3
牛鼻刀	轮廓检测	10	0.5	M3 S9000 G65 P7680 D10 R0.5 B3
平底刀	刀长和半径	8		M3 S6000 G65 P7680 D8 RO
倒角刀	刀长	6		M3 S6000 G65 F7680 D6 RO XO B1
尖角保护刀具	刀长和半径	8		M3 S6000 G65 P7680 D8 R0.5

5. 测量结果

刀长会更新到对应刀具表的外形（L）中，不更新刀长磨损值（H），半径不更新外形（R），只更新磨损值（D）。磨损值（D）= 实测半径-标称半径。使用时可以通过选择是否开启刀具半径补偿来选择加工时使用刀具的标称半径还是对刀仪的实测半径。使用模式 B3 时，刀具轮廓度检测完成会弹出图 D-6 所示检测数据。

球头刀轮廓检测

刀号	16.0000	0.0度	0.0000
时间	2018年01月25日14时39分49秒	10.0度	-0.0000
刀跳		20.0度	-0.0000
刀长	97.9987	30.0度	-0.0001
刀杆半径	2.0002	40.0度	-0.0002
拟合R值	1.9957	50.0度	-0.0003
平均R值	1.9999	60.0度	-0.0004
最大偏差	0.0000	70.0度	-0.0005
最小偏差	-0.0008	80.0度	-0.0008
轮廓极差	0.0008	90.0度	-0.0008

a)

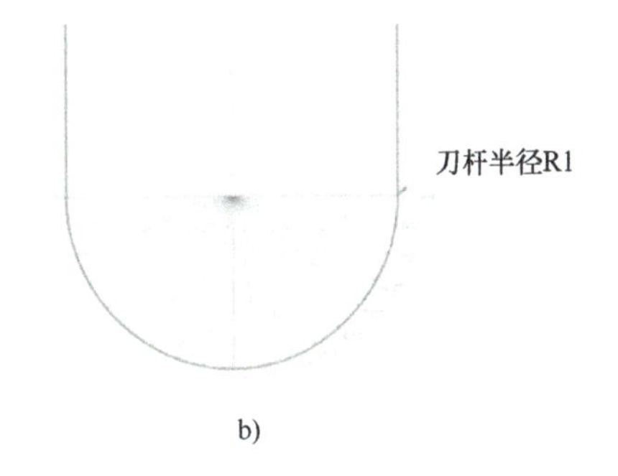

b)

图 D-6 检测数据

图 D-6 中数据说明如下：

刀长为 0°位置测量相对于零平面的长度。

刀杆半径为 90°位置的半径。

平均 R 值为 0°~90°十个测量点位置测得半径的平均值。

拟合 R 值为 0°~90°十个测量点位置坐标的最小二乘拟合半径。

最大偏差为 0°~90°十个测量点位置测得半径与刀杆半径的最大偏差值，最小偏差为 0°~90°十个测量点位置测得半径与刀杆半径的最小偏差值，轮廓极差为最大偏差减去最小偏差。

0°~90°不同角度的偏差为当前角度的测量半径减去刀杆半径的差值。

参考文献

[1] 李培根，高亮. 智能制造概论 [M]. 北京：清华大学出版社，2021.

[2] 李方园. 智能制造概论 [M]. 北京：机械工业出版社，2021.

[3] 苏春. 数字化设计与制造 [M]. 3版. 北京：机械工业出版社，2019.

[4] 郑维明，张振亚，杜娟. 智能制造数字化数控编程与精密制造 [M]. 北京：机械工业出版社，2022.

[5] 中国机械工程学会. 中国机械工程技术路线图 [M]. 北京：机械工业出版社，2022.

[6] 袁哲俊，王先逵. 精密和超精密加工技术 [M]. 3版. 北京：机械工业出版社，2016.

[7] 葛英飞. 智能制造技术基础 [M]. 北京：机械工业出版社，2019.

[8] 曹焕亚，蔡锐龙. SurfMill9.0基础教程 [M]. 北京：机械工业出版社，2021.

[9] 曹焕亚，蔡锐龙. SurfMill9.0典型精密加工案例教程 [M]. 北京：机械工业出版社，2021.

[10] 周济，李培根. 智能制造导论 [M]. 北京：高等教育出版社，2021.

[11] 王隆太. 先进制造技术 [M]. 3版. 北京：机械工业出版社，2020.

[12] 陈明，梁乃明，等. 智能制造之路：数字化工厂 [M]. 北京：机械工业出版社，2016.

[13] 谭建荣，刘振宇. 智能制造关键技术与企业应用 [M]. 北京：机械工业出版社，2017.

[14] 邓朝辉，万林林，邓辉，等. 智能制造技术基础 [M]. 武汉：华中科技大学出版社，2017.

[15] 王芳，赵中宁. 智能制造基础与应用 [M]. 2版. 北京：机械工业出版社，2018.

[16] 蒋明炜. 机械制造业智能工厂规划设计 [M]. 北京：机械工业出版社，2017.